Pawel Baryliszyn

Widerstandspunktschweißen für große Bauteiltoleranzen

TUDpress

Dresdner Fügetechnische Berichte
Herausgeber: Prof. Dr.-Ing. habil. U. Füssel

Herausgeber: Prof. Dr.-Ing. habil. U. Füssel
Technische Universität Dresden
Professur Fügetechnik und Montage
01062 Dresden

Tel.: 0351 / 4633 4347
Fax: 0351 / 4633 7249

Pawel Baryliszyn

Widerstandspunktschweißen für große Bauteiltoleranzen

TUDpress
2015

Bibliografische Information der Deutschen Bibliothek
Die Deutsche Bibliothek verzeichnet diese Publikation in der Deutschen Nationalbibliografie; detaillierte bibliografische Daten sind im Internet unter <http://dnb.ddb.de> abrufbar.

Bibliographic information published by Die Deutsche Bibliothek
Die Deutsche Bibliothek lists this publication in the Deutsche Nationalbibliografie; detailed bibliographic data is available in the Internet at <http://dnb.ddb.de>

ISBN 978-3-95908-004-0

Zugl.: Dresden, Techn. Univ., Diss., 2014

Verlag der Wissenschaften GmbH
Bergstr. 70 | 01069 Dresden
Tel.: 0351/47 96 97 20 | Fax: 0351/47 96 08 19

Satz und Redaktion: Pawel Baryliszyn

Printed in EU.

Widerstandspunktschweißen für große Bauteiltoleranzen

Von der Fakultät Maschinenwesen
der Technischen Universität Dresden

zur Erlangung des akademischen Grades
Doktor-Ingenieur (Dr.-Ing.)

von

Pawel Baryliszyn
geb. am 14.09.1979 in Goleniow (Polen)

Tag der Einreichung: 26.08.2013
Tag der Verteidigung: 08.12.2014

Gutachter: Prof. Dr.-Ing. habil. U. Füssel
Prof. Dr.-Ing. S. Jüttner

Vorwort

Die vorliegende Arbeit entstand während meiner Tätigkeit als Doktorand in dem Vorseriencenter und der Konzernforschung der Volkswagen AG in Wolfsburg.

Mein besonderer Dank gilt Herrn Prof. Dr.-Ing. habil. Uwe Füssel, Leiter der Professur für Fügetechnik und Montage am Institut für Fertigungstechnik der Technischen Universität Dresden, für die Betreuung meiner Arbeit und die Übernahme des Referates. Mit seinen wertvollen und kritischen Hinweisen bei der Durchsicht des Manuskripts hat er wesentlich zum Gelingen dieser Arbeit beigetragen.

Ebenso geht mein besonderer Dank an Herrn Prof. Dr.-Ing. Sven Jüttner, Leiter des Institutes für Werkstoff- und Fügetechnik der Otto-von-Guericke-Universität Magdeburg, für die jahrelange Unterstützung, die zahlreichen fachlichen Gespräche und die Übernahme des Koreferates.

Allen Mitarbeitern aus Forschung, Produktion und Vorseriencenter der Volkswagen AG sowie den Praktikanten und Diplomanden, die am Gelingen der Arbeit mitgewirkt haben, danke ich für ihre Unterstützung.

Nicht zuletzt möchte ich mich bei meiner Frau Magdalena, meinen Eltern, meinem Bruder und meinen Freunden für die Geduld und die Unterstützung bei der Anfertigung meiner Arbeit bedanken.

Ergebnisse, Meinungen und Schlüsse dieser Dissertation sind nicht notwendigerweise die der Volkswagen AG.

Wolfsburg, den 08.12.2014

Inhaltsverzeichnis

Inhaltsverzeichnis ..... **I**

Formelzeichen und Abkürzungen ..... **III**

Physikalische Größen ..... **III**

Prozessparameter ..... **VI**

1 Einleitung **1**

2 Stand der Wissenschaft und Technik **3**

2.1 Widerstandspunktschweißen im Rohkarosseriebau 3
2.1.1 Schweißeignung 3
2.1.2 Schweißsicherheit 6
2.1.3 Schweißmöglichkeit 9
2.2 Analyse von Schweißeinrichtungen 13
2.2.1 Begriffserklärung 13
2.2.2 Baugruppen 14
2.2.3 Leistungsstufe 15
2.2.4 Kraftaufbaueinheit 17
2.2.5 Zangenausgleich 18
2.3 Qualitätssicherung beim Widerstandspunktschweißen 18
2.3.1 Manuelle Prüfung 20
2.3.2 Prozessüberwachung 20
2.3.3 Prozessregelung 22
2.3.4 Patent- und Literaturrecherche 27
2.4 Analytisches Anlagenmodell 29
2.5 Energiebilanz des Widerstandspunktschweißens 31

3 Schlussfolgerungen aus der Literaturstudie **33**

4 Zielsetzung und Vorgehensweise **35**

4.1 Zielsetzung 35
4.2 Lösungsweg 35
4.3 Methodik zur Spaltanalyse 37
4.3.1 Quasistatischer Druckversuch 38
4.3.2 Schweißversuche 41
4.4 Versuchswerkstoffe 41

5 Untersuchung zur Kraftwirkung am Schweißflansch mit Spalt **43**

5.1 Vereinfachtes Modell zum Beulverhalten 44
5.1.1 Ermittlung des Kraftverhaltens am Schweißflansch 44
5.1.2 Ermittlung von elektrischen Widerständen am Schweißflansch 45
5.2 Ergebnisse der Beulversuche 47

6 Entwicklung eines zweistufigen Regelkonzeptes **53**

7 Modellierung und FEM-Simulation des Verhaltens am Schweißflansch **59**

7.1 Modellierung mit SORPAS 59

7.1.1 Auswahl der Probeneinspannung ... 60
7.1.2 Thermisches Modell ... 62
7.1.3 Analyse mechanischer Werkstoffmodelle ... 63
7.1.4 Anpassung des metallurgischen Modells ... 64
7.2 Analyse der veränderten Schweißflanschgeometrie ... 65
7.3 Einfluss von Prozessparameter ... 67
7.3.1 Schweißstromstärke ... 67
7.3.2 Elektrodenkraft ... 69
7.3.3 Materialstärke ... 70
7.4 Schweißlinsenbildung ... 71
7.5 Schlussfolgerungen für den Rohkarosseriebau ... 72

8 Versuchsaufbau ... 75

8.1 Schweißeinrichtung ... 75
8.1.1 Schweißsteuerung ... 77
8.1.2 Schweißzange ... 78
8.1.3 Zangenausgleich mit Servomotor ... 79
8.1.4 Verbindung von Komponenten über Kommunikationsnetzwerk ... 80
8.1.5 Externer Prozessregler ... 82
8.2 Messtechnik zur Prozessanalyse ... 82
8.2.1 Prozessdatenerfassung ... 83
8.2.2 Elektrische Prozessgrößen ... 84
8.2.3 Mechanische Prozessgrößen ... 85

9 Analyse und Bewertung der optimierten Prozessführung ... 87

9.1 Prozessgrößenanalyse und neue Prozessführung ... 87
9.2 Auslegung der Kraftaufbaueinheit und des Zangenausgleichs ... 88
9.2.1 Problemstellung bei der Realisierung des Regelkonzeptes ... 88
9.2.2 Empirischer Entwurf des Kraftreglers für den Hauptantrieb ... 91
9.2.3 Reglerentwurf für den Zangenausgleich ... 92
9.2.4 Neue Prozessleitsoftware ... 95
9.3 Ergebnisse und Analyse zum Warmbeulen ... 96
9.3.1 Verhalten verschiedener Flanscharten ... 96
9.3.2 Einfluss des Spaltes ... 99
9.3.3 Einfluss der Stromstärke ... 101
9.3.4 Analytische Betrachtung ... 103
9.3.5 Bestimmen von Prozessparametern ... 106
9.4 Untersuchung der Wärmeausgleichzeit ... 112
9.5 Optimierung Schweißparameter ... 114
9.6 Maßnahmen zur Prozessoptimierung ... 115
9.7 Schweißlinsenbildung nach dem Warmbeulen ... 116
9.8 Schweißbereich des zweistufigen Schweißprozesses ... 122
9.9 Bestimmung mechanischer Schweißpunkteigenschaften ... 124

10 Zusammenfassung ... 126

Literaturverzeichnis ... 131

Abbildungsverzeichnis ... 142

Tabellenverzeichnis ... 148

Formelzeichen und Abkürzungen

Physikalische Größen

a	$[m]$	Kontaktradius
A	$[m^2]$	senkrecht projizierte Kontaktfläche
A_5	$[\%]$	Bruchdehnung
$A_{B\text{-}B}$	$[m^2]$	Kontaktfläche Blech-Blech
$A_{B\text{-}E}$	$[m^2]$	Kontaktfläche Blech-Zangenarm / untere Elektrode
$A_{E\text{-}B}$	$[m^2]$	Kontaktfläche Elektrode-Blech
A_L	$[m^2]$	Kontaktfläche
A_S	$[m^2]$	Strahlfläche
c	$[J/(K \cdot kg)]$	Wärmekapazität
C		Konstante
c_G	$[kg \cdot s^{-2}]$	Federkonstante des Maschinengestells
c_N	$[kg \cdot s^{-2}]$	Federkonstante der Nachsetzeinheit
d		Störgröße
d_G	$[N \cdot s \cdot m^{-1}]$	Dämpfungskonstante des Maschinengestells
d_N	$[N \cdot s \cdot m^{-1}]$	Dämpfungskonstante der Nachsetzeinheit
d_P	$[m]$	Schweißpunktdurchmesser
d_{Pmin}	$[m]$	Mindestpunktdurchmesser
D		Dämpfungsgrad
e		Basis der natürlichen Logarithmen
e_{max}	$[\%]$	maximale Überschwingweite
$e(\infty)$		Regelabweichung im stationären Zustand
E	$[N/m^2]$	Elastizitätsmodul
E_B	$[J]$	Beulenergie
E_N	$[J]$	Energie
f_R	$[\%]$	Rekristallisationsgrad
F_1	$[N]$	Elektrodenkraft
$F`_1$	$[N]$	Kontaktkraft
F_2	$[N]$	Zangenkraft
$F`_2$	$[N]$	Beulkraft
F_3	$[N]$	gemessene Kraft in der Fügeebene
$F`_3$	$[N]$	Schweißkraft
F_{E1}	$[N]$	Stellkraft des Hauptantriebs
F_{E2}	$[N]$	Stellkraft des Ausgleichantriebs
$F_{K\text{-}G}$	$[N]$	Kraftwechselwirkung Motorkolbe – Gehäuse
$F_{K\text{-}L}$	$[N]$	Kraftwechselwirkung Motorkolbe – Isolierplatte
$F_{K\text{-}S}$	$[N]$	Kraftwechselwirkung Motorkolbe – Spannplatte
F_L	$[N]$	potenzielle und dissipative Kräfte
F_{M1}	$[N]$	gemessene Elektrodenkraft
F_{M2}	$[N]$	gemessene Zangenkraft / Traversekraft
F_S, F'_S	$[N]$	Führungsgröße des Kraftreglers
F_W	$[N]$	äußere Kräfte
G		Übertragungsfunktion
G_{RP}		Übertragungsfunktion P-Regler
G_{S1}		identifizierte Regelstrecke mittels Wendetangentenverfahren
G_{S2}		identifizierte Regelstrecke mittels orthogonaler Korrelation

G_{S3}		identifizierte Regelstrecke mittels Parameterschätzung
G_{SM}		Übertragungsfunktion des permanenterregten Synchronmotors
G_{UIS}		Übertragungsfunktion des Wechselrichters
G_W		Übertragungsfunktion der analytischen Kraftregelstrecke
h		Sprungantwort
h_0	$[m]$	Ausgangsabmessung
h_1	$[m]$	Endabmessung
I	$[A]$	Schweißstromstärke
$\boldsymbol{I}_S$	$[A]$	Statorstrom
I_1	$[A]$	Beulstrom
I_2	$[A]$	Schweißstrom beim zweistufigen Schweißprozess
I_R, I'_R		Führungsgröße des Stromreglers
J	$[kg \cdot m^2]$	Massenträgheitsmoment
k		Parameter des Rekristallisationsprozesses
K		Verstärkungsfaktor
k_f	$[N/m^2]$	Fließspannung
K_{PR}		Reglerverstärkung
K_{SM}		Statorverstärkung
l	[m]	Leiterlänge
m_G	$[kg]$	Masse des Maschinegestells
m_N	$[kg]$	Masse der Nachsetzeinheit
M_D, M'_D	$[N \cdot m]$	Dämpfungsmoment
M_{EL}, M'_{EL}	$[N \cdot m]$	elektrisches Drehmoment
M_L	$[N \cdot m]$	Lastmoment
n		Verfestigungsexponent
p	$[m]$	Einspannabstand
p_{B1}	$[N/m^2]$	Flächenpressung oberer Elektrode
p_{B2}	$[N/m^2]$	Flächenpressung unterer Elektrode
Q	$[J]$	Wärme
Q_L	$[W]$	Wärmeleitung
Q_K	$[W]$	Konvektion
Q_S	$[W]$	Wärmestrahlung
r		Parameter des Rekristallisationsprozesses
R	$[\Omega]$	elektrischer Widerstand
R_B	$[\Omega]$	Bahnwiderstand
R_E	$[\Omega]$	Engewiderstand
R_F	$[\Omega]$	Fremdschichtwiderstand
R_K	$[\Omega]$	Kontaktwiderstand
ΔR_{KG}	$[N/m^2]$	Festigkeitssteigerung durch Korn- und Zwillingsgrenzen
R_m	$[N/m^2]$	Zugfestigkeit
R_{min}	$[N/m^2]$	Grundfestigkeit eines Gitters
ΔR_{MK}	$[N/m^2]$	Festigkeitssteigerung durch Gitter gelöste Fremdatome
R_N	$[\Omega]$	Nebenschluss
R_P	[%]	Dehngrenze
R_S	$[\Omega]$	Stoffwiderstand
ΔR_T	$[N/m^2]$	Festigkeitssteigerung durch als Teilchen ausgeschiedene Fremdatome
$R_Ü$	$[\Omega]$	Übergangswiderstand
ΔR_V	$[N/m^2]$	Festigkeitssteigerung durch Versetzen
$R_{p0,2}$	$[N/m^2]$	Streckgrenze

S	$[N/m]$	Steifigkeit
s_{M1}	$[m]$	gemessener Elektrodenweg
s_{M2}	$[m]$	gemessener Zangenweg / unterer Elektrode
t_{an}	$[s]$	Anregelzeit
t_{max}	$[s]$	Zeitpunkt der maximalen Überschwingung
t_M	$[m]$	Materialstärke
t_ε	$[s]$	Ausregelzeit
t_K	$[s]$	Zeitkonstante
t_a	$[s]$	Anstiegszeit
t_u	$[s]$	Verzugszeit
T	$[K]$	Temperatur
T_W	$[K]$	Werkstofftemperatur
T_{KU}	$[K]$	Dampftemperatur
T_{LW}	$[K]$	Temperatur kälteres Medium
t_n	$[s]$	Nachstellzeit
T_{SM}	$[s]$	Zeitkonstante des permanenterregten Synchronmotors
T_{SU}	$[K]$	Umgebungstemperatur
t_v	$[s]$	Vorhaltezeit
$T_{1,2}$	$[s]$	Periodendauer
u		Stellgröße
U_M, U'_M		Stellgröße des Servoumrichters
U_S	$[A]$	Statorstrom
U_R, U'_R		Stellgröße des Servoumrichters
w		Führungsgröße
W	$[W]$	Arbeit
x	$[m]$	Position
x_G	$[m]$	globale Flanschverformung
x_L	$[m]$	lokale Flanschverformung
y		Regelgröße
Z	$[m]$	Zwischenlagenabstand
α	$[K^{-1}]$	linearer Wärmeausdehnungskoeffizient
$\alpha_{1,2}$	$[rad]$	Winkel im USP-Punkt
α_T	$[K^{-1}]$	Temperaturkoeffizient
α_W	$[W/(m^2 \cdot K)]$	Wärmeübergangskoeffizient
ε	$[m]$	Dehnung
ε_W		Emissionszahl
λ	$[W/(m \cdot K)]$	Wärmeleitfähigkeit
λ_L	$[\%]$	elastischer Anteil beim plastischen Verzerrungszuwachs
μ		Querdehnungszahl
ρ	$[\Omega]$	spezifischer elektrischer Widerstand
σ	$[N/m^2]$	mechanische Spannung
φ		Einstrahlzahl
φ_G		Umformgrad
φ_{gl}		Umformgrad bei der Gleichmaßdehnung im Zugversuch
ω_0	$[Hz]$	Eigenfrequenz
$\boldsymbol{\Psi}_S$	$[Wb]$	magnetischer Fluss

Prozessparameter

BZ	Beulzeit
NZ	Nachhaltezeit
SV	Schließvorgang
SZ	Schweißzeit
VHZ	Vorhaltezeit
WAZ	Wärmeausgleichzeit
WEZ	Wärmeeiflusszone

Allgemeine Abkürzungen

AH	Arbeitshub
CAN	Controller Area Network
CRC	Cyclic Redundancy Check
CSMA/CD	Carrier Sense Multiple Access/Collision Detection
EMV	Elektromagnetische Verträglichkeit
FEM	Finite-Elemente-Methode
KSR	Konstantstromregelung
M_A	Ausgleichmotor
M_H	Hauptmotor
PCMCIA	Personal Computer Memory Card International Association
SPS	Speicherprogrammierbare Steuerungen
TCP	Transmission Control Protocol
UDP	User Datagram Protocol
WOK	Wurzelortskurvenverfahren

1 Einleitung

Vermindernde Energieressourcen sowie Schadstoffemissionsnormen setzt zwangsläufig beim stetig steigenden Interesse an Leistung, Fahrkomfort die Senkung des Kraftverbrauchs über eine Fahrzeuggewichtsreduzierung voraus. Wegen eines großen Anteils am Fahrzeuggesamtgewicht wird im Fahrzeugkarosseriebau vermehrt auf neue Leichtbaukonzepte gesetzt. Eine Möglichkeit zur Gewichtsreduzierung liefert der Stoffleichtbau mit höherfesten Werkstoffen, die eine weitere Nutzung des im Karosseriebau bewährten Widerstandspunktschweißens gewähren. Durch den Einsatz von höherfesten Stählen werden bessere Betriebsfestigkeit- und Energieaufnahmeeigenschaften bei der gleichzeitigen Gewichtsreduzierung um 25 % erreicht [1], [2]. In modernen Fahrzeugkarosserien werden bereits heute zunehmend hoch- und höherfeste Stähle verwendet. Bei formgehärteten Werkstoffen können die Zugfestigkeiten von bis zu 1500 *MPa* erreicht werden.

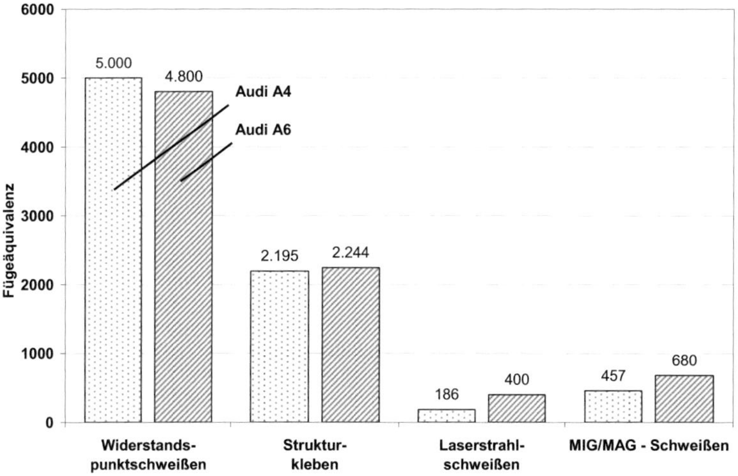

Abbildung 1: Verteilung verschiedener Fügeverfahren im Karosseriebau am Beispiel Audi A4 und A6 [3]

Das Widerstandspunktschweißen ist wegen einer einfachen Bauteilfixierung, einer hohen Wirtschaftlichkeit und eines hohen Automatisierungsgrads seit Jahren das wichtigste Fügeverfahren im Stahl-Karosseriebau. Das gilt sowohl für Fahrzeugkarosserien im Stahlleichtbau mit höchstfesten Werkstoffen z.B. Audi A4 als auch für den Stoffleichtbau mit Aluminium z.B. Audi A6, Abbildung 1. Bei dieser Darstellung wurde nach [192] das Fügeäuivalenz zum Vergleich der Fügeangaben verwendet. Bei der Anwendung von festgelegten Faktoren werden bei dieser Methode verschiedene Fügeverfahren, die sich in verschiedenen Aspekten ähneln, als gleichwertig angesehen.

Bauteile aus hoch- und höchstfesten Stählen stellen durch erhöhte Bauteilmaßabweichungen neue Anforderungen an die Anlagentechnik. Direkte Folgen sind Passungsungenauigkeiten und Spalte zwischen den Fügepartnern in der Fügezone.

Dadurch können die Qualitätsprobleme wie ungenaue Bauteilgruppe, verbogene Fügeflanschen oder Eigenspannungen entstehen. Die Spalte müssen mit vorhandenen Qualitätssicherungssystemen egalisiert werden.

Eine direkte Integration von Qualitätsregelsystemen im Widerstandsschweißprozess trägt zur Steigerung der Schweißmöglichkeit von Bauteilen mit Toleranzen bei. Heutzutage bilden Regelsysteme der Kraftaufbaueinheit und der Leistungsendstufe des Schweißstromes eine wichtige Komponente jeder modernen Schweißeinrichtung.

Wegen unzureichender Kenntnisse erfolgt die Spaltüberbrückung im Serieneinsatz entweder durch eine Elektrodenkrafterhöhung, eine Anpassung der Schweißstromstärke oder eine Verlängerung der Schweißzeit. Es findet eine undefinierte Kopplung der Bauteildeformation und der Wärmeentstehung statt. Unvorhersehbare Passungsprobleme müssen mittels Schweißprozessregelungen durch eine Schweißparameteranpassung zusätzlich zu anderen Prozesseinflussgrößen überbrückt werden. Hierbei stoßen die Regelsysteme bei neuen Werkstoffeigenschaften an ihre Grenzen.

Ziel dieser Arbeit ist die Analyse des Einflusses von Bauteilmaßabweichung auf die Verbindungsqualität und die Ausarbeitung eines Ansatzes zur modularen Erweiterung herkömmlicher Qualitätsregelsysteme unter besonderer Berücksichtigung innovativer Stähle. Durch eine individuelle Betrachtung jeder Schweißung sollten variable Bauteiltoleranzen durch eine Anpassung mechanischer und elektrischer Prozessparameter prozesssicher überbrückt werden. Nach der Implementierung in der Schweißsteuerung wird das neue Regelkonzept nach verschiedenen Qualitätskriterien bewertet.

Durch eine Integration geometrischer Werkstückparameter in bestehende Schweißstrom- und Elektrodenkraftregelkreise kann ein prozesssicheres Widerstandspunktschweißen von Bauteilen mit Passungsproblemen realisiert werden, wie in der Abbildung 2 schematisch dargestellt.

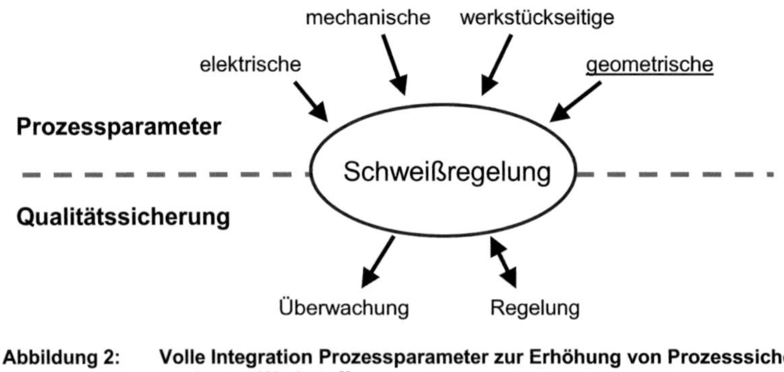

Abbildung 2: Volle Integration Prozessparameter zur Erhöhung von Prozesssicherheit bei modernen Werkstoffen

2 Stand der Wissenschaft und Technik

2.1 Widerstandspunktschweißen im Rohkarosseriebau

Mit globalen Trends im Automobilbau steigen die Anforderungen an das Widerstandspunktschweißen hinsichtlich innovativer Produkte mit neuen Konstruktionskonzepten und modernen Werkstoffen. Weiterhin verlangen kürzere Produktentwicklungszeiten, veränderte Fertigungsabläufe und die Erhöhung der Fertigungsflexibilität nach neuen Werkzeugen, die die beanspruchungsgerechte Verbindungsqualität gewährleisten. Die Möglichkeit zur Beherrschung der Komplexität bei Fügeaufgaben wird durch die Schweißbarkeit über drei äußere Einflussfaktoren definiert (Abbildung 3). Die funktionsgerechte und wirtschaftliche Auslegung der Punktverbindung erfordert eine ganzheitliche Erfassung aller Randbedingungen und Wechselwirkungen zwischen der Konstruktion, dem Werkstoff und der Fertigung. Die drei wichtigsten Qualitätsmerkmale für die Punktschweißverbindungen im Karosseriebau sind nach [76] die Punktfestigkeit, das Punktaussehen und die Korrosionsbeständigkeit. [4], [5], [6]

Abbildung 3: Definition der Widerstandspunktschweißbarkeit eines Bauteils [4], [5], [6], [7], [8]

Ein allgemeiner Algorithmus zur systematischen Optimierung und Neugestaltung von Fügeverbindungen ist in [9], [10] zu finden. Bei der Fügestellenanalyse wird ein großer Wert auf die Fügbarkeit gelegt. Anhand vieler praktischer Anwendungen, Erfahrungen bei der Modellierung und der Simulation liefert die entwickelte Analysemethode eine Unterstützung bei komplexen Fügeaufgaben mit vielfältigen Randbedingungen. Die Fertigung ist dabei nur ein Mittel zum Fügen der beanspruchungsgerechten Konstruktion aus eigenschaftsorientierten Werkstoffen.

2.1.1 Schweißeignung

Der Begriff der Schweißeignung beschreibt die Fähigkeit eines Werkstoffs eine Schweißverbindung herzustellen und wird durch chemische, metallurgische und physikalische Werkstoffeigenschaften sowie den Oberflächenzustand festgelegt [4], [6],

[29], [69]. Hiermit fasst dieser Begriff die Reaktionen des Grundwerkstoffes auf den Schweißprozess zusammen und ist nach [4] überwiegend von der Fertigung und in geringerem Maße von der Konstruktion abhängig.

Angestrebte Werkstoffeigenschaften im Karosseriebau sind beim Stoffleichtbau nach [15], [17], [36], [37] eine Gewichtsreduzierung durch Verringerung der Werkstoffdicke bei einer gleichzeitigen

- Erhöhung der Werkstofffestigkeit
- Verbesserung von Werkstoffumformeigenschaften.

Die widersprechenden Anforderungen an neue Stahlwerkstoffe können nur durch die Veränderung der chemischen Zusammensetzung und metallurgischer Werkstoffeigenschaften erfüllt werden. Diese Faktoren werden zwingend während des Herstellungsprozesses beeinflusst und haben die Auswirkung auch auf die physikalische Werkstoffeigenschaften sowie die Werkstoffoberflächenbeschichtung.

Mit der Entwicklung von neuen Stahlgüten werden seitens der Stahlhersteller der Automobilindustrie verbesserte und konstruktionsgerechte Materialien zur Verfügung gestellt. Moderne Stähle zeichnen sich gegenüber konventionellen Tiefziehstählen mit sehr hohen Streckgrenzen und Zugfestigkeiten aus. Die Erhöhung der Festigkeit und Zähigkeit bei einem nahezu gleichen E-Modul findet überwiegend durch die Ausbildung von Mischkristallstrukturen, einer thermischen Bearbeitung und der Kaltverformung statt [36], [37], [38].

Nach den in den siebziger Jahren entstandenen mikrolegierten Stählen begann die Entwicklung von höherfesten Mehrphasenstählen, die durch eine Mischung von Gefügebestandteile mit unterschiedlicher Härte gekennzeichnet werden. Zu den am häufigsten eingesetzten Mehrphasenstählen gehören die Dualphasenstähle. Diese verfügen neben guten Umformeigenschaften über eine Mindeststreckgrenze von 500 bis ca. 700 N/mm^2. Die Eigenschaften von Trip-Stählen werden durch eine Kombination der ferritisch-bainitischen und restaustenitischen Gefügebestandteile erreicht. Der Vorteil dieses Werkstoffs besteht in der Umwandlung des Restaustenits in einen harten Martensit erst bei der Bearbeitung, wodurch die Umformbarkeit deutlich gesteigert und die Brucheinschnürung verhindert wird. Trip-Stähle erreichen den Festigkeitsbereich von 600 bis 800 N/mm^2 und Bruchdehnung A_5 bis 40 %. Die Komplexphasenstähle weisen eine komplexe und feinkörnige Struktur auf, die neben unterschiedlichen Bainitsorten über Insel von Ferrit und Martensit verfügt. Die harten Martensitinsel wirken leider negativ auf die Umformmöglichkeiten und lassen nur eine Dehnung von ca. 25 % bei der Zugfestigkeit bis 1000 N/mm^2 zu. Die höchste Festigkeit wird heutzutage mit Martensitphasenstähle erzielt, die überwiegend aus Martensitinsel bestehen und sehr niedrige Dehnungswerte unter 15 % aufweisen. Die Mindeststreckgrenze liegt für diese Werkstoffe bis zu 1400 N/mm^2. [5], [36], [38], [39]

Die Untersuchungen in [40], [41] haben gezeigt, dass sich wegen einer sehr hohen Abkühlrate (103 – 105 *°K/s*) der höherfesten Stähle im Schweißpunkt und in der Wärmeeinflusszone der spröde Martensit bildet, wodurch Scher- und Mischbrüche entstehen. Der Einfluss der Wärmeeinflusszone wirkt sich besonders stark auf die Verbindungseigenschaften unter der dynamischen Belastung aus [42], [43]. Durch die Blechdickenverringerung nimmt die Kühlwirkung der Schweißelektrode zu, was nach [6] zu einer Verminderung der Aufhärtung der Fügestelle führt. Im Weiteren kann die Härte des Punktes neben einer Verringerung der Kontaktzeit durch die Einführung eines Nachimpulses verbessert werden. Die Versuche in [40] zeigen eine Reduktion der Schweißpunkthärte durch den Nachimpuls. Darüber hinaus weist [44] keine Auswirkung der Schweißzeitverlängerung und der Stromform auf den Härteverlauf sondern der Stromart nach. Durch den Einsatz von Mittelfrequenzinvertern kann die Härte um die Fügestelle geringfügig verringert werden [44].

Das Streckgrenzenverhältnis definiert bei der Konstruktion den nutzbaren Arbeitsbereich der jeweiligen Stahlsorte. Es gilt die allgemeine Tendenz, dass mit der Zunahme der Streckgrenze bzw. Zugfestigkeit das Streckgrenzenverhältnis zunimmt. Darüber hinaus nimmt während der Kaltumformung bzw. mechanischen Bearbeitung das Rückfederungsverhalten zu, was sich negativ auf die Bearbeitungsmöglichkeiten von Pressteilen auswirkt [24]. Die Ursache liegt anhand der Analyse von Kennwerten in [24], [45], [46] darin, dass mit der zunehmenden Werkstofffestigkeit viel höhere Abweichungen bei mechanischen Werkstoffeigenschaften erlaubt sind. Allgemein gilt, dass mit der Zunahme der Werkstofffestigkeit auch die Bauteilmaßabweichungen zunehmen. Im Weiteren wird zur Überbrückung dieser stochastischen Passungsprobleme eine höhere Elektrodenkraft notwendig.

Bei hochfesten Werkstoffen ist eine Erhöhung der Schweißpunktfestigkeit erwünscht, damit möglichst die Grundwerkstofffestigkeit erreicht wird.

In [36] wird die prozentuelle Bruchdehnung in Bezug auf die Zugfestigkeit neben dem genannten Streckgrenzenverhältnis als maßgebend für die Umformeigenschaften definiert. Mit der Erhöhung der Festigkeit geht die Verminderung der Verarbeitungsfähigkeit einher. Bei modernen Stählen wird ein zusätzlicher Festigkeitsgewinn zur Verbesserung des Verhältnisses der Umformbarkeit zur Festigkeit mittels Work-Hardening, Bake-Hardening oder Warmformhärtung erreicht [21], [24]. Hiermit besteht die Möglichkeit nach [47], dass die Werkstoffe anschließend nach dem Umformen im Endzustand z.B. mit Bake-Hardening im Lackeinbrand verfestigt werden. Ein hohes Verfestigungsvermögen wirkt sich positiv nicht nur auf die Verarbeitung sondern auch die Anwendung bzw. Gebrauchsanwendung wie das Beul- oder das Crashverhalten aus [21].

Neben dem Grundwerkstoff entscheidet über die Schweißeignung auch die Werkstoffoberfläche. Nach [47] erfüllt die Oberflächenbeschichtung in der Automobilindustrie nicht nur korrosionstechnische sondern auch schmiertechnische und thermische Aufgaben. Daraus können die wichtigsten Eigenschaften von Blechbeschichtungen wie elektrischer Widerstand und Schichtdicke abgeleitet werden. Nicht ohne Bedeutung für das Widerstandspunktschweißen bleiben die Reinheit der Schicht sowie das Beschichtungsverfahren selbst. Über die Übergangswiderstände entscheidet die Oberflächenbeschichtung in der Anfangsphase bzw. nach [60] der Erwärmungsphase, in der sie deutlich größer als der Stoffwiderstand sind, über die Wärmeeinbringung in die Fügestelle [21], [48], [84]. Weiterhin zeigen [21], [48], [29] metallische Überzüge mit einer niedrigen Schmelztemperatur eine starke Neigung zum Anlegieren mit dem Elektrodenkupfer, wodurch die elektrischen Widerstände und die Stromdichte beim jeden weiteren Schweißpunkt verändert werden. Der geschmolzene Oberflächenwerkstoff verändert im Weiteren die Elektrodenform.

Zusammenfassend lässt sich anhand der Versuche von [31] feststellen, dass die Oberflächenbeschichtung das Schweißbereichsdiagramm beim Widerstandspunktschweißen beeinflusst. Zu den häufigsten Schweißfehlern, die durch die Beschichtungsschicht bedingt sind, zählen nach [29] eine ungenügende Schweißpunktfestigkeit, innere und äußere Schweißspritzen und ein starkes Anlegieren der Schweißelektrode oder des Bauteils.

In Zukunft werden im Automobilbau immer mehr Stähle mit hoher Zugfestigkeit und Bruchdehnung zur Erfüllung der Anforderungen aus der Konstruktion eingesetzt, wodurch neue Herausforderungen für die Schweißeinrichtungen entstehen werden. Zur Gewährleistung der geforderten Schweißbarkeit müssen die zunehmende Bauteilkomplexität und -festigkeit mit den zur Verfügung stehenden Schweißeinrichtungen beherrscht werden. Darüber hinaus braucht der Widerstandspunktschweißprozess ein neues, zuverlässiges Werkzeug für veränderte Prozessabläufe.

2.1.2 Schweißsicherheit

Nach [13] trägt die Rohkarosse etwa 25 % zum Gesamtgewicht eines PKW und liefert dadurch ein großes Potenzial hinsichtlich des Leichtbaus. Die Auslegung der PKW-Karosserie stellt eine große Herausforderung jedes Fahrzeugherstellers auf Grund widerstrebender Kundenansprüche an mehr Sicherheit und Komfort bei einem gleichzeitig niedrigen Verbrauch dar. Ein weiteres Auslegungskriterium für die Karosserie-Struktur stellt noch der wirtschaftliche Aspekt für Personal, Material und Energie dar. [12], [14]

Die Schweißsicherheit wird neben dem Werkstoff von der Konstruktion beeinflusst und durch die konstruktive Gestaltung des zu schweißenden Bauteils unter wirkenden Betriebsbedingungen beschrieben. Damit ist eine Schweißsicherheit vorhanden, wenn die konstruktive Ausführung der Fügeverbindungen unter den vorgegebenen Betriebsbedingungen weder versprödet, bricht oder Risse bildet. [4], [5], [6], [11]

Die konstruktionsbedingte Schweißsicherheit wird nach [11] zusätzlich durch die Fertigungsbedingungen wie der Außentemperatur bestimmt. Zu den wichtigsten Einflussfaktoren gehören die Konstruktion (der Kraftfluss im Bauteil, die Anordnung der Schweißnähte, die Werkstoffdicke) und der Beanspruchungszustand (die Art sowie die Größe von Spannungen im Bauteil) [11], [5].

Der Konstrukteur legt mit konstruktiven Bedingungen von Bauteilen die Randbedingungen für den Widerstandspunktschweißprozess fest. Zur Erfüllung von funktionellen Forderungen wird in der Automobilindustrie das Leichtbaukonzept verfolgt. Hiermit kann zu einem der Wunsch von Kunden nach Mobilität mit knapper werdenden Erdölressourcen und bei erhöhten Umweltanforderungen seitens Gesetzgeber erfüllt werden und zum anderen neue Wachstumsmärkte erobert werden [12].

Die Analyse der Tendenzen im Karosseriebau liefert folgende Möglichkeiten zum Karosserie-Leichtbau [13], [15], [16], [17], [18]:

- Stoffleichtbau
- Fertigungsleichtbau
- Formleichtbau
- Konzeptleichtbau.

Neue innovative Stahlkonzepte und -technologien ermöglichen enorme Gewichtseinsparungen beim Stoffleichtbau selbstragender Schalenkarosserien. Alternative Leichtbaukonzepte oder Werkstoffe bieten leider entweder keine kostengünstigen Lösung, haben ungelöste technische Probleme oder versagen beim Recycling [13], [16], [19], [20], [21]. Die meisten in der Automobilindustrie eingesetzten Stähle lassen sich gut punktschweißen, wobei beim Widerstandspunktschweißen von gut stromleitenden Werkstoffen wie Aluminium besondere Handlungen zu beachten sind [11]. Der häufigste Ansatz mit höherfesten Werkstoffen stellt neue Anforderungen nicht nur im Bereich der Konstruktion sondern verlangt auch eine Anpassung und Optimierung von Fertigungstechnologien.

Die Herausforderungen für das Widerstandsschweißen durch den Leichtbau unter Verwendung höherfester Werkstoffe sind:

- Fügepartner mit deutlich unterschiedlichen chemischen und mechanischen Eigenschaften
- Mehrblechverbindungen
- Bauteilkomplexität
- Schweißflanschbreite
- Entstehung Last- und Eigenspannungen
- Kombination mit Klebstoff

Vor über 60 Jahren kam bei ersten Fahrzeugen wie z.B. VW Käfer ausschließlich Tiefziehblech mit der Streckgrenze $R_{p0,2}$ unter 140 *MPa* zum Einsatz [49]. Bei heutigen Rohkarosserien ist besonders bei crashrelevanten Strukturbauteilen eine enorme Zunahme an höher- und höchstfesten Werkstoffen zu sehen. Das Spektrum eingesetzter Stähle reicht von den weichen im Bereich der Anbauteile mit anspruchsvollen Geometrien über hoch- und höherfeste bei Strukturbauteilen mit hoher Festigkeitsbeanspruchung bis hin zu höchstfesten im Crashbereichen. Die tragenden Bauteile mit höchstem Widerstand gegen Verformung sind aus formgehärteten Stählen. Beim Widerstandspunktschweißen müssen die Unterschiede elektrischer und mechanischer Werkstoffeigenschaften der zu fügenden Stahlsorten beachtet werden. Die Schweißlinse bildet sich beim Fügen von unterschiedlichen Stählen bevorzugt im Material mit dem höheren elektrischen Stoffwiderstand aus, wodurch eine Schweißlinsenverschiebung entsteht [22]. Solche Fügeverbindungen zeigen nach [23] relativ schmale oder keine Schweißbereiche mit einem normgerechten Punktdurchmesser.

Die Mehrblechverbindungen bieten ein Potential zur Vereinfachung der Karosseriekonstruktion und Verringerung des Fertigungsaufwandes. Dieser Ansatz fordert Sonderlösungen bei der Prozessführung zur prozesssicheren und reproduzierbaren Verbindungsherstellung. Bei dieser Art der Punktverbindung sind neben gerade genannten unterschiedlichen Werkstoffeigenschaften zusätzliche Prozesseinflussgrößen wie unterschiedliche Blechdicken, Oberflächenbeschichtungen und Passungsprobleme zu beachten. Hinzu kommt noch die viel höhere Steifigkeit der Fügestelle. In [22] wird die Problematik mehrschnittiger Verbindungen mit einer stark unsymmetrischen Blechanordnung des Flanschmodells abgebildet.

Mit dem Einsatz von neuen Werkstoffen kann die Geometrie der Bauteile komplexer werden, wodurch weniger Prozessschritte zum Herstellen eines Zusammenbaus aus Einzelteilen notwendig sind [24]. Das betrifft auch Strukturteile und crashrelevante Bauteile mit hohen Anforderungen an die Festigkeit und Energieaufnahme wie Säulen, Längs- und Querträger [25]. Komplexe umformtechnische Aufgaben werden bei einer gleichzeitig hohen Streckgrenze von Werkstoffen mit neu entwickelten CP- und Trip-Stählen gewährleistet [25], [26]. Direkte Folge für den Schweißvorgang ist oft eine Verringerung der Zugänglichkeit.

Eine weitere Herausforderung für das Widerstandspunktschweißen stellt nach [29], [30] eine Verringerung der Schweißflanschbreite im Züge der Gewichtsreduzierung über die Bauteiloptimierung. Am zu schmalen Schweißflansch treten vermehrt Schweißspritzer auf, wodurch Materialverlust, ein scharfkantiger Grat und Nacharbeit entstehen. Die Ursache liegt oft in Bauteilmaßabweichungen bzw. -ungenauigkeiten, was zur Rand- und Kantenschweißung führt. Im Weiteren beeinflusst der Randabstand über die elektrische Stromdichte im Bauteil das Schweißlinsenwachstum [31].

Die Bauteilungenauigkeiten können schon beim Bauteilherstellen oder erst später beim Zusammenbau zu komplexeren Baugruppen entstehen. Beim Zusammenbau von Bauteilen mit Maßabweichungen zu einer Schweißgruppe nehmen die Ungenauigkeiten unter Umständen zu. Neben der Teileherstellung wird die Schweißgruppenmaßhaltigkeit über die Bauteilfixierung in der Vorrichtung, den Bauteilmaterial und den Schweißprozess beeinflusst. Die Bauteilverformung sowie Passungsprobleme sind wichtige Qualitätskriterien im Karosseriebau. [32]

Die mechanischen Spannungen σ im geschweißten Bauteil können nach [33] entweder über die Einwirkung äußerer Kräfte als Lastspannungen oder infolge des Fertigungsprozesses als Eigenspannungen entstehen. In Anlehnung an [193] können die fertigungsbedingten Eigenspannungen durch das Urformen, Umformen, Trennen, Fügen, Beschichten oder die Änderung der Werkstoffeigenschaft entstehen. Der Widerstandspressschweißprozess verursacht durch die lokale Wärmeeinwirkung und Werkstoffumwandlung in der flüssigen Phase unterschiedliche Dehnungen sowie ein Volumendefizit nach dem Erstarren und dadurch Eigenspannungen erster und zweiter Art nach [5]. Die Beaufschlagung von Bauteilen mit der Elektrodenkraft kann zu einer Verformung und Lastspannungsentstehung führen. Diese Spannungen können eine elastische sowie beim Überschreiten der Streckgrenze plastische Deformation verursachen. Die entstehenden Fügespannungen werden beim Verschweißen im Bauteil eingefroren. Allgemein gilt, dass bei dicken und festen Blechen mit erhöhten Eigenspannungen zu rechnen ist. Je größer der Bauteilbereich mit Spannungen betroffen ist, desto höhere Schäden können an Konstruktionen entstehen [5].

Zur Erhöhung der Karosseriesteifigkeit und Abdichtung gegen das Wassereindringen kommt besonders im Bereich der Plattform zusätzlich das Kleben zum Einsatz. Beim Punktschweißen wird die stromführende Verbindung über einen Nebenschluss bedingt durch die sehr schlechte elektrische Leitfähigkeit des Klebstoffs hergestellt. Während der Erwärmung steigt die Viskosität des Klebstoffs, so dass dieser mittels Elektrodenkraft weggedrückt wird. [6]

In [34] ist die Systematik typischer Dünnblech-Schweißverbindungen (2-Blechverbindungen) gezeigt. Es wird allgemein zwischen einem Parallel- und Überlappstoß unterschieden. Eine systematische Analyse der Verbindungsstellen an einer modernen PKW-Karosserie hat vier verschiedene Gestaltvariationen ergeben. Dies sind der Einzelflansch, Einzelflansch mit Überlappung, Doppelflansch und die Membranverbindung, wie in der Abbildung 4 schematisch dargestellt. Dabei wurde die Systematik in [34] um die Einspannsituation (einseitige und doppelseitige Blecheinspannung) erweitert. In der Literatur [23], [35] werden die Untersuchungen von Flanscharten auf die zwei ersten beschränkt.

Der Doppelflansch bildet vereinfacht zwei doppeltseitig eingespannte Träger mit einem Spalt dazwischen ab. Bei einer allseitigen bzw. vierseitigen Einspannung der zu schweißenden Bleche entsteht eine Membran, die durch eine gleichmäßige Belastung aller Randbereiche wie beim Tiefziehen gekennzeichnet ist [139]. Die Verbindung mit der einseitigen Einspannung ist die am häufigsten vorkommende Verbindungsart in der Schalenbauweise von Fahrzeugkarosserien. Bei einer mittigen Flanschüberlappung zwei einseitig eingespannten Bleche entsteht eine weitere Variante (Abbildung 4). Nach der Konstruktionsempfehlung in [145] ist eine Breite der Blechüberlappung von mindestens 16 *mm* zur normgerechten Schweißpunktausführung erforderlich.

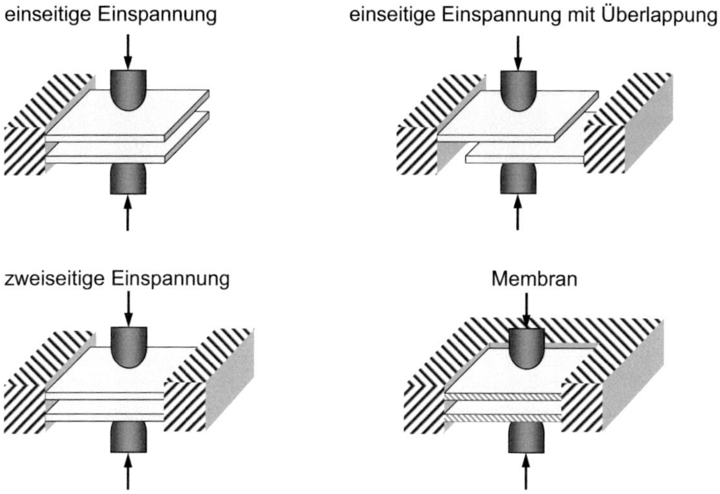

Abbildung 4: Systematik unterschiedlicher Spann- und Gestaltungsvarianten 2-Blechpressschweißverbindungen im Automobilbau in Anlehnung an [34]

Jede Schweißverbindung wird durch die Gesamtheit ihrer Merkmale gekennzeichnet. Die Anforderungen an Widerstandspunktschweißverbindungen werden meistens unabhängig von der Schweißflanschgestaltung über die Schweißpunktgeometrie und Schweißpunktfestigkeit als Prüfmerkmale festgelegt [145], [158]. Die Festigkeit eines Schweißpunktes ergibt sich aus dessen Geometrie und den werkstofflichen Eigenschaften der Fügestelle. Diese ausschlaggebenden Qualitätskriterien können durch konstruktionsbedingte Ausführung wie die Lage der Schweißpunkte, die Schweißfolge oder der Punktabstand beeinflusst werden. Bei speziellen Aufgaben wird zusätzlich noch der Oberflächengütegrad als Bewertungskriterium für punktgeschweißte Bleche herangezogen. Zur Unterstützung der Beurteilung von Widerstandspunktschweißungen werden von Experten zusätzlich die zulässigen Grenzwerte für Prüfmerkmale wie in [56], [145], [158] festgelegt.

Die konstruktive Gestaltung der Fahrzeugkarosserie legt bereits die Anforderungen an die Fertigung durch die Werkstoffauswahl fest. Die Schweißmöglichkeit liefert lediglich eine Lösung zur Erfüllung konstruktionsbedingter und werkstofflicher Randbedingungen.

2.1.3 Schweißmöglichkeit

Zur Gewährleistung der einwandfrei geschweißten Konstruktion sind während der Schweißung nach [4], [5], [6], [11] eine korrekte Vorbereitung zum Schweißen, eine fachgemäße Ausführung der Schweißarbeiten und unter Umständen eine Nacharbeitung der Schweißstelle erforderlich. Dieser Einfluss der Fertigung auf die Konstruktion und verwendete Werkstoffe wird mit dem Begriff der fertigungsbedingten Schweißmöglichkeit bezeichnet. Ferner beinhaltet die Schweißmöglichkeit nach [4] das Fertigungsverfahren mit entsprechenden Fertigungsmitteln bzw. Fertigungszellen und dazugehörigen Fertigungsparametern sowie Qualitätssicherungssystemen.

Eine nicht abgeschlossene Schweißlinsenbildung und damit ein zu kleiner Schweißlinsendurchmesser gehört zu den häufigsten Fehlern beim Widerstandspunktschweißen im Karosseriebau [153]. Die Ursache liegt in steigenden Anforderungen an die Schweißeinrichtungen zum Widerstandspunktschweißen durch den Einsatz von neuen Konstruktionen mit modernen Werkstoffen, wie bereits im Kapitel 2.2.1 und 2.1.2 beschrieben. Die herkömmlichen Roboterschweißzangen sind nach Untersuchungen aus [96], [153] oft nicht in der Lage ohne aufwendige und teure Spannvorrichtungen oder besonderen technologischen Maßnahmen die Bauteile aus hochfesten Materialen zuverlässig zu kontaktieren und zu verbinden. Somit entsteht bei ungenauen Bauteilen ein Spalt in der Verbindungszone, was zur Veränderung der Kontaktsituation und des Energieeintrages beim Schweißlinsenwachstum führt. Die direkte Folge ist häufig das Auftreten von Schweißspritzern [48], [30]. Dadurch steigen die Prozesskosten wegen der erforderlichen Nacharbeit an sichtbaren Schweißpunkten der Rohkarosserie sowie Schweißeinrichtungen und deren Umgebung auf Grund der Verschmutzung [153]. Die Abbildung 5 stellt den Einfluss von Passungsproblemen auf den Schweißlinsendurchmesser an einem repräsentativen Beispiel aus der Automobilindustrie dar. Bei diesem Versuch wurde bei gleichen Schweißparametern der Zwischenlagenabstand Z variiert. Es war deutlich zu erkennen, dass mit dem zunehmenden Spalt zwischen den zu fügenden Blechen der Schweißlinsendurchmesser kleiner wurde.

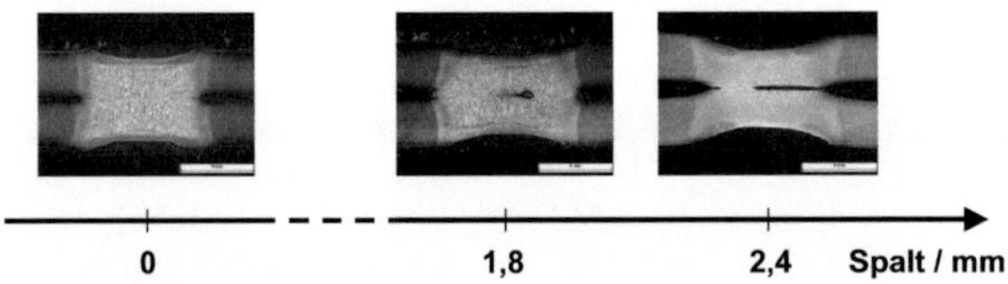

Abbildung 5: Einfluss Passungsprobleme auf den Schweißlinsendurchmesser beispielhaft für HX340LAD +Z100 t_M = 3,0 *mm* [153]

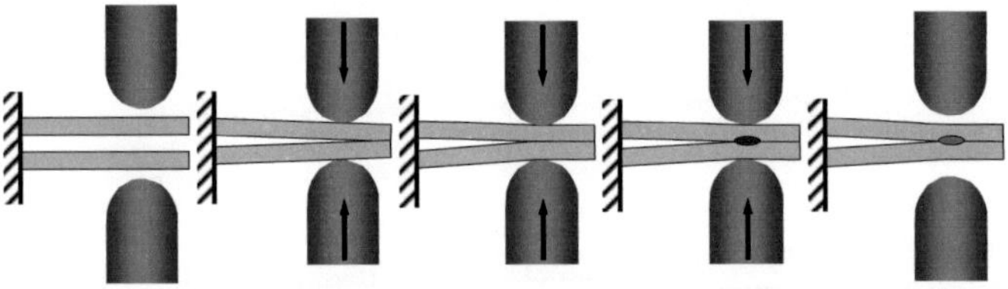

Abbildung 6: Schweißflanschdeformation bei der Spaltüberbrückung mit herkömmlichen Qualitätssicherungssystemen [151]

Weiterhin verschärft die Tendenz zur Einsparung von Prozessstufen in der Fertigung die Bauteiltoleranzen beim Zusammenbau durch den Einsatz von komplexen Bauteilen. Dadurch entstehen beim Zusammenschachteln von Bauteilen Spalte oder Kantenversätze in der Fügezone. Diese müssen mit der Elektrodenkraft, aufgebracht durch eine Kraftaufbaueinheit einer Schweißeinrichtung, egalisiert werden [49], [153]. Hiermit kann es bereits abhängig von Prozessrandbedingungen zu einer Spaltüberbrückung kommen. Erst in der Schweißstromphase findet bei gängigen Qualitätsregelsystemen eine Anpassung elektrischer Prozessparameter an die Kontaktsituation statt. Somit wird der Schweißflansch zuerst mechanisch, anschließend mit Hilfe vom Schweißstrom verformt und punktförmig miteinander verbunden. Das führt oft zu ungenauen Bauteilgruppen, verbogenen Fügestellen und großen Spannungen über und am Schweißpunkt (Abbildung 6). [151]

Das Ergebnis des Widerstandpunktschweißens am Schweißflansch mit einem Spalt besteht aus einer lokalen x_L und globalen x_G Verformung bzw. Beulung und kann nach dem aktuellen Stand der Technik nicht vorhergesagt werden. In [153] wird die globale Bauteilverformung als eine großflächige elastische oder plastische Abweichung vom Sollmaß zwischen den Einspannflächen definiert, die durch das Beaufschlagen des Bauteils mit der Elektrodenkraft entsteht, Abbildung 7. Im Weiteren entsteht diese Art der Verformung überwiegend im kalten Zustand d.h. während des Schließvorganges und der Vorhaltezeit (VHZ). In der Aufwärmphase wird das Bauteil lokal aufgewärmt, so dass eine starke lokale Bauteilverformung entsteht. Diese meist plastische Verformung ist räumlich stark begrenzt und erscheint nach der Definition in [153] ausschließlich in der unmittelbaren Nähe der Elektrodenkappe, wo die Stromdichte am höchsten ist. Dabei kann sogar die elastische Verformung leicht abnehmen. Werden die Bauteile mit Maßabweichungen unkontrolliert plastisch und/oder elastisch verformt, können nach [153] in Schweißpunkten und lokal in den Fügeteilen Fügespannungen erscheinen.

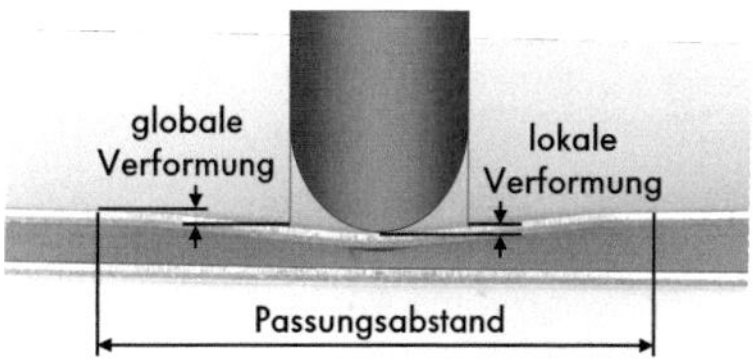

Abbildung 7: Definition der lokalen und globalen Verformung

In Tabelle 2-1 sind die in der Automobilindustrie angewendeten Lösungsansätze zur Spaltüberbrückung beim Widerstandspunktschweißen nach [153] aufgestellt.

Tabelle 2-1: Möglichkeiten zur Passungserkennung und -überbrückung

Lösungsweg	Erkennung der Passungssituation	Maßnahmen zur Spaltüberbrückung
manuelle Einstellung	• nicht- oder zerstörende Prüfung • Prozessüberwachung	• Elektrodenkrafterhöhung • Schweißstromanpassung • Prozessverlängerung
adaptive Regler	• Elektrischer Widerstand • Elektrodenweg	• Prozessverlängerung • Schweißstromanpassung

Eine Erhöhung der Elektrodenkraft ist der einfachste und deswegen häufigste Lösungsansatz im Automobilbau zur Überbrückung von unerwünschten Bauteilmaßabweichungen. Es ist bekannt [23], [60], dass mit der zunehmenden Werkstofffestigkeit höhere Kräfte für ein ausreichend breites Schweißbereichsdiagramm notwendig sind. Umfangreiche Untersuchungen in [44] zeigen einen werkstoffabhängigen Einfluss der Elektrodenkrafterhöhung auf das Schweißbereichsdiagramm. Die Anpassung technologischer Prozessparameter wird manuell vom Fachpersonal nach der Erkennung vom Problem durch eine Prüfung der Schweißverbindung oder anhand von

Prozesskurven im Qualitätsüberwachungssystem durchgeführt. Überdimensionierte Schweißkräfte führten nicht nur zur Veränderung der Kontaktsituation, wodurch eine Anpassung elektrischer Schweißparameter notwendig ist [60], sondern auch zur Vergrößerung globaler Verformungsanteile im Bauteil. Direkte Folgen sind Schweißspannungen im Bauteil und ein erhöhter Verschleiß der Roboterschweißzange. Die Versuche im Rahmen [23], [48] haben gezeigt, dass wegen des viel höheren Flächendrucks erhebliche Elektrodeneindrücke im Bereich der Fügestelle bei einer guten Passung zustande kommen und dadurch das wichtigste Qualitätsmerkmal für sichtbare Punkte beeinträchtigen. [153], [155]

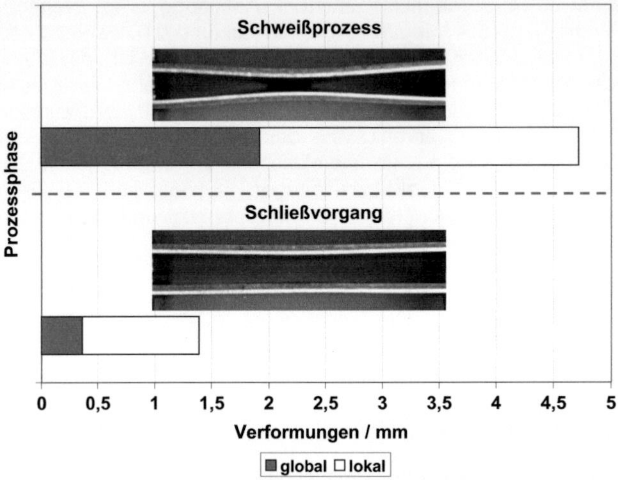

Abbildung 8: **Verformungsanteile bei Spaltüberbrückung mittels Elektrodenkrafterhöhung HDT780C+ZE75/75 t_M = 1,5 *mm* [153]**

Die Abbildung 8 zeigt die Verformungsanteile bei der Spaltüberbrückung über eine Elektrodenkrafterhöhung nach dem Schließvorgang bzw. der Vorhaltezeit und dem gesamten Schweißvorgang. Das Kaltumformen des doppelseitig eingespannten Flanschmodells stellt kein Blechkontakt sicher. Der Schließvorgang hinterlässt nach dem Entlasten des Flansches lediglich eine geringe und stark lokale plastische Verformung. Der große elastische Verformungsanteil entsteht auf Grund einer hohen Bauteilsteifigkeit und wird beim Schweißen im Bauteil eingefroren. Nach dem gesamten Schweißvorgang ist eindeutig eine große globale Bauteilverformung zu erkennen, die sich über das ganze Flanschmodell verteilt.

Im Konstantstrommodus (KSR-Modus) erfolgt die Überbrückung von Bauteilmaßabweichungen durch eine manuelle Anpassung von elektrischen Prozessparametern in Form einer Mehrimpulsschweißung [153]. Die Ergebnisse aus den Untersuchungen in [23] zeigen, dass dieser Lösungsansatz sehr geringe Robustheit gegen Veränderung der Kontaktsituation aufweist. Auf Grund der Schweißparameteroptimierung nur für eine vorher definierte Kontaktsituation, entsteht nach einer Passungsverschlechterung sogar ein Festigkeitsverlust gegenüber dem herkömmlichen Einimpulsschweißen. Ein geringer Vorteil dieser Lösung ist eine Verringerung der globalen Bauteilverformung in Richtung einer lokalen und plastischen, wodurch die Maßhaltigkeit von geschweißten Baugruppen erhöht wird. Wegen nicht vorhersehbarer Kontaktbedingungen in der Schweißzone kann bei diesem Verfahren die zur Schweißlinsenbildung zugeführte Energie nicht für jeden Schweißpunkt auf dem gleichen Niveau gehalten werden.

Abhilfen bei Passungsproblemen schaffen in modernen Qualitätsregelsystemen eine adaptive Schweißstromanpassung und/oder Schweißprozessverlängerung. Die Erkennung der vorliegenden Passungssituation erfolgt in derartigen Reglern anhand des dynamischen Verlaufs des elektrischen Widerstandes oder der Überwachung des Elektrodenwegs. Die Qualitätssicherungssysteme für das Widerstandspunktschweißen werden im Kapitel 2.3.3 näher erläutert.

Neue Qualitätsregelsysteme erweitern die Schweißmöglichkeit bereits beim Einsatz von heutigen Rohkarosseriekonstruktionen mit hochfesten Werkstoffen. Unvermeidlich scheint eine hohe Elektrodenkraft zur schnellen und prozesssicheren Spaltüberbrückung notwendig zu sein. Die Untersuchungen in [87], [96], [153] zeigen, dass herkömmliche Roboterschweißzangen bereits bei warm umgeformten Werkstoffen an ihre Grenzen stoßen. Weitere Elektrodenkrafterhöhung erfordert neue, größere Kraftaufbaueinheiten, wodurch die Zugänglichkeit z.B. am schmalen Flansch oder in komplexen Schweißgruppen beschränkt wird und höhere Beschaffungskosten entstehen. Nach [60] gewährleistet nicht immer eine konstante Elektrodenkraft eine gute Schweißpunktqualität. Beim Fügen von Bauteilen mit Maßabweichungen kann eine gleichzeitige Veränderung des Schweißstroms und der Elektrodenkraft abhängig von der vorliegenden Passungssituation zur weiteren Verbesserung der Schweißpunktqualität beitragen.

2.2 Analyse von Schweißeinrichtungen

Nach der Definition des Widerstandspressschweißens [27] werden die Bauteile aufeinander gepresst und über die Erwärmung durch den elektrischen Strom punktförmig miteinander verbunden. Diese Aufgabe wird durch die Schweißeinrichtungen mit einem Krafterzeugungssystem zum Zusammenpressen der Werkstücke sowie einer Leistungsstufe zur Erzeugung und Übertragung in die Verbindungsstelle der zum Fügen notwendigen Energie in Form vom elektrischen Strom erfüllt.

Der Hauptantrieb wird zusammen mit dem Zangenausgleichantrieb so geregelt bzw. gesteuert, dass die Schweißdruckkraft beider Elektroden jeweils auf das vorprogrammierte Niveau gebracht wird und über den gesamten Schweißvorgang konstant gehalten oder nach einem Kraftprogramm verändert wird. Hiermit wird von den Elektroden beim Widerstandspunktschweißen eine Stütze für die innige Verbindung in der Kontaktzone der Bauteile während der Schmelzeentstehung und unmittelbar danach gebildet.

Herkömmliche Schweißeinrichtungen zum Widerstandspunktschweißen unterscheiden sich in mehreren Punkten und werden nach unterschiedlichen Arten von Klassifikationen wie z.B. der Aufbau, die Art der Kraftaufbaueinheit oder Schweißstromarten usw. eingeteilt. Diese Einordnungen von Schweißeinrichtungen bringt aber keine Information über das mechanische und dynamische Verhalten mit [53].

2.2.1 Begriffserklärung

Im Bereich der Anlagentechnik für das Widerstandspunktschweißen wird oft der Begriff Regelung d.h. für ein System mit zyklischem Feedback mit der Steuerung d.h. mit einem Feedforward ersetzt, ohne dabei auf das Systemverhalten Rücksicht zu nehmen [54]. Der etwas irreführende Begriff der Schweißsteuerung ist historisch gewachsen. Obwohl diese Begriffe in vielen Literaturquellen, wie z.B. [30], [52], [55], [57] oder [62] schon angenommen und sorgfältig beachtet werden, ist in vielen Anlagendokumentationen unter anderem in [58], [59] der Ausdruck einer Schweißsteuerung als die Bezeichnung eines Systems zu finden, das über eine Feedback-Schleife verfügt und somit das Verhalten des Systems vom Prozess abhängig ist. Die in dieser Arbeit verwendeten Begriffe der Steuerung und Regelung sind anhand der Definitionen nach [54], [61], [62] dargelegt, um eine verständliche und allgemeingültige Begrifflichkeit zu gewährleisten. Im Weiteren sind unter dem Begriff der Schweißsteuerung mehrere Komponenten eines komplexen Systems zur Regelung mechanischen und elektrischen Prozessgrößen beim Widerstandsschweißen wie die Steuereinheit, Regeleinheit, Sensorik, operative Stellglieder, Informationskanäle und alle Schnittstellen zu verstehen.

Im Weiteren wird nach [165] unter dem Begriff der Prozessautomatisierung die Technik für die Prozessleittechnik und die Prozessführung der fertigungstechnischen Prozesse definiert.

2.2.2 Baugruppen

Trotz der Vielfältigkeit und Komplexität der Schweißeinrichtung lassen sich nach [29], [51], [52], [53] ergänzend zu zwei in [60] genannten Komponenten drei wichtigste Funktionsbaugruppen definieren:

- Steuerstufe
- Leistungsstufe
- Kraftaufbaueinheit.

In [29] und [51] wird zusätzlich noch als eine Baugruppe das Kühlsystem erwähnt.

Die Baugruppen können weiter in Bezug auf die Funktion aufgeteilt werden. Die Abbildung 9 zeigt schematisch die wichtigsten Komponenten einer Mittelfrequenzschweißeinrichtung am Beispiel einer servomotorischen Roboterschweißzange mit einer gesteuerten Zangenausgleicheinheit. [52], [54], [57], [62], [65]

Die Steuerstufe bildet zusammen mit der Leistungsstufe die intelligente Stufe jeder Schweißeinrichtung die Schweißsteuerung, vergleiche Abbildung 9. Sie besteht aus mehreren unterschiedlichen Einzelsteuerungen bzw. -regelungen, die bestimmte Funktionen während des Schweißablaufes übernehmen. Der Programmierspeicher stellt die Schnittstelle der Steuerstufe zur Außenwelt her, so dass eine Anbindung an übergeordnete Steuerungseinheit z.B. einen Leitrechner oder einen Roboter möglich ist. Zusätzlich verfügt die Steuerstufe über viele Schnittstellen zur Kommunikation mit allen Komponenten der Schweißeinrichtung. Die Hauptfunktion dieser Baugruppe ist jedoch die Steuerung des zeitlichen Ablaufs der Schweißung. Weiterhin greift sie nach [51] auf die im Programmspeicher gesicherten Prozessparameter wie die Schweißstromstärke, Elektrodenkraft, Stromzeit usw. und gibt kontinuierlich in der Echtzeit die Sollwerte an die Antriebs-, Stromregler sowie Steuerungen weiter. [57], [52]

Nach [64] können folgende Anforderungen an moderne Steuerstufen genannt werden:

- hohe Auflösung einstellbarer Schweißparameter
- Stabilität des Systems

- Prüfung der Schweißsteuerung und Schweißparameter
- Überwachung, Regelung des Schweißstromes und Elektrodenkraft

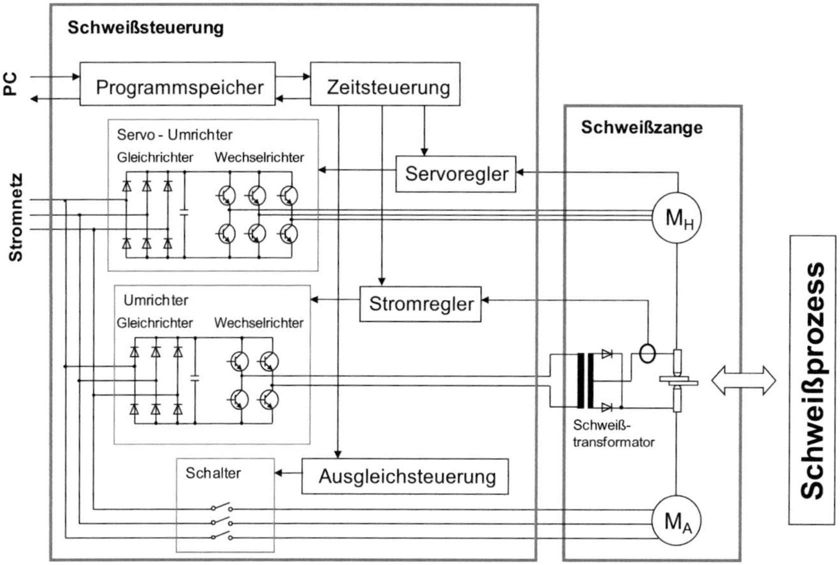

Abbildung 9: Baugruppen einer servomotorischen Roboterschweißzange mit einer gesteuerten Kraftausgleicheinheit und einem Mittelfrequenzinverter

Die heutigen Schweißsteuerungen verfügen entweder über eine Schweißstromsteuerung mit einer angesteuerten Kraftaufbaueinheit des Hauptantriebes oder bei modernen Steuerschränken über zwei getrennte Regelkreise dieser Prozessgrößen, wie in der Abbildung 9 dargestellt. In beiden Fällen werden herkömmlichen Einrichtungen zum Widerstandspunktschweißen mit wenigen Ausnahmen nur mit einer angesteuerten Kraftausgleicheinheit ausgestattet.

2.2.3 Leistungsstufe

Neben der Informationsschnittstelle zum Informationsaustausch mit übergeordneten Steuer- bzw. Regeleinheiten benötigt jede Anlage zum Widerstandspunktschweißen eine zweite Schnittstelle zur Versorgung mit Hilfsenergie. Diese Schnittstelle wird unabhängig von der Bauart und dem Typ der Schweißeinrichtung von der Leistungsstufe gebildet und versorgt nicht nur den Schweißinverter mit der elektrischen Energie sondern auch die Kraftaufbaueinheit mit der Energiequelle. Hinzu gehören beispielhaft elektronische Stellglieder mit der zum Schalten notwendigen Steuerelektronik und Leistungsanschlüssen [52]. In modernen Schweißsteuerungen wird diese Stufe oft zusammen mit der Steuerstufe in einem Gehäuse integriert.

Jede Schweißeinrichtung zum Widerstandspunktschweißen gehört zu den Stromabnehmern, die quasi im Kurzschluss für sehr kurze Zeit eingeschaltet wird. Diese Anlagencharakteristik ist in den Parametern und der konstruktiven Gestaltung der Leistungsstufe für den Schweißstrom zu erkennen. Je nach der Verwendung von

Schweißstromarten werden die Leistungsstufen des Schweißstromes auch Schweißstromquelle genannt wie folgt gegliedert:

- Wechselstrom
- Gleichstrom
- Mittelfrequenz-Inverter
- Kondensator-Entladung

Bei den Wechselstromquellen wird der Schweißstrom mit der Netzfrequenz aus dem Netz entnommen, mittels eines leistungsstarken Transformators auf ein anderes Niveau übertragen und mit Leistungsthyristoren der Effektivwert des Schweißstroms über den Phasenanschnitt eingestellt. Es ist zwischen ein- und dreiphasigen Ausführungen zu unterscheiden. Von Vorteil des einphasigen Phasenanschnittsystems sind niedrige Kosten. Gleichzeitig muss eine lange Reaktionszeit in Kauf genommen werden, da diese durch die Netzfrequenz (50 *Hz*) vorgegeben ist. [65] Nachteilig bei höheren Leistungen ist auch auf Grund eines kleinen Verhältnisses der Leistung zu der Baugröße ein erhebliches Transformatorgewicht. Die dreiphasige Ausführung zeichnet sich mit einem höherem Leistungsfaktor und einer symmetrischen Belastung aller Phasen aus, was sich positiv auf die Leistungsabnahme vom Netz auswirkt. Damit sind viel kürzere Schweißzeiten zu erreichen, wodurch eine Reduktion der Legierungsneigung der Elektrodenkappen und der thermischen Bauteilbelastung gewonnen wird. Eine schwächere Welligkeit des Schweißstromes verringert weiterhin die Wirkung der Leitungsimpedanz. Auf Grund einer viel komplexeren Bauweise sind sie in der Beschaffung teurer als einphasige Anlagen. [65]

Die zweite Schweißstromart entsteht durch Gleichrichten mit Leistungsdioden des dreiphasigen Wechselstroms im sekundären Stromkreis. Auf der Primärseite des Schweißtransformators werden entsprechende Netzphasen an Transformatorwicklungen mit Leistungsthyristoren wie in der Wechselstromquelle geschaltet, wobei die Schweißstromeinstellung auch hier durch Veränderung des Zündungswinkels der Thyristoren erfolgt. Da solche Schweißstromquellen ein ähnliches Prinzip wie die oben genannten verwenden, weisen auch gleiche Vor- und Nachteile auf. Durch das Gleichrichten im Sekundärkreis resultiert zusätzlich eine weitere Verringerung von Impedanzen.

In den Mittelfrequenz-Invertern findet eine Frequenzwandlung der Netzspannung statt. Die dreiphasige Netzspannung wird in diesen Schweißstromquellen auf der Primärseite mit einem Dioden- oder Thyristorgleichrichter in eine Gleichspannung umgewandelt, gefiltert und in eine hochfrequente Wechselspannung umgerichtet. Diese Spannung wird weiter auf den Schweißtransformator gegeben. Schließlich wird die Sekundärspannung im Sekundärstromkreis wieder gleichgerichtet und an die Schweißelektroden gelegt. Dieses Verfahren zeichnet sich zusätzlich zu den Vorteilen vorher erläuterten Stromquellen mit einer sehr schnellen Reaktionszeit bis 0,1 *ms* aus. Alle modernen Schweißeinrichtungen zum Widerstandspunktschweißen werden auf Grund hervorragender Regeleigenschaften mit einer Mittelfrequenzleistungseinheit ausgestattet.

Die Kondensator-Entladungsgeräte geben während des Schweißvorgangs die elektrische Energie eines vorher aufgeladenen Kondensators in Form von einem Stromimpuls in die Verbindungsstelle ab. [65]

Schon seit vielen Jahren sind zahlreiche Forschungsaktivitäten zur Untersuchung des Einflusses von elektrischen Parametern auf den Schweißprozess zu beobachten. Daraus resultieren die Richtlinien [66], [67] und die Norm [68], die elektrische Eigenschaften von Schweißeinrichtungen beschreiben. Die Schweißstromregler weisen einen hohen Wirkungsgrad auf und sind sehr stark verbreitet, wie im Kapitel 2.3 näher erläutert wird.

2.2.4 Kraftaufbaueinheit

Die Kraftaufbaueinheit wandelt die von der Leistungsstufe zugeführte Energie in die mechanische Energie zur Elektrodenbewegung und zum Elektrodenkraftaufbau um, wodurch sie über dynamische Eigenschaften von Schweißeinrichtungen entscheidet. Zu dieser Baugruppe gehören alle Antriebe zusammen mit dazugehörigen Konstruktionselementen einer Schweißeinrichtung, die zur Kraftübertragung in die Fügestelle beitragen. Eine kleine Baugröße und ein schneller Armaturaustausch sind die wichtigsten Anforderungen an die Mechanik jeder flexiblen Schweißeinrichtung. Somit entscheiden mechanische Eigenschaften über ihre Funktionalität [70].

Häufig wird bei der Klassifizierung von Kraftaufbaueinheiten die Einteilung nach Energieträgern in drei Hauptvarianten herangezogen [53]:

- Feder
- Medien (Luft, Flüssigkeit)
- Energieumwandlung.

Zu der ersten Variante gehören alle Antriebe, bei denen die mechanische Energie in der Feder mit einer externen Kraft z.B. einer menschlichen oder elektromagnetischen Kraft gespeichert und während des Schweißvorgangs in die Verbindungsstelle eingebracht wird. Diese Art von Antrieben ist auf Grund einer niedrigen Produktivität sowie geringer Schweißkräfte nicht weit verbreitet und nur bei Ständermaschinen vertreten [53].

Die handelsüblichen Anlagen zum Widerstandspunktschweißen verfügen heutzutage meist über einen Pneumatikzylinder als Kraftaufbaueinheit, der mit einem vorprogrammierten Druck über Proportionaldruckventil nur angesteuert wird. Nur die modernsten Kraftaufbaueinheiten mit Luft als Medium sind mit der Elektrodenkraft- und Elektrodenwegregelung ausgestattet. Pneumatische Stellglieder sind besonders für geringe Lasten geeignet [62]. Hydraulische Antriebe werden aufgrund vieler Nachteile dagegen in Schweißeinrichtungen sehr selten eingesetzt.

Zu der letzten Gruppe der Kraftaufbaueinheiten gehören die Energiewandler, die die elektrische Energie mittels Elektromotoren in die Bewegungsenergie von Schweißelektroden umwandeln. Wegen hervorragender Dynamik haben die elektrische Servoantriebe eine große Zukunft und werden immer öfters in den Anlagen zum Widerstandspunktschweißen eingebaut [53], [62].

Durch eine Integration in der übergeordneten Zeitsteuerung ermöglichen die Servoantriebe mit dem elektronischen Umrichter nicht nur ein kontrolliertes Abfahren von Kraftprofilen sondern auch einen voll synchronisierten Ablauf von Elektrodenkraft- und Schweißstromprogramm. [61]

Obwohl der wesentliche Einfluss mechanischer Schweißanlagenparameter auf den Schweißvorgang früher bekannt war, berücksichtigten die ersten Qualitätssicherungssysteme nur elektrische Maschineneigenschaften und wurden mit Regelkreisen nur für diese Prozessgröße ausgestattet. Wegen geringer Robustheit stoßen solche Systeme durch neue Anforderungen aus der Konstruktion und durch die Schweißeignung an ihre Grenzen, wodurch mechanische Einflussgrößen in der Qualitätsregelung an Bedeutung zunehmen. Die ersten Untersuchungen sind bereits in der Literatur aus den 80er Jahren zu finden [68], [71], [72], [73], [74]. Demzufolge besteht ein großer Bedarf an wissenschaftliche Untersuchungen auf dem Gebiet kombinierter Schweißstrom-Elektrodenkraft Regelkonzepte.

2.2.5 Zangenausgleich

Zur Kompensation der Zangendurchbiegung bei einer hohen Schweißkraft und Korrektur der Zangenposition wegen variabler Passungssituation kommt bei Roboterschweißzangen ein Ausgleich zum Einsatz. Der Aufbau der Zangenausgleicheinheit entspricht der Kraftaufbaueinheit, jedoch ist konstruktiv für viel kleinere Kräfte ausgelegt, weil sie nicht direkt im Kraftfluss liegt, Abbildung 10. Trotz eines großen Fortschrittes in der Antriebstechnik verfügen die meisten Roboterschweißzangen über einen gesteuerten Ausgleich. In den letzten Jahren ist der Trend zum Ausgleich über den Roboter zu beobachten, wodurch der Ausgleichantrieb nicht mehr benötig wird.

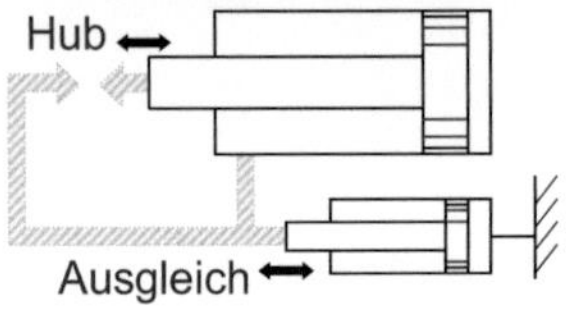

Abbildung 10: Schematische Darstellung der Funktion des Zangenausgleichs am Beispiel einer C-Roboterschweißzange

2.3 Qualitätssicherung beim Widerstandspunktschweißen

Dieses Kapitel setzt sich mit verschiedenen Möglichkeiten zur Qualitätssicherung von Widerstandspunktschweißverbindungen auseinander. Die Beurteilung der Güte einer Punktschweißung ist abhängig von den Forderungen, die an die Schweißverbindung gestellt werden und lässt sich mit Hilfe von Qualitätsmerkmalen bestimmen. Jedem Schweißpunkt werden für das betreffende Qualitätsmerkmal Grenzwerte bzw. ein Toleranzbereich zugeordnet, die eine Einteilung der Schweißverbindung in Gütemerkmale festlegt. Somit kann je nach Verwendungszweck ein und der gleiche Schweißpunkt von genügender oder nicht ausreichender Qualität bewertet werden. [153]

Die Gütemerkmale werden als Ergebnis des Einflusses von der Konstruktion, verwendeten Werkstoffen, der benutzen Fertigungseinrichtung und des Bedienpersonals definiert. Nach [145], [157], [158], [178] lassen sich folgende Qualitätsmerkmale zur Bewertung eines Widerstandsschweißpunktes heranziehen:

- Schweißlinsen- oder Punktgeometrie
- statische und dynamische Festigkeit
- Oberflächengütegrad

Zu den wichtigsten Qualitätskriterien gehören nach [69] die Punktfestigkeit, die Oberflächengüte und die Korrosionsbeständigkeit. Die Qualität der Verbindung wird dagegen gemäß [75] ausschließlich durch den Punktdurchmesser beschrieben. Unter dem Begriff des Oberflächengütegrades sind sowohl die mechanische Veränderung der Bauteiloberfläche durch einen Elektrodeneidruck als auch alle Unregelmäßigkeiten in der Schweißzone infolge des Schweißvorganges zu verstehen. In der Praxis ist die Stärke der Auflegierung des Elektrodenwerkstoffes mit dem Grundwerkstoff ein wichtiger Faktor für jede Fügeaufgabe, da diese wegen der Elektrodenstandmenge für die Wirtschaftlichkeit entscheidend ist. Die statische und dynamische Festigkeit der Schweißverbindung ist für die meisten Schweißaufgaben das bedeutsamste Qualitätsmerkmal, das mit Hilfe der Messtechnik, Prozesssteuer- und Prozessregelgeräten überwacht oder geregelt und mit entsprechenden Qualitätssicherungssystemen unter Einwirkung von Störgrößen für alle Schweißpunkte konstant gehalten werden soll. Die Beurteilung erfolgt anhand der Erfahrungswerte für innere und äußere Unregelmäßigkeiten. [61], [145], [158], [159]

Die Prozessqualitätssicherung kann in unterschiedlichen Phasen des Fügeprozesses stattfinden. Darüber hinaus lassen sich die Qualitätssicherungssysteme nach [87] wie in der Abbildung 11 aufteilen.

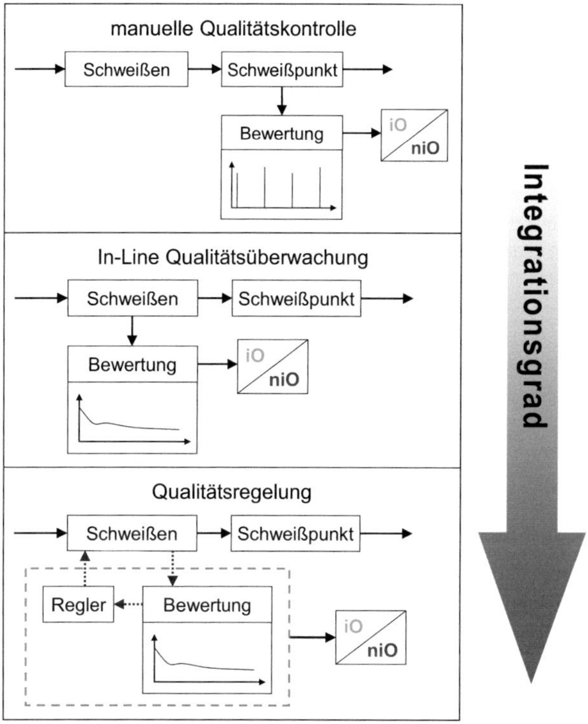

Abbildung 11: Integrationsstufen der Qualitätssicherung beim Widerstandspunktschweißen nach [35], [87]

Alle vorgenannten Qualitätsmerkmale der punktförmigen Fügeverbindung können zur Analyse und Bewertung der Funktion von Qualitätssicherungssystemen benutzt werden. Somit kommen nach [55]:

- Korrelation zwischen der Überwachungsgröße und der Schweißpunktgüte
- Störung des Fertigungsablaufs

- Auswertungszeit der Kontrollmessung

als Bewertungskriterien für Qualitätssicherungssysteme zum Einsatz.

Die Anforderungen bezüglich der Elektrodenkraftüberwachung und frei programmierbare Kraft- und Wegprofile werden bereits im Lastenheft für neue Steuereinheiten für Roboterschweißzangen unabhängig von der Antriebsart festgelegt [130]. Dabei werden aber keine Angaben über zulässige projektspezifische Lösungen bzw. Änderungen in Sonderzangen definiert. Die Industrieforderung enthält keine Richtlinie für moderne Qualitätsregelsysteme [130]. Die Grundfunktionen sind auf die Betriebsart KSR beschränkt. Weiterhin beschreibt sie lediglich nur eine grobe Definition der Schnittstelle zur Online-Qualitätsüberwachung.

2.3.1 Manuelle Prüfung

Bei der Qualitätssicherung mittels der manuellen Prüfung werden die geschweißten Proben in definierten Abständen einzeln, durch zum Beispiel eine zerstörende Prüfung, untersucht und Qualitätsmerkmale ermittelt (Abbildung 11). In der Praxis können auftretende Abweichungen der Gütemerkmale neben der zerstörenden Prüfmethodik wie die Meißel-, Scherzugprüfung oder der Abrollversuch auch zerstörungsfrei mit Prüfverfahren wie die Ultraschall-, Magnetpullver-, Röntgenprüfung kontrolliert werden [61], [88].

Tritt eine Überschreitung des definierten Grenzbereiches auf, müssen die Prozessparameter manuell von Fachpersonal nachgestellt werden. Mit dieser Art der Qualitätskontrolle lassen sich Schweißfehler nicht komplett vermeiden, da bis zum Fehlererkennen bzw. Nachstellen der Parameter weiterhin fehlerhaft produziert wird. Somit ist das manuelle Prüfverfahren für stochastische Prozessstörgrößen nicht geeignet [88].

Das zerstörende Prüfverfahren ist wie vor Jahren notwendig, um eine eindeutige qualitative Aussage über die Qualitätsüberwachung- und Qualitätsregelungssysteme zu erhalten und die Parameter für diese Qualitätssysteme einzustellen. Auf Grund eines großen Aufwandes dieser Prüfmethodik wird es seit Jahren versucht, zerstörende Prüfverfahren mit Hilfe von der modernen Messtechnik, intelligenten Software und komplexen Simulationsmodellen zu verringern bzw. zu vermeiden.

2.3.2 Prozessüberwachung

Bei Schweißeinrichtungen mit einem automatischen Qualitätsüberwachungssystem wird die manuelle Qualitätsüberwachung lückenlos über eine In-Line Mess- und Auswertsoftware unterstützt. Zur Analyse der Verbindungsqualität beim Widerstandspunktschweißen können verschiedene Prozessparameter als Überwachungsgrößen zum Einsatz kommen. Eine Übersicht gebräuchlicher Überwachungssysteme und ihre Anwendungsmöglichkeiten ist in [30], [35], [55] und [77] zu finden. Herkömmliche Prozessüberwachungssysteme benutzen als Führungsgröße entweder den dynamischen Verlauf des elektrischen Widerstandes oder die Änderung der Ultraschalldurchlässigkeit der Fügestelle. Erkennt das System eine Überschreitung des vordefinierten Toleranzbereiches der überwachten Prozessgröße, erfolgt nach dem gesamten Prozess eine negative Bewertung der Schweißverbindung (Abbildung 11).

Bei Überwachung erfolgt kein sofortiger Eingriff in den Schweißprozess. Erst nach der Schweißung können manuell die Maßnahmen wie eine Anpassung der Schweißparameter, eine Veränderung der Einspannvorrichtung und ein Kappenfräsen oder

Kappenwechsel vom Bedienpersonal vorgenommen werden [89], [90], [91], [155]. Die Prozessüberwachung dient also vor allem als Unterstützung beim Erkennen systematischer Fehler und bei der Bewertung schwer zugänglicher Schweißpunkte. Vorteilhaft bei dieser Variante ist, dass fehlerhafte Verbindungen schnell erkannt werden. Nachteilig sind ein aufwändiges Anlernen der Qualitätsüberwachungssysteme und die weiterhin notwendige manuelle Anpassung der Schweißparameter.

Eine Überwachung nach [97] nutzt den dynamischen Verlauf des elektrischen Widerstandes zur Bewertung der Qualität von Verbindungen beim Widerstandspunktschweißen. Dazu werden zur Berechnung der überwachten Größe ein an der Sekundärseite des Transformators angeordnete Stromaufnehmer und zwei Spannungsabgriffe an der Zangenarmatur benutzt. Die Qualitätsaussage wird für jeden Schweißpunkt anhand eines Häufigkeitsfelds unmittelbar nach dem Schweißvorgang getroffen. Deswegen müssen in der Lernphase mehrere als gut und schlecht qualifizierte Schweißungen durchgeführt werden, um einen idealisierten Widerstandsverlauf mit dazu gehörigen Grenzbereichen feststellen zu können. Das Wiedererkennen von Mustern einer guten oder schlechten Schweißung mittels Fuzzy Logic hängt weitgehend von der Datenqualität und -menge ab, die zum Anlernen angewandt wurden. [91], [92], [93]

Wegen des unklaren Zusammenhanges des dynamischen Widerstandsverlaufes mit dem Schweißpunktdurchmesser sind alle Überwachungssysteme mit dieser Überwachungsgröße nach [95] kein anerkanntes Qualitätssicherungssystem und dienen nur zur Unterstützung bei der Qualitätsanalyse.

Im Weiteren kann eine zerstörungsfreie Prüfung mittels Ultraschallprüfung sowohl am geschweißten Bauteil als auch während des Schweißvorgangs erfolgen. Diese Methode wird in [89] zur Qualitätsüberwachung herangezogen. Die während der Einrichtschweißungen gemessenen Ultraschalldurchlässigkeitsverläufe werden durch das Überwachungssystem zur Bildung einer so genannten Transmissionskurve angewandt. Hierzu müssen wieder die Schweißungen mit Hilfe von zerstörenden Prüfmethoden als gute oder fehlerhafte eingeordnet werden. Die Qualitätsaussage wird anhand einer Gerade, die aus dem abfallenden Gebiet der Durchlässigkeitskurve entsteht ausgegeben (Abbildung 12). Der Winkel α_1 oder α_2, unter dem die Gerade die Zeitachse im so genannten USP-Punkt schneidet, bezieht sich auf die Größe des aufgeschmolzenen Schweißlinsenvolumens und somit die Fügequalität. Zur Auswertung der Verbindungsqualität kann zusätzlich zu der Ultraschalldurchlässigkeit noch die Reflexion von Störstellen herangezogen werden [89].

Ein großer Nachteil dieses Qualitätssicherungssystems ist eine sehr hohe Empfindlichkeit der Ultraschallsensorik gegen mechanische Störgrößen. Diese sind unter realen Produktionsbedingungen z.B. beim Elektrodenkappenwechsel oft nicht zu vermeiden, was zum Ausfall und Austausch beider Einheiten führen kann. Bei sehr hohen Komponentenpreisen hat sich dieses Konzept nicht in der Serienfertigung durchgesetzt. Auch ein Grund dafür war, dass die Sensorik in der unmittelbaren Nähe der Elektrodenkappe an den Elektrodenschäften installiert werden muss, was zusätzlich die Bauteilzugänglichkeit beschränkt. [87], [96]

Eine Untersuchung einer mehrparametrischen Überwachung des Widerstandspunktschweißens ist in [77] beschrieben. Hierfür wird ein selbstlernender Merkmalsraum mit einer dynamischen Anzahl von Dimensionen genutzt. Dem Qualitätssicherungssystem stehen Messungen des Schweißstroms, der Schweißspannung, der Elektrodenkraft, des Elektrodenhubs und der Elektrodenbeschleunigung in Abhängigkeit von dem Schweißlinsendurchmesser zur Verfügung. Die Software versucht anhand der statistischen Analyse der physikalischen Kenngrößen optimale Parametergrenzen zu definieren. Aus den Ergebnissen der Parameteranalyse geht hervor, dass es keine eindeutige Korrelation zwischen einem Parameter oder sogar einer Parameterkombination aus über 70 verschiedenen Prozessparametern gibt, mit Hilfe von denen alle Schweißungen überwacht werden könnten. Schon eine Änderung der Schweißstromstärke durch einen Elektrodenverschleiß fordert eine neue Definition des Merkmalsraums.

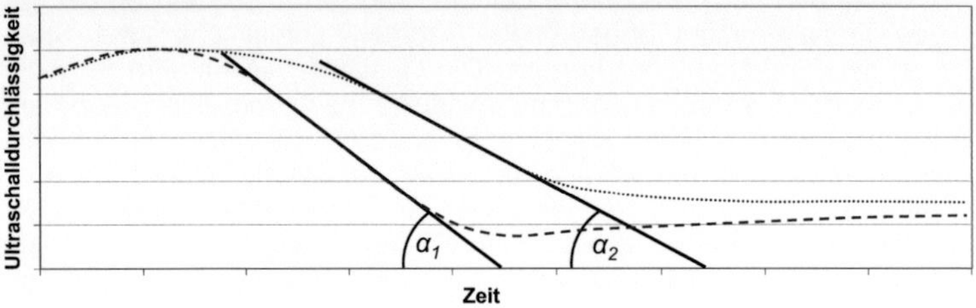

Abbildung 12: Ermittlung des USP-Punktes [89], [91], [96]

In den letzten Jahren wurde sehr intensiv die Nützlichkeit der künstlichen Intelligenz zur Überwachung und Regelung für das Widerstandspunkschweißen geprüft. Der Vorteil der Methoden liegt in der Approximation d.h. sie brauchen keine genauen Angaben über die mathematischen Zusammenhänge zwischen den einzelnen Parametern zur Qualitätsbewertung einer Schweißlinse. Sie werden anhand der Einrichtschweißungen über die Vorgabe der elektrischen Leistung, des Elektrodenwegs und der Elektrodenkraft sowie Ergebnissen aus den zerstörenden Prüfungen angelernt. Eine Qualitätsüberwachung auf Basis des Neuronalen Netzes ist ebenso in der Lage ohne eine zerstörende Prüfung eine Bewertung der Schweißverbindung zu treffen. [78], [79]

Die Integration von zerstörungsfreien Prozessprüfungssystemen direkt in der Schweißanlage trägt zur Prozessverbesserung durch Erhöhung der Produktqualität und gleichzeitig zur Kostenreduktion bei Nacharbeit und Qualitätsprüfung bei. Die Industriebetriebe, die sich auf große Stückzahlenfertigung orientieren, benötigen ein flexibles und robustes Werkzeug zur Qualitätssicherung. Diese Anforderungen werden von Systemen mit Regelkreisen erfüllt.

2.3.3 Prozessregelung

Der Unterschied zwischen einem Prozessüberwachungs- und Prozessregelungssystem besteht darin, dass das zweite den Schweißprozess folgt und bei einer Abweichung von einer idealisierten Schweißung über ausgewählte Prozessgrößen direkt in den Prozess eingreift. Hierzu werden während des Schweißprozesses Prozessgrößen aufgenommen und ausgewertet, um die Ursache und Korrekturmaßnahmen zur Beseitigung der festgestellten Störung zu ermitteln. Die Korrektur wird noch während des gleichen Schweißvorganges umgesetzt [55]. Die Prozesszustände werden dem Regler in Form von Sensorsignalen zur Verfügung gestellt, der abhängig von deren Werten eine Aktionssequenz ableitet. Demzufolge ist eine Anbindung einer Vielzahl von Prozessgrößen und deren Verknüpfung von Vorteil [54]. Die Tabelle 2-2 gibt eine

Übersicht verwendeter Stellgrößen für die Prozessregelung beim Widerstandspunktschweißen.

Tabelle 2-2: Übersicht über mögliche Stellgrößen *u(t)* bei der Prozessregelung [35], [53], [77], [96], [118]

elektrische	mechanische
• Schweißstromstärke • Schweißspannung • Schweißzeit	• Elektrodenkraft • Elektrodenweg

Die Prozessregelung soll den Zustandsverlauf der zu regelnden Prozesse über die Regelgröße *y(t)* in solcher Weise beeinflussen, dass sich ein optimales und kontrollierbares Systemverhalten gemäß Anforderungsprofil ergibt. Die gewählte Regelgröße soll direkt mit der Qualität der Verbindungsqualität korrelieren und wird über die bereits erwähnte Stellgrößen *u(t)* beeinflusst. Die Prozessregelungssysteme können in der Kraftaufbaueinheit und der Leistungsstufe integriert werden. In der Abbildung 13 ist die Einordnung der Qualitätsregelungssysteme nach der angewandten Regelgröße abgebildet.

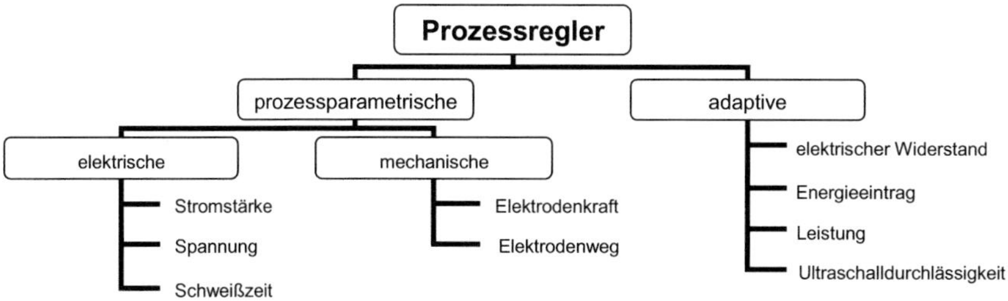

Abbildung 13: Einordnung Qualitätsregelungssysteme nach Regelgrößen *y(t)* [35], [53], [77], [96], [118], [163]

Eine wesentliche Gruppe von Prozessregelungen bildet die Kraftregelung. Unter dem Begriff der Elektrodenkraftregelung ist ein Kaskadenregler zur Position-, Geschwindigkeit- und Drehmomentregelung zu verstehen. Bei Qualitätssicherungssystemen mit Schweißzangenregelungen wird zwischen elektrisch und pneumatisch betriebenen Schweißzangen unterschieden. Die häufigste Energiequelle für den Haupt- und Zangenausgleichantrieb ist wie vor vielen Jahren die Druckluft. Hierbei erfolgt die Kraftregelung über die Druckmessung im Pneumatikzylinder. Moderne servopneumatische Regeleinheiten lassen nach [98] eine fast stufenfreie Positionierung der Elektroden und präzise Elektrodenkrafteinstellung zu. Der Fortschritt im Bereich der Messtechnik und der Elektronik für elektrische Antriebe öffnet neue Möglichkeiten für servomotorische Schweißzangenantriebe und führt zur Erhöhung der Robustheit sowie Zeitoptimierung [99]. Die Aufnahme der Ist-Position erfolgt ähnlich den servopneumatischen Zangen mit einem im Antriebgehäuse integrierten Wegsensor. Die Kraft kann entweder direkt aus dem Motorstrom oder mit Hilfe von verschiedenen Kraftmessprinzipien z.B. einem Piezodehnungsaufnehmer ermittelt werden [114].

Der Nachteil einer gesteuerten Kraftausgleicheinheit liegt in der Tatsache, dass Aktionssequenzen von der Steuerung an die Stellglieder gesendet werden, ohne eine Information bezüglich des Prozesszustandes zu bekommen. Es findet eine unkontrollierte Bewegung der Elektroden statt. Somit können ausschließlich systematische Störgrößen berücksichtigt und beseitigt werden.

Die Elektrodenkraft wird bei den meisten Schweißaufgaben während des gesamten Schweißvorganges auf einem konstanten, vorprogrammierten Niveau gehalten. Nur bei speziellen Aufgaben kommt ein Kraftprogramm zum Einsatz.

In [115] wird ein interessantes Konzept zur Erkennung der Schweißlinsengröße mittels der Elektrodenkraft vorgestellt. Durch die Abkopplung beider Antriebe und die Fixierung beweglicher Elektrode kann über den so genannten thermischen Kraftanstieg das Schweißlinsenwachstum verfolgt werden. Leider erlaubt das Konzept in der Schweißzeit keine Beeinflussung von technologischen Prozessparametern wie z.B. Nachsetzverhalten.

Wegen sehr geringer Robustheit werden gesteuerte Leistungsstufen kaum mehr eingesetzt. Je nach verwendeten Führungsgrößen wird zwischen prozessparametrischen und adaptiven Schweißstromregelungen unterschieden (Abbildung 13).

Die Aufgabe des Reglers ist die vorgegebene physikalische Größe $y(t)$ unter Wirkung von Störgrößen $d(t)$ auf einen vorgegebenen Sollwert d.h. die Führungsgröße $w(t)$ auszuregeln und dort stabil zu halten. Prozessparametrische Regelsysteme halten zur Gewährleistung eines wiederholbaren Schweißprozesses eine der Prozessgrößen konstant (Schweißstrom, elektrische Spannung oder elektrische Leistung) unabhängig von anderen Prozessparametern, ohne dabei mechanische oder werkstückseitige Prozessparameter zu berücksichtigen.

Am häufigsten kommt in der Automobilindustrie die Konstantstromregelung zum Einsatz. Die Funktion dieser Qualitätssicherung kann durch so genannte Stepperfunktion ergänzt werden. In diesem Betrieb erhöht der Schweißstromregler nach einer gewissen und vorgegebenen Anzahl von Schweißpunkten den Schweißstrom. Hiermit kann die stetige Änderung von Übergangswiderständen auf Grund des Elektrodenkappenverschleißes durch das Anlegieren ausgeglichen werden. Das betrifft nicht den Einfluss von werkstückseitigen stochastischen Störgrößen. [29], [51], [61]

Adaptive Qualitätsregelsysteme werden auch als qualitative oder intelligente bezeichnet. Die Regelung basiert auf einem Vergleich entweder eines idealisierten während der Einrichtschweißungen eingelernten Verlaufs oder eines Sollwertes der zu regelnden Prozessgröße. Während des Schweißvorganges wird von herkömmlichen Systemen der dynamische Verlauf des elektrischen Widerstandes, die Ultraschalldurchlässigkeit oder ein Energie-, Leistungsschwellwert online gemessen bzw. berechnet. Nach einer Überschreitung des Toleranzbereiches greift der Regler über Stellgrößen wie Schweißstrom, -spannung, -zeit in den Schweißprozess ein. Die Prozessparametermessung erfolgt an gleichen Stellen wie bei Systemen zur Überwachung, wodurch ein großer Vorteil in Bezug auf die Verkabelung entsteht.

Der dynamische Widerstandsverlauf wird in Echtzeit während der gesamten Schweißung aus gemessenen Strom- und Spannungswerten berechnet. Die Reaktion solcher Systeme wird anhand der Messgrößen durch den Regleralgorithmus unter Berücksichtigung manuell in der Einrichtschweißung eingegebenen Reglereinstellparametern berechnet. Ebenfalls kann zusätzlich im einen kombinierten Reglermodus mit einer nur temporären Konstantleistungsregelung geschweißt werden. [55], [61], [86], [96], [116]

Die Konstant-Energie-Regelung basiert auf der Regelung der Energiemenge, die während des Schweißens dem Schweißprozess zugeführt wird. Nach dem Erreichen eines vordefinierten Energiepegels wird der Schweißprozess beendet und der Schweißvorgang als ein Gutschweißen bewertet. Die zur Bildung einer Verbindung notwendige Energiemenge muss während der Einrichtschweißung erforscht und in der Datenbank werkstoffabhängig hinterlegt werden. Am häufigsten wird der Schweißstrom während der Schweißung konstant gehalten oder nur gering verändert und dem Schweißprozess zugeführte Energie über die Schweißzeit geregelt. Der Einfluss dieser Prozessgröße ist nach [44] signifikanter für den Punktdurchmesser und die Scherzugkraft als die Elektrodenkrafterhöhung. Wird eine schlechte Passung über einen erhöhten elektrischen Widerstand sowie einen steilen Spannungsabfall erkannt, wird eine Schweißprozessverlängerung bis zum Erreichen des gewünschten Energiepegels nach dem Blechkontakt eingeleitet. [61], [117], [118]

Nach [127] muss das Prinzip der Energieregelung mit der Zeit als Stellgröße wegen der Zeitabhängigkeit der Verlustenergie und werkstückseitiger Störgrößen nicht unbedingt immer zu gleichen Ergebnissen führen.

Die Schweißprozessregelung mit der Ultraschalldurchlässigkeit als Führungsgröße nutzt das gleiche Prinzip wie das Überwachungssystem der gleichen Größe, vergleiche Kapitel 2.3.2. Der Regler versucht mittels Regelalgorithmen über Stellgrößen wie die Schweißstromstärke, die elektrische Spannung und Schweißzeit den Schweißvorgang so zu beeinflussen, dass die aus der Ultraschalldurchlässigkeit gebildete Gerade unter dem Winkel aus der Einrichtschweißung abfällt. Dabei werden die eingestellten Reglerparameter mitberücksichtigt. Beim Echo-Verfahren kann zusätzlich die Fehlerlage über die gemessene Laufzeit bei der bekannten Schallgeschwindigkeit ermittelt werden. Die Amplitudenhöhe des Echos trägt eine Aussage über die Größe der unter Umständen auftretenden Störstellen mit. [86], [89], [92], [96]

Alle adaptiven Regelsysteme haben gemeinsam, dass diese ohne Hardwareänderung in mehreren verschiedenen Betriebsarten d.h. mit verschiedenen Führungsgrößen arbeiten können [96], [114], [116], [117], [118], [128], [129]. Moderne Schweißeinrichtungen zum Widerstandspunktschweißen verfügen in Bezug auf die Baugruppen über zwei entkoppelt geregelte Qualitätsregelungssysteme für den Schweißstrom und die Elektrodenkraft. Es findet bei einer Prozessstörung keine gekoppelte Anpassung einer von beiden Führungsgrößen in Abhängigkeit von der anderen statt. Somit kann eine automatische Anpassung ausschließlich elektrischer Parameter an stochastische Prozessstörgrößen wie Bauteilmaßabweichungen, das Elektrodenverschleiß sofort nach ihrem Auftreten erfolgen. Die in [118] vorgestellte Schweißeinrichtung erfasst selbständig sogar die Werkstofffestigkeit und wählt eine für den vorliegenden Fall optimierte Kennlinie der Regelgröße aus.

Ein wesentlicher Nachteil aller intelligenten Qualitätsregler ist die Veränderung nach dem Regelalgorithmus der Prozesszeit bzw. Prozesstaktzeit. Ohne Einrichtschweißung kann kein Regelsystem weiterhin sogar unter idealen Randbedingungen eine Aussage über die Verbindungsqualität treffen.

Zur Untersuchung und Bewertung einer Vielzahl verfügbaren adaptiven Regler zum Widerstandspunktschweißen hat die Automobilindustrie die Richtlinie [86] entworfen. Diese Richtlinie beschreibt ein Versuchsprogramm zur Qualifikation von Systemen hinsichtlich der Robustheit auf verschiedene Störgrößen. Die Tabelle 2-3 stellt das vereinbarte Prüfprogramm mit wichtigsten Störgrößen, die während des Schweißvorgangs auftreten können.

Tabelle 2-3: Versuchsprogramm zur Qualifizierung von adaptiven Schweißsteuerungen nach VDA [86]

Versuch	Störgröße
1	• Nebenschluss • schlechte Passung
2	• Schichtänderung • Nebenschluss • Schlechte Passung
3	• Klebstoff • Nebenschluss • Schlechte Passung
4	• Kraftänderung
5	• 3-Punkt-Nebenschlussprobe
6	• Mehrimpulsschweißung • Nebenschluss • Schlechte Passung
7	• Nebenschluss • Sehr schlechte Passung
8	• Schiefstellung
9	• Variation Randabstand

Wie aus der Tabelle 2-3 zu erkennen ist, berücksichtigt das Untersuchungsprogramm nach [86] sowohl mechanische und als auch elektrische Einflussgrößen. Von elektrischen Einflussgrößen werden ausschließlich sekundärseitige wie z.B. ein durch Nebenschluss oder 1-K-Klebstoffschicht betrachtet. Die technologischen Parameter sind bei der Prüfung nur durch ein versetztes Aufsetzen von Elektroden vertreten. Im Vordergrund der Untersuchung mechanischer Störgrößen stehen werkstückseitige Einflussparameter wie schlechte Passung bzw. Spalt. Die Spaltproblematik stellt auch für moderne, adaptive Regler eine Herausforderung beim Fügen höchstfesten Stähle wegen einer höheren Impedanz am Schweißanfang dar.

Der Versuch mit dem Nebenschluss und einer schlechten Passung in [23] zeigt, dass die am meisten verbreitete Konstantstromregelung beim Einsatz von modernen Werkstoffen in Verbindung mit einer schlechten Passung nicht mehr in der Lage ist, ohne eine manuelle Parameteranpassung ein normgerechtes Schweißergebnis zu erzielen. Die Abbildung 14 zeigt den gebildeten Schweißpunktdurchmesser in Funktion des Passungsabstandes bei unveränderten Schweißparametern am Beispiel unterschiedlicher Werkstofffestigkeiten. Erwartungsgemäß nimmt der Punktdurchmesser d_P mit der steigenden Festigkeit und dem sinkenden Einspannabstand p ab. Aus den Ergebnissen in [179] geht hervor, dass der Punktdurchmesser weiterhin mit der Bauteilsteifigkeit z.B. an Dreiblechverbindungen beim gleichbleibenden Spaltmaß abnimmt.

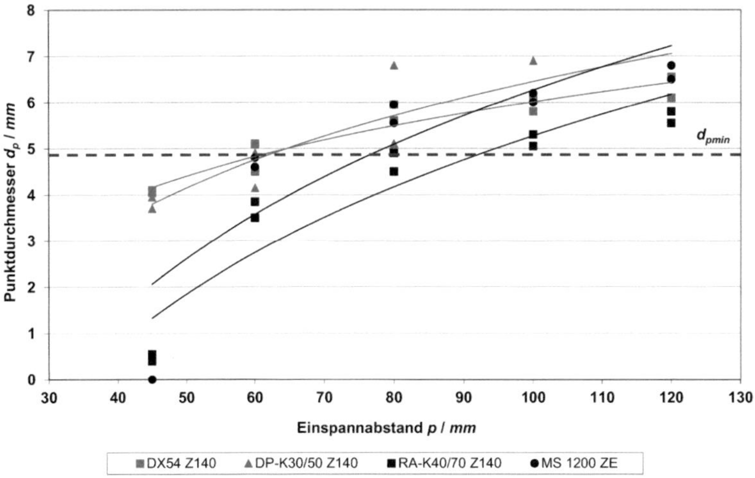

Abbildung 14: Einfluss des Einspannabstandes auf den Punktdurchmesser bei verschiedenen Werkstofffestigkeiten [23]

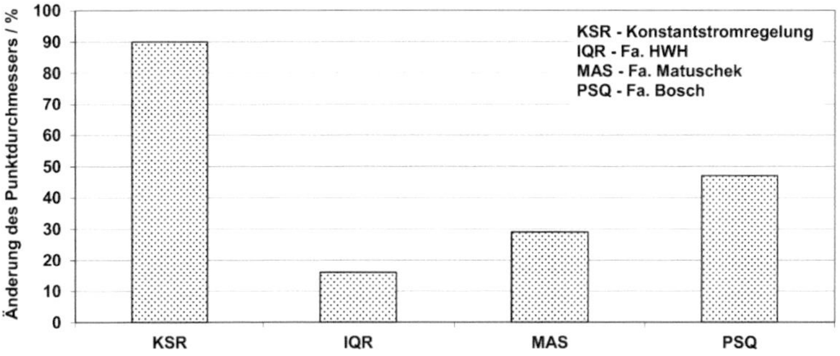

Abbildung 15: Änderung des Punktdurchmessers beim Schweißen mit Qualitätsregelsystemen über den Nebenschluss wegen einer schlechten Passung [96]

Ein Versuch beim Nebenschluss auf Grund einer schlechten Passung in [96] führt mit adaptiven Reglern bereits bei 3 *mm* Spalt, 30 *mm* Einspannabstand zwischen H220 +Z100 1,5 *mm* ebenso wie beim KSR-Modus zur Verringerung des Schweißpunktdurchmessers, Abbildung 15. Obwohl die adaptiven Qualitätsregler mit dem elektrischen Widerstand oder der Ultraschalldurchlässigkeit als die Führungsgröße eine höhere Robustheit gegenüber der Konstantstromregelung aufweisen, fällt der Schweißpunktdurchmesser auch bei denen wesentlich kleiner aus. Diese Tendenz nimmt bei modernen, höchstfesten Werkstoffen weiterhin zu.

2.3.4 Patent- und Literaturrecherche

In den letzten Jahren ist ein großer technischer Fortschritt der Anlagentechnik zu beobachten. Zur Kompensation der Maß- und Positionsabweichungen der Bauteile reichen nicht mehr Regelkonzepte mit einer Anpassung von nur elektrischen Prozessgrößen, deswegen werden immer öfter zusätzlich mechanische Prozessgrößen zur

Erweiterung bestehender Prozessregelungen eingesetzt. Diese Tendenz ist in zahlreichen Veröffentlichungen und Erfindungen zu erkennen. Durch die Ermittlung und Überwachung der Elektrodenkraft und -geschwindigkeit jedes Antriebes werden die Robustheit des Regelsystems und dadurch die Schweißmöglichkeit verbessert [80].

In [81] ist ein Konzept zur Sicherstellung des Elektrodenkraftgleichgewichtes am Schweißflansch gezeigt, bei dem die Schweißzange über einen Roboter auf diese Weise positioniert wird, dass die beiden Schweißelektroden das zu schweißende Bauteil mit gleicher Regelkraft kontaktieren. Erst in dieser Position wird die endgültige Schweißkraft von der Schweißzange aufgebaut. Zusätzlich wird eine Korrektur der Positionierung zur Regelung herangezogen. Hiermit können Bauteilmaßabweichungen erkannt werden. Ein Nachteil dieses Verfahrens ist eine stark globale und elastische Bauteildeformation als Folge einer Kaltumformung ausschließlich mit der Elektrodenkraft bei einer Maß- oder Positionierungsabweichung der Bauteile. Im Weiteren verlangt dieses Konzept beim Einsatz höher- und höchstfesten Stähle höhere Elektrodenkräfte und größere Schweißroboter wegen des damit zusammenhängenden Zangengewichtes.

Eine ähnliche konstruktive Lösung zur Verbesserung der Schweißmöglichkeit von Werkstücken mit Maßabweichungen ist in [82] vorgestellt. Das Konzept berührt auf zwei unabhängig voneinander arbeitenden Antriebseinrichtungen. Der Primärantrieb ist wie bei herkömmlichen Schweißzangen für den Aufbau der vorgegebenen Schweißkraft in der Verbindungsstelle ausgelegt. Bevor jedoch dieser betätigt wird, wird durch eine Bewegung des Sekundärantriebs die räumliche Lage der Schweißzange variiert, bis ein Kontakt des Werkstücks mit einem von den beiden Schweißzangenschenkeln über den Motorstrom erkannt wird. Somit sorgt der Sekundärantrieb sowohl für die Kontakterkennung der Schweißelektrode mit dem Bauteil als auch für den Ausgleich der Kräfte in der Verbindungsstelle. Darüber hinaus ist das vorgestellte Regelkonzept auf Grund gleicher Nachteile wie [81] für toleranzbehaftete Werkstücke aus hochfesten Werkstoffen nicht geeignet.

Bei den technologischen Lösungsansätzen zur Verbesserung der Schweißmöglichkeit wird meistens eine Krafterhöhung verfolgt. Bereits in [84] wird zur Verringerung der Spritzerneigung und Hohlraumbildung ein kombiniertes Strom-Kraftprogramm empfohlen. Hierzu findet eine Erhöhung der Elektrodenkraft in der Vorhaltezeit statt, die nach kurzer Zeit wieder abgesenkt wird. Damit wird ein geringer elektrischer Widerstand sichergestellt. Sobald der Schweißstrom einen definierten Wert überschreitet, wird die Elektrodenkraft wieder erhöht und der Schweißstrom gleichzeitig langsam abgesenkt. Weiterhin verhindert die hohe Elektrodenkraft die Schweißspritzer und baut den Druck während der Erstarrung und Abkühlung des Schweißgutes auf. Eine weitere Möglichkeit zur Erhöhung der Reproduzierbarkeit nach [83] ist die Beherrschung von veränderlichen Widerständen, insbesondere Übergangswiderständen mit einer veränderlichen Elektrodenkraft, die in Form einer periodischen Schwingung während des Schweißvorganges variiert wird. Die veränderliche Elektrodenkraft in der Prozessanfangsphase sollte immer einen weitgehend konstanten elektrischen Gesamtwiderstand gewährleisten, auf den der Schweißstrom bzw. Schweißenergie abgestimmt ist. Beim Schweißvorgang wird der Schweißstrom während des fallenden Kraftbereiches eingeschaltet und bei der steigenden Elektrodenkraft ausgeschaltet. Ein positiver Aspekt dieser Regelkonzepte ist eine einfache und kostengünstige Umsetzung, da in jeder Schweißeinrichtung, die über ein Kraftprogramm verfügt, ohne zusätzliche konstruktive Maßnahmen umgesetzt werden können. Diese Idee fordert aber auf Grund höherer Kräfte auch größere Kraftaufbaueinheit als beim herkömmlichen Schweißvorgang.

Ein synchrones Kraft-Stromprogramm beinhaltet auch [85], jedoch ist in der Arbeit ebenso kein Konzept zur prozesssicheren Überbrückung von Bauteilmaßabweichungen bei modernen Stählen zu finden.

2.4 Analytisches Anlagenmodell

Zur Beschreibung von komplexen Systemen wird der Einmassenschwinger um mehrere diskrete Massen mit Federn und Dämpfern erweitert, Abbildung 16. Nach [53] kann die Analyse des Einflusses von konstruktiven und prozesstechnischen Parameter grundsätzlich mit einer herkömmlichen oder umgebauten Schweißanlage, einer vereinfachten Versuchseinrichtung und einem mathematischen Modell durchgeführt werden. Klassische Modelle der Schweißeinrichtungen zum Widerstandspunktschweißen sind beim Überbrücken von größeren Passungsproblemen nicht anwendbar, da sie kein Nachsetzverhalten berücksichtigen. Es besteht aber Analogie zum Buckelschweißen. Rechnerische Modelle zur Beschreibung des Elektrodennachsetzen beim Buckelschweißen bzw. längeren Elektrodenwegen wurden in [132], [134] abgeleitet. In [132] wurde die Reaktion des Werkstückes auf die von der Schweißelektrode eingebrachte Schweißkraft mit einer nichtlinearen Funktion darlegt, die die Werkstoffsteifigkeit, die thermische Ausdehnung, das Werkstofffließen sowie das Kriechen in der Abhängigkeit von der Temperatur abbildet. Zur Beschreibung der Dynamik eines C-Zangenarmes wurde in [135] ebenso ein vereinfachtes Rechnungsmodell aus einem Feder-Masse-Schwinger aufgestellt.

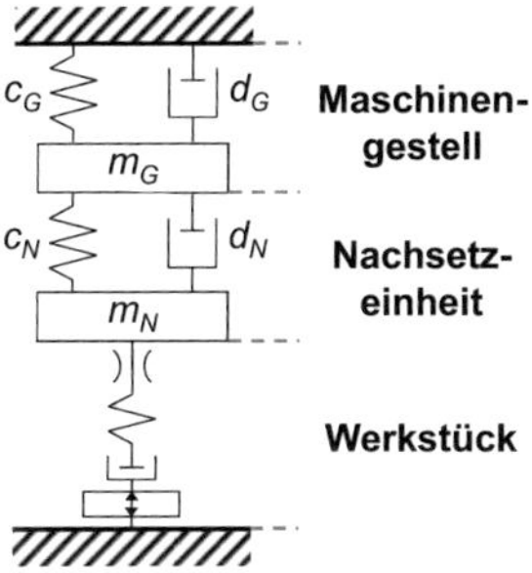

Abbildung 16: Ersatzsystem des Widerstandsbuckelschweißens nach [132]

Die schwingende Bewegung einer Masse (m_G, m_N) wird durch das Zusammenwirken von der potenziellen (c_G, c_N), dissipativen (d_G, d_N) Kräften F_L und äußeren Kraft F_W beschrieben. Die potenzielle Kraft ist eine Funktion der Masseposition z.B. Schwerkraft oder Federkraft. Dissipative Kräfte wirken entgegen äußeren Nutzkräften. Hierzu gehören die Reibungskräfte und Dämpfungskräfte, die eine Elektrodenbewegung hindern. Damit kann die Bewegungsgleichung eines schwingenden Körpers in allgemeiner Form aufgestellt werden. [53]

$$m_i + x_i = \sum F_L + \sum F_W$$ **Formel 1**

Nach der Laplace-Transformation in den Spektralbereich ergibt sich nach der Definition des Dämpfungsgrades D die zugehörige Übertragungsfunktion des Verzögerungsgliedes 2. Ordnung.

$$G(s) = \frac{1}{1 + \frac{2D}{\omega_0} s + \frac{1}{\omega_0^2} s^2} \quad \textbf{Formel 2}$$

mit $D = \frac{1}{2} \cdot \frac{T_1}{T_2}$ und $\omega_0 = \frac{1}{T_2}$

In Anlehnung an [136], [137], [177] wird das dynamische Streckenverhalten aus der Übertragungsfunktion durch die Lage der Pole in der s-Ebene ermitteln. Ausgehend von eingeführten Regelstreckenparametern lassen sich in Funktion des Dämpfungsgrades folgende Schwingverhalten des PT_2-Gliedes aufzuzeigen (Abbildung 17):

- $0 < D < 1$ schwingendes Verhalten
- $D \geq 1$ aperiodisches Verhalten
- $D = 0$ ungedämpfte Schwingung
- $D < 0$ instabile Strecke

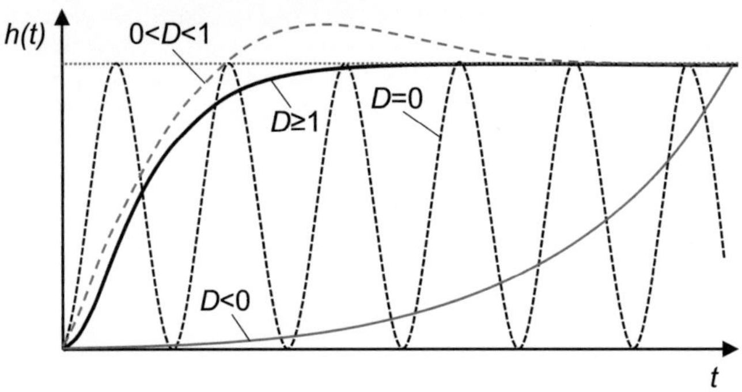

Abbildung 17: Einfluss des Dämpfungsgrades der PT_2-Strecke auf die Sprungantwort

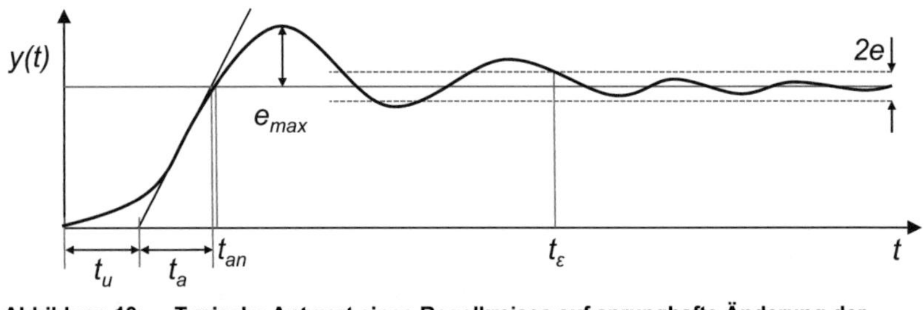

Abbildung 18: Typische Antwort eines Regelkreises auf sprunghafte Änderung der Führungsgröße [136]

Zur Beurteilung der Regelgüte einer Regelung wurden in der Regelungstechnik Gütemaße im Zeitbereich für den zeitlichen Verlauf der Regelgröße *y(t)* bzw. im Frequenzbereich für den Amplituden- und Phasengang bei einer sprunghaften Änderung der Führungsgröße *h(t)* definiert. In Anlehnung an [136], [137], [177] wird die Sprungantwort eines Regelkreises im Zeitbereich gemäß Abbildung 18 durch die maximale Überschwingweite e_{max}, den Zeitpunkt der maximalen Überschwingung t_{max}, die Anstiegszeit t_a, die Verzugszeit t_u, die Ausregelzeit t_ε und die Anregelzeit t_{an} beschrieben.

2.5 Energiebilanz des Widerstandspunktschweißens

Der notwendige Schweißpunktdurchmesser für eine beanspruchungsgerechte Widerstandsschweißverbindung ist oft dokumentationspflichtig. Deswegen stehen zahlreiche Veröffentlichungen, Normen und Richtlinien mit umfangreichen Erkenntnissen über den Einfluss innerer und äußerer Befunde dem Anwender bei der Qualitätsbewertung zur Verfügung. Die Einstellwerte aktiver Prozessparameter für eine normgerechte Fügeverbindung sind über komplexe Zusammenhänge vieler Einflussgrößen miteinander verknüpft. Deshalb liegen nur Richtwerte vor. Nach [6] korreliert die Größe der Schweißlinse bei gleichbleibenden mechanischen und werkstückseitigen Prozessparametern mit der Wärmebilanz an der Fügestelle, Abbildung 19.

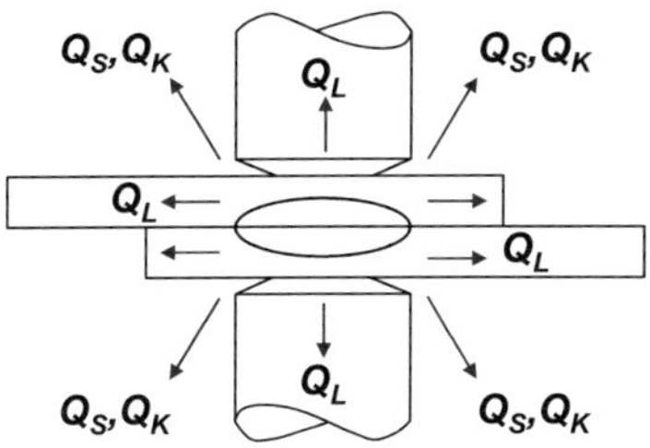

Abbildung 19: Wärmeverluste an der Fügestelle beim Widerstandspunktschweißen in Anlehnung an [6], [178]

Zur Beschreibung von Wärmetransportmechanismen am Schweißflansch wird der Erste Hauptsatz der Thermodynamik in der Form einer Bilanzgleichung verwendet. Nach diesem Energieerhaltungssatz kann ein abgeschlossenes System seine Energie E_N nur mit der zu- oder abgeführten Wärme Q und Arbeit W über seine Systemgrenze hinaus ändern. Es ist bekannt, dass der zeitliche Verlauf elektrischer Übergangs- und Stoffwiderstände über die Intensität und Ort der umgesetzten Leistung und damit der Schweißlinsenbildung entscheidet. Abhängig von werkstofflichen, konstruktiven und fertigungstechnischen Einflussgrößen wird nach [6], [178] 80 bis 90 % der zugeführten Energie beim Widerstandspunktschweißen als Verlustenergie abgeführt. Während der Stromphase findet der Wärmeausgleich über die Wärmeleitung Q_L, Konvektion Q_K und Wärmestrahlung Q_S statt.

Damit kann die Bilanzgleichung an der Fügestelle beim Widerstandspunktschweißen aufgestellt werden. Im thermodynamischen Gleichgewicht ist die zugeführte und abgeführte Energie gleich.

$$\frac{dE_N}{dt} = \dot{Q}_{zu} - \dot{Q}_{ab} = \dot{Q}_{zu} - \dot{Q}_L - \dot{Q}_K - \dot{Q}_S \quad \textbf{Formel 3}$$

Die zugeführte elektrische Energie ergibt sich aus dem Produktintegral des Quadrats der Stromstärke I und des elektrischen Widerstandes R über die Zeit.

$$\dot{Q}_{zu} = c\int_0^t I^2(t) \cdot R(t)dt \quad \textbf{Formel 4}$$

Bei der Wärmeleitung übergibt ein Molekül seine thermische Bewegungsenergie an das nächste. Durch diesen Prozess findet ein Ausgleich der inneren Energie statt. Auf dieser Weise erfolgt auch der Wärmetransport über die Kontaktfläche A_L zwischen zwei kontaktierenden Festkörpern, wobei T_W die Temperatur des wärmeren

Mediums und T_{LW} des kälteren bedeuten. Die Wärmeleitfähigkeit λ definiert die Fähigkeit eines Körpers die thermische Energie zu transportieren.

$\dot{Q}_L = A_L \frac{\lambda}{l}(T_W - T_{LW})$ **Formel 5**

Übernehmen die Moleküle eines beweglichen Mediums z.B. Luft die thermische Energie und transportieren diese in der Strömung, spricht man von der Konvektion. Die Werkstoffoberfläche mit der Temperatur T_W in unmittelbarer Nähe des geschmolzenen Werkstoffes wird durch ein Gemisch aus der Luft und entstehenden Dämpfen mit der Temperatur T_{KU} umgeströmt. Der Energietransport durch die Konvektion wird neben der Temperatur durch den Wärmeübergangskoeffizient α_W und die Kontaktfläche A_L mathematisch beschrieben.

$\dot{Q}_K = A_L \alpha_W (T_W - T_{KU})$ **Formel 6**

Zur Beschreibung der Wärmestrahlung des flüssigen Werkstoffes an die Umgebung mit der Temperatur T_{SU} wird die Boltzmann Gleichung benutzt. Dabei ist in grober Näherung die weite Umgebung der Fügestelle als ein schwarzer Strahler zu betrachten. Alle anderen Körper haben die Emissionszahl ε_W kleiner als 1, weil sie nicht vollständig die einfallende Strahlung absorbieren, sondern teilweise durchlassen oder reflektieren. Die geometrischen Zusammenhänge werden mit der Einstrahlzahl φ und der Strahlfläche A_S definiert.

$\dot{Q}_S = A_S \varepsilon_W \varphi (T_W^4 - T_{SU}^4)$ **Formel 7**

Die Festkörper-, Flüssigkeits- und Gaskonstanten bleiben wegen einer hohen Temperaturdifferenz während der gesamten Stromphase variabel. Demzufolge nehmen diese nur im thermodynamischen Gleichgewicht einen konstanten Wert an. Die Verlustwärme durch Strahlung und Konvektion sind beim Widerstandspunktschweißen wegen der geometrischen Zusammenhängen und der Temperaturdifferenz am geringsten. Nach [6] wird mittels der Wärmeleitung über die wassergekühlten Elektrodenkappen zwischen 60 und 70 % der erzeugten Wärme abgeleitet.

Wird es von einem diffusen Strahl ausgegangen, lassen sich die Geometriegrößen in der Formel 7 errechnen. Zur Berechnung der Energiebilanz einer Schweißlinse wird oft in der Literatur das Modell eines Kreiszylinders verwendet. Dabei stellen die zwei parallelen, ebenen Flächen die Kontaktfläche zu den Schweißelektrodenkappen dar. Nach dem Einsetzen von Materialkonstanten und des Temperturgradientes aus der FEM-Simulation ergibt sich für HX340LAD +Z100 in 1 *mm* Materialstärke die Wärmeableitung über die Elektrodenkappen von 74 %. Darüber hinaus wird bekanntlich beim spaltfreien Schweißflansch am meisten Energie über die Kontaktfläche zurück an die Elektrodenkappen abgeführt.

3 Schlussfolgerungen aus der Literaturstudie

Aus der Diskussion der Korrelation zwischen Einstellparametern und Prozessgrößen wird erkennbar, dass viele Stell-, System- und Störgrößen den Schweißvorgang beim Widerstandspunktschweißen beeinflussen. Die werkstückseitigen Störgrößen sind in gewissen Grenzen durch aufwendige und kostenintensive Handlungen wie z.B. komplexe Einspannvorrichtungen beherrschbar, aber lassen sich nicht komplett vermeiden. Diese können systematisch oder stochastisch auftreten und sich wechselseitig beeinflussen. Es wird mit komplexen Modellen versucht, diese Zusammenhänge zur Anlageneinstellung und Prozessoptimierung zu erfassen. Da kein allgemeingültiges Modell wegen der Prozesskomplexität besteht, müssen zur Prozessanalyse weiterhin Schweißversuche erfolgen.

Die Regelkonzepte elektrischer Prozessparameter haben einen hohen Reifegrad erreicht. Durch den Einsatz moderner Werkstoffe und neuer Konstruktionskonzepte werden an die Qualitätssicherungssysteme stets neue Anforderungen gestellt. In der Literatur wird oft in Bezug auf neue hochfeste Werkstoffe auf die dadurch hervorrufende Spaltproblematik eingegangen. Der häufigste Ansatz zur Spaltüberbrückung ist eine Krafterhöhung. Auf Grund der konstruktionsbedingten Ausladung sind die Schweißzangen nicht in der Lage die Spalte zu überbrücken und die zu schweißenden Bauteile mit Qualitätsregelsystemen zuverlässig zu kontaktieren. Dadurch entstehen solche Schweißfehler wie ein zu kleiner Schweißpunktdurchmesser, Schweißspritzer, eine Oberflächenerhitzung oder sogar ein Durchbrand [48].

Es liegen derzeit keine Grundlagenkenntnisse zur Spaltüberbrückung beim Widerstandspunktschweißen vor. In der Literatur ist nur ein Bezug auf die anwendungsorientierten Schweißergebnisse und nicht die Spaltüberbrückung selbst zu finden. Folglich beziehen sich bisherige Untersuchungen von Passungsproblemen nur auf die Optimierung elektrischer Prozessparameter bei Qualitätssicherungssystemen. Weiterhin ist das Werkstückverhalten während der Verformung in der Stromphase nicht bekannt. Demzufolge liegen keine Erkenntnisse zur Schweißlinsenbildung bei einem Spalt zwischen den zu fügenden Bauteilen vor.

Die aktuellen Normen zum Widerstandspunktschweißen betrachten die Spaltproblematik vor und nach dem Schweißvorgang nur sehr oberflächig. In [157] ist ausschließlich der Begriff ein zu großer Spalt als Schweißfehlerdefinition zu finden, ohne dabei genauere Werte zu liefern. Die Industrienorm [145] beschreibt den erlaubten Spaltwert nach dem Schweißvorgang genauer. Dieser sollte 20 % der mittleren Blechstärke nicht überschreiten und kann nur in Sonderfällen für bestimmte Bereiche davon abweichen. Somit ist für eine symmetrische Schweißverbindung von zwei 1 *mm* Bleche ein Blechabstand bis 0,2 *mm* zulässig. Undefiniert bleibt der Abstand der Messstelle von der Schweißlinse, bei dem der Blechabstand gemessen werden soll. In der Realität verfügt ein geschweißter Flansch mit einem Spalt über eine lokale und eine globale Verformung. Abhängig von der Messstelle kann dieselbe Verbindung als normgerecht oder fehlerbehaftet gelten. Dieselbe Norm legt die Grenze der lokalen Flanschverformung mittels der zulässigen Blecheinschnürung um die Schweißlinse fest.

Wie im vorherigen Teil der Arbeit gezeigt wurde, verfügen moderne Schweißeinrichtungen über zwei getrennte Qualitätsregelsysteme für den Schweißstrom und die Elektrodenkraft. Der Trend zur vollen Integration von beiden Regelkreisen wird seitens Anlagenhersteller schon seit vielen Jahren verfolgt. Zurzeit können Kraft- und Stromprogramme synchron ausgeführt werden. Bei einer Veränderung der Kontaktsituation werden bei adaptiven Prozessreglern ausschließlich elektrische Prozessparameter angepasst. Meistens bedeutet das eine Prozessverlängerung.

Obwohl Schweißsteuerungen über Wegsensoren oder den elektrischen Widerstand die Spaltsituation einzeln für jeden Schweißpunkt erkennen, enthalten sie aber kein Konzept bzw. Regelalgorithmus zur kontrollierten und geregelten Spaltüberbrückung. Im Allgemeinen wird die Elektrodenkraft immer konstant gehalten und nur die Schweißstromstärke an die vorliegende Situation angepasst. In Fällen einer starken Prozessstörung durch den Spalt besonders bei einer hohen Werkstofffestigkeit und Werkstoffsteifigkeit müssen die Schweißparameter trotz einer automatischen Fehlererkennung mit der Erfahrung vom Fachpersonal manuell verändert werden.

4 Zielsetzung und Vorgehensweise

4.1 Zielsetzung

In der vorliegenden Arbeit soll die Problematik des Widerstandspunktschweißens von höher- und höchstfesten Werkstoffen in der Großserienfertigung unter Berücksichtigung von Passungsproblemen genauer untersucht werden. Aufbauend auf der Analyse der Prozessparameterveränderung und Eigenschaften von Schweißeinrichtungen aus dem Kapitel 2.2 soll ein neues Regelkonzept zum Widerstandspunktschweißen abgeleitet werden. Aufgrund des hohen prozesstechnischen Reifegrades herkömmlicher Qualitätsregelsysteme wird eine modulare Erweiterung solcher Systeme zur Anpassung von Schweißparameter nach einem neuen Auslegungsalgorithmus betrachtet. Davon ausgehend lautet die Aufgabenstellung dieser Arbeit:

Die Aufstellung und Realisierung einer modularen Erweiterung der herkömmlichen Schweißsteuerung für Roboterschweißzangen zur Erhöhung der Prozesssicherheit unter Berücksichtigung der Spaltproblematik bei höher- und höchstfesten Werkstoffen unter den Randbedingungen einer Großserienkarosseriefertigung.

4.2 Lösungsweg

Durch eine komplexe Betrachtung der Widerstandspunktschweißbarkeit wird eine optimale Planung und Ausführung von Fügeverbindungen sichergestellt, vergleiche Abbildung 3. Im Rahmen der Arbeit werden folgende Teilaufgaben bearbeitet:

(1) Analyse der Toleranzproblematik am Schweißflansch beim Widerstandspunktschweißen mit Hinblick auf moderne Werkstoffe für den Automobilbau unter Berücksichtigung der Kontaktsituation

Durch eine schlechte Passung wird ein Teil der Elektrodenkraft zur Bauteilbeulung benötigt und steht dem Prozess in der Stromphase nicht mehr zur Verfügung. In dieser Phase wirkt die Kraft als Stütze für den Dampfdruck beim Erhitzen und Schmelzen des Werkstoffes während der Schweißlinsenbildung [30], [31]. Trotz häufig in der Literatur angeführten Hinweisen auf den Einfluss der verringerten Elektrodenkraft auf die Übergangswiderstände liegen keine grundlegenden Untersuchungen zur Klärung dieser Problematik vor. Demzufolge wird die Kraftsituation am Schweißflansch verschiedener Werkstofffestigkeiten, Steifigkeiten und Flanscharten (Abbildung 4) geklärt und analysiert.

(2) Ausarbeitung eines Regelkonzeptes zur Erhöhung der Prozesssicherheit beim Schweißen von Bauteilen mit Maßabweichungen

Zur Realisierung der prozesssicheren und kontrollierten Spaltüberbrückung wird die Kraftwirkung aus dem Kapitel 5 herangezogen. Die Entwicklung eines neuen Prozessreglers für die Roboterschweißzange wird unter Berücksichtigung der werkstofflichen Eigenschaften, der Stromstärke sowie der Elektrodenkraft als eine Erweiterung bestehender Qualitätsregelsysteme und Anlagentechnik erfolgen.

(3) Klärung des Reaktionsverhaltens beim Überbrücken von Passungsproblemen mit Hilfe eines FEM-Simulationsmodells

Zur Grundlagenuntersuchung des neuen Regelkonzepts und Bestimmung von Prozessrandbedingungen wird ein Berechnungsmodell im Simulationsprogramm SORPAS verwendet. Dadurch können aufwendige Schweißversuche deutlich verringert werden. Bei der Definition des FEM-Modells werden die mechanischen, elektrischen, metallurgischen und thermischen Prozessbesonderheiten berücksichtigt. Zur Validierung des FEM-Modells werden die Messwerte aus den Schweißversuchen herangezogen. Des Weiteren wird der Einfluss der veränderten Schweißflanschgeometrie und der Variation von Stromstärke sowie Elektrodenkraft auf das dynamische Verhalten vom Warmbeulen untersucht. Mit dem Berechnungsmodel kann geometriebedingt nur die rotationssymmetrische Blecheinspannung simuliert werden. Abschließend wird die Spaltproblematik in Bezug auf die Schweißlinsenbildung näher betrachtet.

(4) Implementierung und Optimierung des neuen Regelkonzepts in einer Prototypenanlage

Anhand der Analyse der Anlagentechnik im Kapitel 2.2 werden die Anforderungen an die Software und Hardware für das neue Regelkonzept erarbeitet und anschließend in einer herkömmlichen Schweißeinrichtung umgesetzt. In diesen Zusammenhang werden neue Kraftsensoren eingebaut und der Zangenausgleich mit einem Servomotor ausgerüstet. Des Weiteren wird eine neue Schnittstelle zur Anbindung des Prozessreglers realisiert. Die Analyse und Optimierung des externen Reglers wird anhand der Prozesskurven unter Beachtung von Kriterien des Reglerverhaltens aus dem Kapitel 2.4 durchgeführt.

(5) Durchführung von Schweißversuchen mit dem neuen Regelalgorithmus

Während der experimentellen Untersuchung wird ausschließlich der Spalt von 5 mm näher betrachtet, wobei zur Darstellung des Einflusses der Flanschgestaltung und des Zwischenlagenabstandes auch andere Zwischenlagenabstände herangezogen werden. Für die Schweißversuche wird ebenfalls bis auf die Analyse der verschiedenen Flanscharten nach den Erfahrungen aus den Druckversuchen nur der doppelseitig eingespannte Flansch verwendet. Bei der Grundlagenuntersuchung wird die Auswirkung der Stromstärke und Elektrodenkraft anhand der dynamischen Widerstandsverläufe und geltenden Qualitätskriterien analysiert. Das Ziel dieser Untersuchung ist eine Optimierung der Parameter zur Spaltüberbrückung und die Ermittlung der Prozessgrenze. Dazu werden die Ergebnisse aus den Druckversuchen am Ersatzmodell und die Erkenntnisse aus dem Kapitel 2.5 herangezogen.

(6) Vergleich des neuen Prozessreglers mit herkömmlichen Qualitätsregelsystemen

Bei der Bewertung der veränderten Prozessführung werden für die Automobilindustrie relevante Merkmale der Schweißbarkeit in Bezug auf den Schweißpunkt wie der Schweißpunktdurchmesser, Schweißspritzerneigung, Schweißpunktgeometrie (Werkstoffeinschnürung, Elektrodenkappeneindruck) nach dem Kapitel 2.1 bezüglich des Schweißprozesses wie geringe Prozesszeit und hohe Robustheit nach dem Kapitel 2.2 berücksichtigt. Ferner wird eine Analyse des Einflusses der veränderten Prozessführung auf die darauffolgende Prozessphase im Vergleich zum Standardprozess durchgeführt. Abschließend werden die mechanischen Schweißpunkteigenschaften im Scherzug mittels der Universalprüfmaschine ermittelt.

Die Abbildung 20 stellt schematisch eine komplette Übersicht dieser Schritte zur Entwicklung und Implementierung eines neuen Regelkonzeptes für Bauteile mit Maßabweichungen sowie der Ergebnisbewertung im Rahmen dieser Arbeit dar.

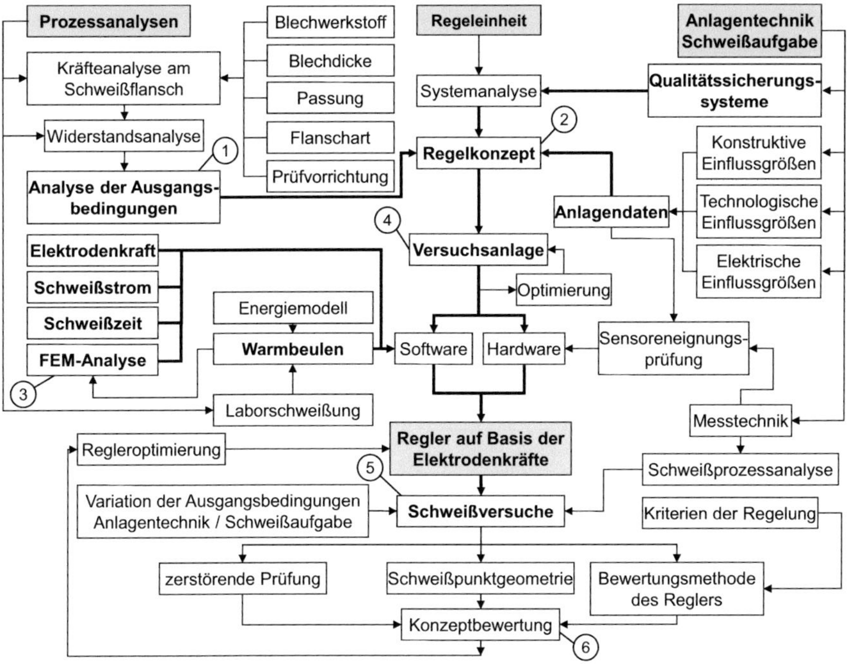

Abbildung 20: Übersicht der Vorgehensweise mit Bezug zu den Teilaufgaben

4.3 Methodik zur Spaltanalyse

Für die Nachbildung des Flanschverhaltens bei der Kombination einer schlechten Passung mit dem Nebenschluss wurden zwei Einspannvorrichtungen verwendet, (Abbildung 21). Der Abstand Z zwischen den zu fügenden Bauteilen konnte durch das Einlegen von Zwischenlageblechen in verschiedenen Dicken in 1 *mm* Schritten variiert werden. Der maximale Wert der Störgröße wurde anhand der praktischen Erfahrung auf 5 *mm* gesetzt. Um einen unkontrollierten Nebenschluss über die Einspannvorrichtung zu vermeiden, waren diese von den Versuchsblechen mit einem Isolierband galvanisch getrennt. Die Untersuchungen in bisherigen Veröffentlichungen [86], [123] liefern keine ausreichende Erkenntnisse über diese Problematik, da sie ausschließlich auf einen ausgewählten Spalt beschränkt sind. Im Weiteren konnte aufgrund einer geringen Spannkraft der Grippzange kein praxisnahes Flanschverhalten abgebildet werden.

Die erste Einspannvorrichtung diente zur Nachbildung von ein- und doppelseitigen Einspannungsarten, vergleiche Abbildung 4. Für die vertikale und horizontale Ausrichtung der Vorrichtung waren 8 Schrauben mit jeweils 4 für jede Einspannseite vorgesehen. Hiermit konnte die Elektrodenbewegung während der Schweißversuche an den Messbereich der Laser-Wegsensoren angepasst werden. Eine schnelle Verstellung des Einspannabstandes geschah mittels zwei Bohrungen in der Verbindungsschiene. Somit konnten beim Doppelflansch 30 und 50 *mm* Einspannabstände realisiert werden. Für die beidseitig eingespannte Flanschart wurden Blechproben der

Größe 200 x 45 *mm* hergestellt. Um ebenfalls eine ausreichende Klemmfläche sicherzustellen, wurden Bleche zur Nachbildung von einseitigen Einspannungsarten der Größe 70 x 45 *mm* verwendet. Die Bleche wurden in der Vorrichtung mit Hilfe von zwei Schrauben in den Spannbacken befestigt.

Abbildung 21: Spannvorrichtung für die ein-, doppelseitige (links) und vierseitige (rechts) Blecheinspannung

Die Nachbildung der vierseitigen Flanscheinspannung wurde mit der zweiten Einspannvorrichtung nach der Prinzipskizze in der Abbildung 4 realisiert. Diese Vorrichtung wurde auch zur Validierung des Simulationsmodells verwendet. Ebenso definierte die Materialstärke eingelegter Spezialbleche entlang aller vier Einspannkanten den Zwischenlageabstand. Der Einspannabstand konnte stufenlos von 25 bis 55 *mm* verstellt werden. Hierbei kamen 70 x 70 *mm* Blechproben zum Einsatz.

Mit dieser Methodik zur Nachbildung des Flanschverhaltens können die am häufigsten auftretenden Fehler in Bezug auf die Maßabweichungen für verschiedene Bauteilsteifigkeiten untersucht werden. Stochastisch auftretende Bauteilmaßabweichungen lassen sich durch Variation des Zwischenlagenabstandes sehr gut abbilden.

Für alle Untersuchungen wurden in Anlehnung an [123] und eigene Vorversuche ungefräste Elektrodenkappen F16 aus dem Elektrodenwerkstoff CuCr1Zr nach [124] verwendet. Hiermit wird der Einfluss des Fräsvorganges über die Größe und Rauheit der Kontaktfläche sowie den Stoffwiderstand auf die zu messenden Übergangswiderstände verhindert. Bei den Versuchen in [87], [96] wurden nach der Empfehlung aus [86] ausschließlich auf 6 *mm* gefräste Elektrodenkappen Typ F16 nach [124] benutzt, wodurch ein direkter Vergleich von Schweißergebnissen nicht möglich ist. In dieser Veröffentlichung wurde aber die Untersuchung der Spaltproblematik aus der Sicht des Anwenders betrachtet und damit nicht die Warmbeulung sondern nur das Ergebnis einer Schweißung untersucht.

4.3.1 Quasistatischer Druckversuch

Der quasistatischer Druckversuch und die Widerstandsmessung zur Analyse der Kraftsituation während des Beulvorganges wurden an der Universalprüfmaschine vom Typ BTC-FR 100SN.A80 der Fa. Zwick am vereinfachten Modell durchgeführt. Die Einstellung der Kraftverläufe über den Weg und die Zeit erfolgt mittels der Messsoftware der Universalprüfmaschine. Ähnlich der Schweißeinrichtung wird eine synchrone Kraftmessung mittels kalibrierten Kraftmessdosen realisiert, die in der oberen und unteren Spannbacke der Prüfmaschine direkt im Kraftfluss über einen Adapter fixiert waren (Abbildung 22). Die Einspannvorrichtung für die Blechproben wurde auf der unteren Traverse in der Art positioniert, dass diese nur eine sehr geringe Kraft auf der unteren Elektrode bewirkte. Durch das Verfahren dieser Traverse zusammen mit der Spannvorrichtung wurde während des Druckversuches die geforderte Elektrodenkraft von der oberen Elektrode auf den Blechflansch ausgeübt.

Die Ermittlung der Beulkraft in Funktion des elektrischen Widerstandes und des Elektrodenweges wurde nach [30], [122] mittels zwei gefertigten Kraftmessdosen aus CuCr1Zr realisiert, Abbildung 22. Mit Hilfe eines Adapters konnten diese in die Spannbacken der verwendeten Universalprüfmaschine eingespannt werden. Zur Umwandlung der ausgeübten Kraft in ein elektrisches Signal kam die im Inneren der Kraftmessdose eingebaute Quarzunterlegscheibe Typ 9031A Fa. Kistler zum Einsatz. Um das erwartete Biegemoment auf den Kraftaufnehmer durch die Einwirkung von Seitenkräften zu minimieren, wurden die Unterlegscheiben mit der Kraft von 3 *kN* vorgespannt. Die Toleranzbandjustierung erfolgte durch Abgleich mit dem Schweißkraft - Kalibriertransmitter Typ 9426B20 Fa. Kistler. Hierbei konnte durch die Wahl des Messbereichs um den Wendepunkt der relative Kennlinienfehler auf 3 % bei einer annähernd konstanten Sensorempfindlichkeit gesenkt werden [125].

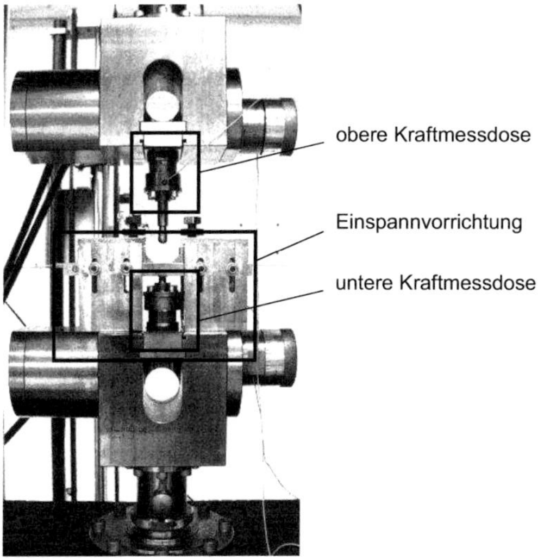

Abbildung 22: Integration von Kraftmessdosen in die Universalprüfmaschine

Während der Druckversuche wurden die Blechproben nach [126] mit der konstanten Geschwindigkeit von 10 *mm/s* kontinuierlich bis 5,5 *kN* belastet. Zur Einhaltung dieser Randbedingungen war der Positionsregler aktiv, was zur leichten Überschwingungen bei der maximalen Elektrodenkraft führte. Diese wurde 3 Sekunden beim Spitzenwert konstant gehalten. Anschließend wurden die Blechproben mit derselben Traversengeschwindigkeit kontinuierlich entlastet. Zur Aufnahme der Hysteresekurve im Kapitel 5 wurde abweichend von der Norm [126] und bisherigen Untersuchungen in [123] das Zeitverhalten der Übergangswiderstände bei einer konstanten Kraft außer Acht gelassen. Aufgrund einer geringen Trägheit des Antriebsystems und kurzen Ansprechzeit der Messkette konnte die Abweichung des Messwertes unter 5 % gesenkt werden.

Zur Erfassung von Anteilen der plastischen Deformation wurden die Blechproben nach der Entlastung optisch mit Hilfe eines digitalen Messschiebers oder eines Lichtmikroskops gemessen.

Das Messverfahren zur Bestimmung von Übergangswiderständen toleranzbehafteter Schweißflansche besteht in Anlehnung an [123], [126] und anhand der Erfahrungen aus den Untersuchungen in [143] aus drei Schritten (Abbildung 23):

- Messung des Systemwiderstandes
- Einzelblechmessung
- Doppelblechmessung mit variablem Spalt

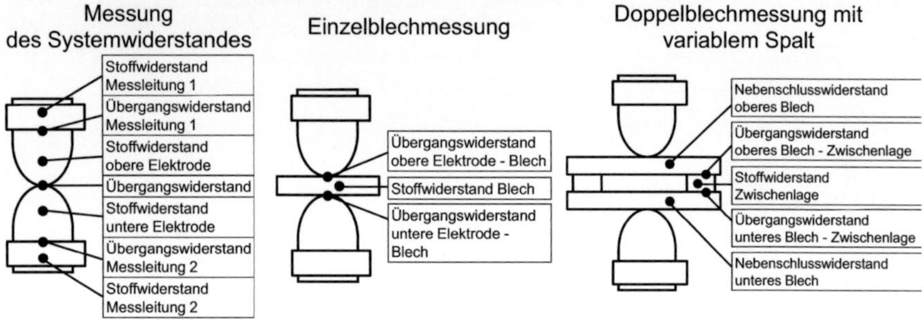

Abbildung 23: Messschritte zur Ermittlung von Übergangswiderstände toleranzbehafteter Schweißflansche

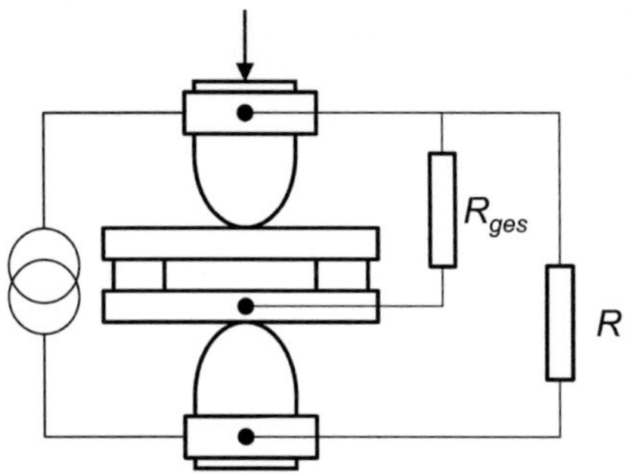

R_S - Stoffwiderstand

$R_Ü$ - Übergangswiderstand

R_N - Nebenschluss

beim Nebenschluss

$$R_{ges} = R_S + R_Ü + R_N$$

beim Kontakt

$$R_{ges} = R_S + R_Ü$$

$$U_{ges} = R_{ges} \cdot I$$

Abbildung 24: Ermittlung vom Übergangswiderstand zwischen der oberen Elektrode und dem Blech sowie der Spaltüberbrückung an der Universalprüfmaschine

Wegen eines weitgehend konstanten Stoff- und Übergangswiderstandes über den Nebenschluss kann mit dem Versuchsaufbau sowohl die Widerstandänderung an der Blechoberfläche als auch der Zeitpunkt der Spaltüberbrückung erfasst werden (Abbildung 24). Aus den gemessenen Widerstandsverläufen lassen sich Rückschlüsse auf die Kontaktsituation beim Widerstandspunktschweißen von Bauteilen mit Maßabweichungen am Anfang der Stromphase schließen. Im weiteren Verlauf muss der ermittelte Gesamtwiderstand im kalten Zustand durch die thermische Auswirkung bei Schweißversuchen ergänzt werden.

Zur Stromeinleitung wurden die Klemmen an den Kraftmessdosen angebracht. Für die Spannungsabgriffe wurden die Kupferklemmen mit kupferblank gereinigten Elektrodenkappen kontaktiert, vergleiche Kapitel 8.2.2. Die elektrischen Kontaktstellen in der Messkette wurden anhand von Vorversuchen und Erfahrungen aus [143] ausgelegt, da die aktuelle Norm keine Empfehlungen zu deren Ausführung beinhaltet. Als Spannungsabgriffe am Probeblech dienten gelötete Steckpins. Die hochpräzise Laborstromversorgung Typ SSP-KONSTANTER Serie SSP 240 Fa. Gossen Metrawatt lieferte den erforderlichen Messstrom, der normgerecht auf 10 *A* eingestellt war.

Das mobile Messwert-Erfassungssystem Fa. B+S MULTIDATA zeichnete ähnlich den Schweißversuchen zeitsynchron alle Messgrößen auf. Beim Aufbau der Messkette wurde großer Wert auf eine sehr kurze Ansprechzeit und einen geringen Systemwiderstand gelegt. Zur Erfassung höherer Widerstände am Schweißflansch mit einem Spalt wurde die Auflösung des Spannungsmesskanals am Messrechner angepasst. Bevor der Systemwiderstand gemessen wurde, wurde die Kontaktfläche der Elektrodenkappen bei den verzinkten Blechen vor jeder Messung und bei der Aluminium-Silizium-Schicht vor jeder Messreihe mit dem Poliervlies Typ Scotch-Brite Handpad Nr. 96 und anschließend mit Azeton gereinigt. In Verbindung mit dem kontrollierten Kappenvordrücken konnte die Veränderung des Systemwiderstands bei der zunehmenden Last deutlich verringert und die Wiederholgenauigkeit gesteigert werden.

4.3.2 Schweißversuche

In [86] werden die Randbedingungen bezüglich der Anlagetechnik, der Durchführung sowie der Auswertung von Schweißversuchen adaptiver Regler definiert. Zur Simulation von einem Nebenschluss bei einer schlechten Passung wird dort ausschließlich die doppelseitige Blecheinspannung betrachtet. Die Stärke der Störgröße wird über den Zwischenlagenabstand mit Hilfe von Zwischenlagen aus Kupferblech eingestellt. Das Versuchsprogramm zur Beurteilung von adaptiven Reglern in anderen Literaturquellen weist nur geringe Abweichungen von diesem auf.

Im Rahmen dieser Arbeit wurden weitere Einspannungsarten experimentell untersucht und dabei Spaltmaß, Einspannabstand, Werkstofffestigkeit und Flanschsteifigkeit näher betrachtet.

Die gewählte ballige Elektrodenkappenform sorgte durch eine höhere Stromkonzentration bei einem gleichzeitig hohen Druck für die Beschleunigung der Blechverformungen und verringerte die Entstehung von Rissen im Grundwerkstoff. Weiterhin war ein direkter Vergleich der Gemeinsamkeit mit den Druckversuchen möglich.

Zur Prüfung von Schweißverbindungen nach [159] wurden der Meißeltest oder Abrollversuch nach [172] angewandt. Bei der Anfertigung von Schliffbildern wurden die Schweißproben mit einer Nasstrennmaschine auf die passende Probengröße zugeschnitten. Nach dem Kalteinbetten und Aushärten konnten die Proben mit einem Schleifautomaten bis auf die Körnung 4000 geschliffen, mit einer Diamant-Suspension der Größe 3 *μm* poliert und anschließend mit 3 %iger Salpetersäure geätzt werden.

4.4 Versuchswerkstoffe

Bei der Werkstoffauswahl wurden repräsentativ aus der Analyse der modernen Fahrzeugkarosserie und in Bezug auf bereits gewonnene Ergebnisse aus Projekten drei Werkstoffe mit verschiedener Zugfestigkeit ausgewählt. Um die Vergleichbarkeit der Versuchsbedingungen sicherzustellen, wurden die Grundlagenuntersuchungen jeder analysierten Schweißflanschgestaltung nur in der symmetrischer Anordnung mit zwei Probeblechen gleicher Festigkeit und Materialstärke durchgeführt.

Die untersuchten Stähle repräsentieren mit ihren Eigenschaften unterschiedliche Anforderungen an Karosseriebauteile und verfügen über die Festigkeit von 600 bis 1500 *MPa*. Diese berücksichtigen die Empfehlung aus [86] für höherfeste Stähle und das Untersuchungsprogramm adaptiver Regelungen in [96]. Mit dem Komplex-Phasen-Stahl wurde ein direkter Vergleich auf die bereits vorliegenden Untersuchungsergebnisse von Passungsproblemen im Rahmen [23] genommen.

Als Werkstoff im unteren Festigkeitsbereich wurde bei praktischen Versuchen der HX340LAD +Z100 verwendet. Nach [112] handelt es sich um einen kalt gewalzten niedriglegierten Feinkornstahl mit der Mindeststreckgrenze von 340 *MPa*. Die Bleche sind schmelztauchverzinkt mit einer Mindestauflagenmasse von 100 g/m^2. Die wichtigsten physikalischen Kennwerte zeigt die Tabelle 4-1. Bei einem kleinen Streckgrenzenverhältnis zeichnet sich diese Stahlsorte mit sehr guten Umform- bzw. Verarbeitungseigenschaften aus.

Der warmgewalzte Komplex-Phasen-Stahl HDT780C +ZE75/75 verfügt über eine Mindestzugfestigkeit von 780 *MPa* bei einer Bruchdehnung von 10 *%*. Geliefert wird dieser Stahl mit einer sehr feinkörnigen Mikrostruktur mit dem Grundgefüge aus Ferrit sowie Bainit und elektrolytisch verzinkt mit der Nennschichtdicke von 7,5 *µm* pro Blechseite. Die Tabelle 4-1 stellt die physikalischen Eigenschaften im Anlieferungszustand dar. Durch den Bake-Hardening-Effekt wird anschließend nach der Kaltumformung während des thermischen Lackeinbrandprozesses ein weiterer Festigkeitsanstieg erreicht. [112]

Tabelle 4-1: Eigenschaften verwendeter Werkstoffe [112], [113]

Werkstoff	Dehngrenze $R_{p0,2}$ *MPa*	Zugfestigkeit R_m *MPa* min	Bruchdehnung A_{80} % min	thermische Leitfähigkeit λ bei 20 °C $W \cdot (K \cdot m)^{-1}$	Wärmekapazität c bei 50 °C $J \cdot (K \cdot kg)^{-1}$	spezifisch elektrischer Widerstand ρ bei 20 °C $\mu \cdot \Omega \cdot m$
HX340LAD	340 bis 420	410 bis 510	21	55	472	0,159
HDT780C	680 bis 830	780	10	50	465	0,210
22MnB5	1000 bis 1250	1300 bis 1650	4,5	45	452	0,228

Die höchste Zugfestigkeit von den untersuchten Werkstoffen weist der formgehärtete Vergütungsstahl 22MnB5 +AS150 auf. Infolge des Formhärtens mit Erwärmung im Ofen und der anschließenden Abkühlung in einer Presse werden für diesen Stahl Zugfestigkeiten bis 1650 *MPa* erreicht. Die Tabelle 4-1 stellt weitere physikalische Eigenschaften dieses Stahls im vergüteten Zustand dar. Die Aluminium-Silizium-Beschichtung schützt vor Entkohlung und Verzunderung während des Transports vom Ofen zur Presse. [113]

5 Untersuchung zur Kraftwirkung am Schweißflansch mit Spalt

Eine geringere Elektrodenkraft am Anfang der Stromphase erhöht den elektrischen Übergangswiderstand und bewirkt eine Verschiebung des Schweißbereichsdiagramms zu kleineren Strömen [60]. Bei Passungsproblemen nimmt die Bedeutung der Elektrodenkraft zu, weil die negativen Auswirkungen von Kraftschwankungen auf die Schweißqualität durch unkontrollierten Stromübergang und -fluss verstärkt werden.

Nach [11], [139] wird während des Tiefziehen durch das Aufbringen einer äußeren Kraft eine Vertiefung in einem ebenen oder gewölbten Blech erzeugt, wobei die eintretende Oberflächenvergrößerung einen Hohlkörper bildet. Dieses Zug-Druck-Fertigungsverfahren wird auch Beulung genannt und führt zu mehreren Spannungszuständen wie Normal-, Tangential- und Radialspannungen. Abhängig von der Bauteilgeometrie, Prozessrandbedingungen und dem Werkstoff kann es zu einer Verringerung der Blechdicke oder sogar einer Einschnürung sowie Rissbildung kommen [141].

Über die Steifigkeit eines Bauteils wird der Widerstand gegen das Beulen definiert. Der so genannte Beulwiderstand wird durch die Werkstoffeigenschaften und die Bauteilgeometrie beschrieben. Es ist aus [23] bekannt, dass eine schlechte Passung mit der zunehmenden Werkstofffestigkeit erheblich höhere Elektrodenkräfte zur Spaltüberbrückung erfordert. Die Blechstärke wirkt sich über das Flächenmoment 2. Ordnung direkt auf das erzeugte Widerstandsmoment aus. Der Beulwiderstand besteht aus einer elastischen Beulsteifigkeit bei der Einwirkung einer geringen Beulkraft und einer elastisch-plastischen Beulfestigkeit nach der Überschreitung der Ersatzstreckgrenze. Beim Fließen des Werkstoffs erfolgt ein Übergang zwischen den beiden Steifigkeitsbereichen, Abbildung 25. Bei den Beanspruchungsbereichen wird zwischen lokalen (räumlich begrenzten) und globalen (großflächigen) unterschieden.

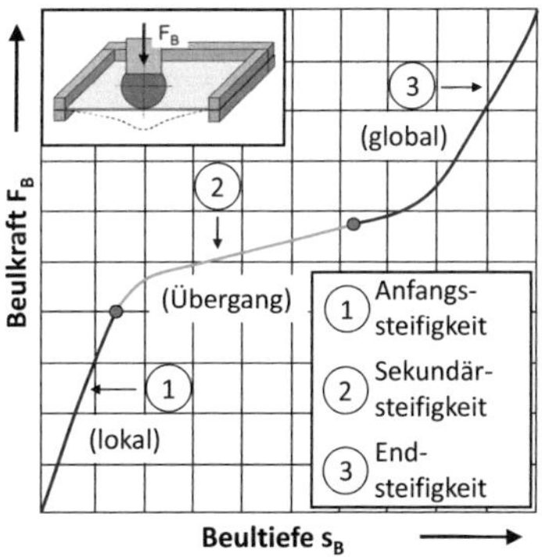

Beanspruchung beim quasi-statischen Beulvorgang

Beanspruchung	Bedingung
elastische Deformation	$p_B < R_{p0,2}$
elastisch-plastische Deformation	$p_B \geq R_{p0,2}$
Plastifizierung $A_B > A_{B0}$	$p_B > k_f(\varphi)$
Biegebeanspruchung	$p_B = k_f(\varphi)$
Zugspannung	$p_B = k_f(\varphi)$

p_B = Flächenpressung Prüfkörper
A_{B0} = Anfangskontaktfläche Prüfkörper
A_B = Kontaktfläche Prüfkörper
F_B = Beulkraft
s_B = Beultiefe

Abbildung 25: Beanspruchungen beim quasi-statischen Beulvorgang und Differenzierung in Steifigkeitsbereiche [140]

In der Literatur sind dynamische und quasistatische Beulversuche zu finden. Zur Beschreibung kommt meistens der Ansatz von Di Cello und George [140] im Zusammenhang mit dem Versagen des Beulwiderstandes zum Einsatz. Bei diesem quasistatischen Beulversuch wird ein kugelförmiger Körper auf das Bauteil gedrückt und ergänzend dem Modell in [142] neben der maximalen Beulkraft auch die Steifigkeitsbereiche in Funktion der Beulkraft und des Beulwegs ausgewertet, wie in der Abbildung 25 verdeutlicht.

Nach [140] tritt im Bereich der Anfangssteifigkeit eine Biegebelastung des Bauteils auf, die im Zuge der Krafterhöhung bei der elastisch-plastischen Beanspruchung zu einer Kombination von Biege- und Zugbelastung wechselt. Bei der Endsteifigkeit liegen überwiegend Zugbelastungen vor. Nach [188] wird die Steifigkeit S in Funktion des Elastizitätsmodul E, der Verfestigungsexponent n und Materialstärke t_M beschrieben.

$S = E \cdot t_M{}^n$ **Formel 8**

Während der Kaltumformung findet eine Festigkeitssteigerung auf Grund der Erhöhung der Versetzungsdichte statt. Die Grenze der plastischen Verformung wird nach [191] durch die Grundfestigkeit eines Gitters R_{min}, Festigkeitssteigerung durch Versetzen ΔR_V, Korn- und Zwillingsgrenzen ΔR_{KG}, im Gitter gelöste Fremdatomen ΔR_{MK} und als Teilchen ausgeschiedene Fremdatome ΔR_T bestimmt.

$R_P = R_{min} + \Delta R_V + \Delta R_{KG} + \Delta R_{MK} + \Delta R_T$ **Formel 9**

Der Effekt der Kaltverfestigung ist proportional zur Quadratwurzel der Versetzungsdichte. Die Fließkurve im Übergangsbereich lässt sich näherungsweise durch eine mathematische Beziehung in Form von Potenzialfunktionen erfasst.

$k_f = C \cdot \varphi_G{}^n$ **Formel 10**

Nach Reihle können die Konstanten durch einfache Funktionen ersetzt werden.

$C = R_m \left(\frac{e}{n} \right)^n$ **Formel 11**

$n = \varphi_{gl}$ **Formel 12**

Diese Formeln gelten für die Fließspannungen im Bereich φ von 0,2 bis 1,0.

5.1 Vereinfachtes Modell zum Beulverhalten

In Anlehnung an [23] wird zur Untersuchung des Beulverhaltens bei Bauteilen mit Maßtoleranzen das Modell aus dem Kapitel 4.3 verwendet. Das vereinfachte Modell ist der doppelseitig eingespannte Schweißflansch, der mittig mit einer punktförmigen Last beaufschlagt wird.

5.1.1 Ermittlung des Kraftverhaltens am Schweißflansch

Zur Ermittlung aller Kräfte am Flansch war der Versuchsaufbau mit drei Kraftsensoren ausgestattet. Die Kraftsensoren F_{M1} und F_{M2} erfassten entsprechend die von der oberen und unteren Elektrode auf den Flansch ausgeübten Kräfte, wobei die untere, bewegliche Traverse der Druckmaschine in Bezug auf die Einspannvorrichtung fest blieb d.h. es fand keine relative Bewegung statt. Die Erfassung der zwischen den Blechen herrschenden Kraft erfolgte mittels einer sehr dünnen Piezounterlegscheibe. Alle verwendeten Kraftsensoren zeichneten sich durch eine hervorragende Steifigkeit aus und verursachten somit keine Verfälschung der Messergebnisse. Die Abbildung 26 zeigt das Kraftverhalten am vereinfachten Flanschmodell.

Der Bereich *1* in der Abbildung 26 stellt die freie Bewegung der Traverse dar. Der Abstand zwischen der oberen festen Elektrode und dem oberen Blech wird verringert. Sobald ein Kontakt entsteht, fängt der zweite Bereich das Beulen des oberen Bleches an, der mit einem steilen Kraftanstieg von F_{M1} gekennzeichnet ist. Die elastische Beulung geht im dritten Bereich im Zuge der Kraftbeaufschlagung in eine elastisch-plastische Verformung über, was eine Verringerung des Beulwiderstandes (vergleiche Abbildung 25) bedeutet und mit einem geringeren Kraftanstieg bestätigt wird. Der nächste Bereich *4* beginnt nach dem Kontaktieren des oberen Bleches mit dem unteren Blech über die Piezounterlegscheibe und wird mit einem wesentlich höheren Kraftanstiegsgradienten als die vorherige Phase gekennzeichnet. Aus der Differenz der Kräfte F_{M1} und F_3, die in der Phase parallele Kraftverläufe aufweisen, lässt sich die zum Umformen des oberen Bleches notwendige Umformkraft ermitteln. Die Kurve F_3 stellt somit die wirkliche in der Verbindungsebene zur Verfügung stehende Kraft dar. Ab hier beult sich nun auch das untere Blech mit, was zur weiteren Erhöhung der Steifigkeit des gesamten System führt. Die Phase *5* des Druckversuchs fängt an, wenn das untere Blech ein Kontakt mit der unteren Elektrode hat. Ab jetzt steigt auch die Elektrodenkraft F_{M2} mit. Durch eine sehr hohe Steifigkeit und damit einen großen Beulwiderstand des gesamten Systems steigt die Kraft in diesem Bereich am schnellsten an. Der Zustand wird in [140] mit End-Verfestigung bezeichnet. Die Differenz der Kräfte F_{M1} und F_{M2} definiert die zum Beulen beider Bleche notwendige Kraft. Nach dem Erreichen des Kraftmaximums von 5 *kN* fährt die Traverse herunter und die Bleche werden nacheinander entlastet.

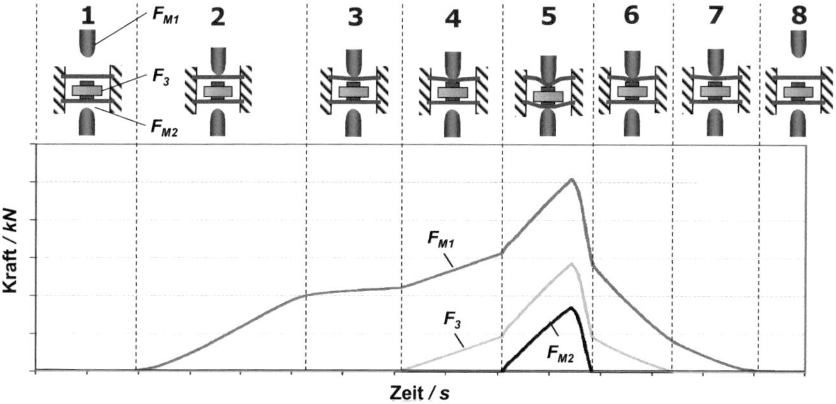

Abbildung 26: Beanspruchungen beim quasistatischen Druckversuch einer Doppelflanschverbindung

Das angeführte Beispiel zeigte das Flanschverhalten eines Doppelflansches unter dem Einfluss von produktionsbedingten Toleranzen, die durch schlechte Positionierung eines Werkstücks, Werkzeugs oder Bauteiltoleranzen entstehen können. Dieser Laborversuch bewies eindeutig die Bedeutung der Elektrodenkraft für die Prozesssicherheit des Widerstandspunktschweißens unter realen d.h. in gewisser Masse toleranzbehafteten Prozessrandbedingungen. Es ist auch die Analogie zum Beulmodell aus [140] zu erkennen.

5.1.2 Ermittlung von elektrischen Widerständen am Schweißflansch

Die Versuche in [96], [91] zur Ermittlung des Einflusses von Passungsproblemen auf die Verbindungsqualität können nicht als vollständig angesehen werden. Die Änderung der Elektrodenkraft während der Beulung im kalten Zustand und deren Auswirkung auf den elektrischen Widerstand werden nicht näher betrachtet. In [143] ist auf den Zusammenhang der Elektrodenkraft mit dem Kontaktkreisdurchmesser und den elektrischen Systemwiderstand bei einer einseitigen Elektrodenstütze hingewiesen.

Die Druckversuche mit dem Nebenschluss und einer schlechten Passung wurden nach dem Kapitel 4.3.1 durchgeführt. Damit konnten äußere Störeinflüsse wie die Zangensteifigkeit oder mechanische Trägheit der Versuchsanlage ausgeschlossen werden. Zur Gewährleistung einer reproduzierbaren Messung und Analyse des Modellverhaltens wurden zusätzliche Versuche mit manuell eingestellten Störgrößen durchgeführt. Durch das außermittige Versetzen der Einspannvorrichtung konnte die Abweichung des elektrischen Widerstandes bzw. Veränderung der Leiterlänge untersucht werden. Diese Versuche zeigten bei einer Verschiebung der Vorrichtung um sogar 30 % der Blechbreite nur einen vernachlässigbaren Einfluss auf Stoff- und Übergangswiderstände. Wie bei einem Modell ohne Spalt nahm die Messwertstreuung auch in diesem Fall mit der Kraft ab. Ab der Elektrodenkraft von 3,0 *kN* lagen alle außenmittigen Widerstandskurven schon im Streuungsbereich der ideal mittigen Krafteinleitung.

Bei der Simulation von zusätzlichen Übergangswiderständen durch Einlegen einer zweiten und dritten Zwischenlage aus Stahl war ein höherer Widerstand zu erwarten. Dieser konnte wegen einer großen Kontaktfläche von Blecheinlagen sowie sehr hoher Anpresskräfte nicht bestätigt werden. Somit wurde der Einfluss des Übergangswiderstandes durch die Zwischenlagen im Nebenschluss in weiteren Untersuchungen als vernachlässigbar klein betrachtet. Das Modell in [91], [96] wurde mit Einlagen aus Kupfer realisiert. Der Hintergrund ist die Reduzierung des Stoffwiderstandes der Zwischenlage. Die Nachbildung dieses Versuches ergab das Gegenteil, Abbildung 27.

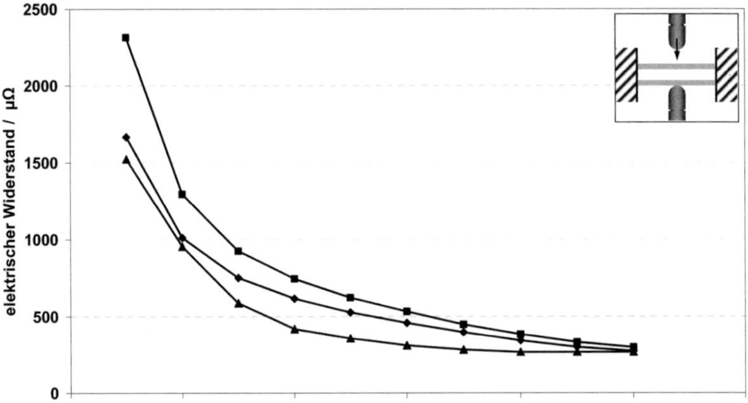

Abbildung 27: Einfluss des Zwischenlagenwerkstoffes auf den Gesamtwiderstand beispielhaft für 22MnB5 +AS150 in 1,5 *mm* Materialstärke

Den Grund für einen höheren Widerstandswert bei Zwischenlagen aus CuCr1Zr liegt in der gebildeten Oxidschicht, die eine weitaus schlechtere Leitfähigkeit als der

Grundwerkstoff zeigt. Erst nach dem Beschlief mit einem feinen Filz und Reinigen mit Ethanol konnten die Werte des Gesamtwiderstandes unter diesen von H260LA gemessen werden (Abbildung 27). Da in der Praxis der Nebenschluss ausschließlich über bereits fertige Schweißpunkte, kontaktierte Konstruktionselemente der Rohkarosse oder die Spannvorrichtung entsteht und die Kupferzwischenlage in sehr kurzer Zeit oxidiert, werden für alle Versuche im Rahmen dieser Arbeit die Einlagen aus H260LA Stahl verwendet.

Der quasistatische Druckversuch mit dem Nebenschluss und der schlechten Passung zeigte beim Kraftaufbau eine starke Abhängigkeit des Gesamtwiderstandes von der Festigkeitsgrenze des Werkstoffes [153], [155] (Abbildung 28). Entgegen der Vermutung, waren beim Beulversuch am toleranzbehafteten Schweißflansch nach [140] drei Steifigkeitszustände anhand der Widerstandskurve sowie auch des Kraftverhältnisses zu erkennen. Die Änderung der Beanspruchung von einer elastischen in eine elastisch-plastische erfolgte beim Beispiel aus der Abbildung 28 bereits bei ca. 1 *kN*. Wegen der abfallenden Bauteilsteifigkeit und der mangelnden Stütze in der Kraftaufbauphase fiel der elektrische Gesamtwiderstand deutlich langsamer ab. Die entstehende Blechverformung setzte sich aus lokalen und globalen Komponenten zusammen. Die zur elastischen Beulung verbrauchte Elektrodenkraft stand nach der Blechkontaktierung nicht zur Verfügung, was zu einem viel höheren elektrischen Widerstand bei ca. 2 *kN* führte. Erst nach einer weiteren Kraftsteigerung fand im geschlossenen Kraftflusssystem ein steiler Widerstandsabfall statt. Schließlich näherte sich die Widerstandskurve im Versuch mit der schlechten Passung ab ca. 3 *kN* dieser ohne Spalt. Trotz der Spaltüberbrückung blieb die Elektrodenkraftdifferenz auch in der Stromphase bei der Schweißlinsenbildung erhalten. Diese Problematik nahm mit der Werkstofffestigkeit an Bedeutung zu. Damit ist eine prozesssichere und kontrollierte Spaltüberbrückung nur unter der Berücksichtigung des Kraftverhaltens am Schweißflansch zu realisieren.

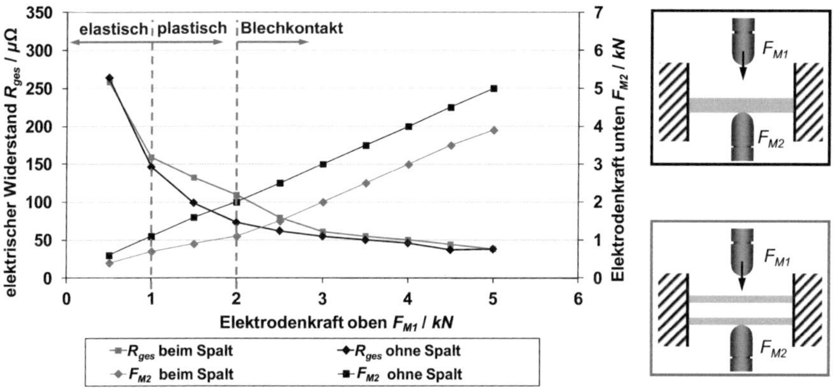

Abbildung 28: Gesamtwiderstand und Kraftverhältnis am Flansch beim quasistatischen Druckversuch mit und ohne Spalt

5.2 Ergebnisse der Beulversuche

Nach dem Kapitel 2.1.2 werden derzeitige Personalkraftwagen auf Grund eines hohen technischen Reifegrades und einer wirtschaftlichen Optimierung der Massenfertigung überwiegend durch die Anwendung der klassischen Stahl-Karosserie in der Schalenbauweise mit vier erwähnten Flanscharten an der Verbindungsstellen aufgebaut. Bisherige Untersuchungen zur Ermittlung der erforderlichen Beulkraft weisen eine fehlende Beachtung der Bauteilsteifigkeit auf, welche durch die konstruktive Schweißflanschauslegung dargelegt wird [96]. Mit Hilfe der Methodik aus dem Kapitel 4.3.1 wurden im Rahmen dieser Arbeit weitere Einspannungsarten der Bleche nachgestellt und damit alle Flanscharten an der Fahrzeugkarosserie mit zugehörigen Steifigkeiten nachgebaut und simuliert.

Zur Ermittlung des Kraftverhaltens wurden während der Bauteilbeulung im kalten Zustand die Kraft-Weg-Verläufe aufgenommen. Durch einen Differenzialquotienten der zunehmenden Elektrodenkraft zu dem zurücklegenden Elektrodenweg kann die Steifigkeit der Bleche berechnet werden. Die Betrachtung kann wegen der symmetrischen Belastung des Schweißflansches mit Elektrodenkräften F_{M1} und F_{M2} nur auf ein Blech eingeschränkt werden. Im Gegensatz zu der Untersuchung im Kapitel 5.1.1 werden während des quasistatischen Druckversuchs nur die Elektrodenkräfte F_{M1} und F_{M2} aufgenommen und ausgewertet.

Nach [143] beeinflusst die Elektrodenform hauptsächlich den lokalen Verformungsanteil und über die Kontaktfläche die Stromdichte. Ferner bleibt die globale Beulung weitgehend unabhängig. Somit nimmt mit dem kleiner werdenden Elektrodenradius bei unveränderten Parametern der gesamte Elektrodenweg über die lokale Beulung zu.

Als Resultat durchgeführter Beulversuche wurden verschiedene Verläufe von Hysteresekurven untersuchter Einspannungsarten ermittelt. Allgemein ließen sich die Charakteristiken der Kraft-Weg-Verläufe aufgrund der Kontaktsituation in zwei Gruppen aufteilen. Erwartungsgemäß war der Verlauf der Belastungs- und Entlastungskurven der Elektrodenkraft F_{M1} unabhängig vom Spalt.

Mit der Zuordnung der Beulkraft zu resultierenden Beulwegen konnten die dem Einzelblech zugehörigen Deformationsanteile und Steifigkeitsbereiche ermittelt werden. Der plastische Verformungsanteil des oberen Bleches ergab sich aus der Differenz des Endwertes der Entlastungskurve und dem Anfang der Belastung (Abbildung 29). Die Kraft-Weg-Verläufe können wegen eines nichtlinearen Verhaltens in mehrere Steifigkeitsbereiche gegliedert werden [143]. Folglich entstehen für den Doppelflansch aus der Abbildung 29 in Anlehnung an [140] vier Bereiche:

- 1. Bereich: elastische Deformation mit einer sehr leichten, lokalen Beulung des oberen Bleches $p_{B1} < R_{p0,2}$
- 2. Bereich: elastisch-plastische Deformation des oberen Bleches mit einem überwiegend lokalen Charakter und einem ausgeprägten Buckel in Elektrodenkappenform $p_{B1} > R_{p0,2}$
- 3. Bereich: elastische Deformation des unteren Bleches mit einer begleitenden elastisch-plastische Deformation des oberes Bleches $p_{B1} > R_{p0,2}$; $p_{B2} < R_{p0,2}$
- 4. Bereich: elastisch-plastische Deformation beider Bleche $p_{B1} > R_{p0,2}$; $p_{B2} > R_{p0,2}$

Der anschließende lineare Verlauf aller Sensorsignale bei höheren Kräften markierte die Endverfestigung beim geschlossenen Kraftfluss. Für die Hysteresekurve in der Abbildung 29 lassen sich bekanntlich die elastischen Anteile λ_L im elastisch-plastischen Bereich über die Fließspannung k_f und den Elastizitätsmodul E in Funktion des Umformgrades φ_G beschrieben.

$$\lambda_L(\varphi_G) = \frac{1}{1 + \frac{k_f(\varphi_G)}{E(\varphi_G)}}$$ **Formel 13**

wobei $\varphi_G = ln\frac{h_1}{h_0} = ln(1+\varepsilon)$ **Formel 14**

h_0 – Ausgangsabmessung, h_1 – Endabmessung

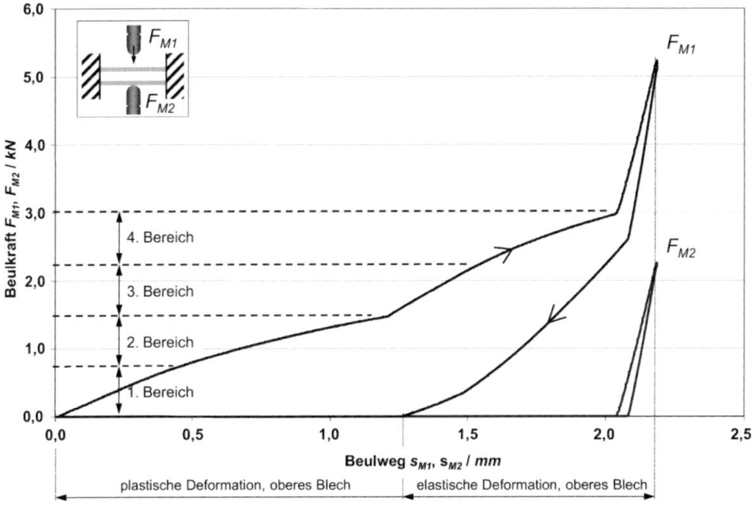

Abbildung 29: Kraft-Weg-Verlauf mit der Kennzeichnung von Steifigkeitsbereichen am Beispiel eines doppelseitig eingespannten Schweißflansches HX340LAD +Z100 t_M = 1,5 *mm*

Die einseitig eingespannten Flanscharten weisen einen analogen Kraft-Weg-Verlauf auf. Der zusätzliche Knickpunkt in der Hysteresekurve war auf eine frühzeitige Berührung des freien Blechenden mit dem unteren Blech und eine zusätzliche Versteifung zurückzuführen (Abbildung 30). Bei einer weiteren Belastung fand in der Druckphase ein Abrutschen des oberen Bleches auf dem unteren bis zur Endversteifung statt. Auf der Blechoberfläche war aus dem Elektrodeneindruck ein leichtes Elektrodenabrutschen zu erkennen, vergleiche die Abbildung 31. Analog zum Doppelflansch lassen sich folgende Steifigkeitsbereiche definieren:

- 1. Bereich: elastische Deformation mit einer sehr leichten lokalen Beulung des oberen Bleches $p_{B1} < R_{p0,2}$
- 2. Bereich: elastisch-plastische Deformation des oberen Bleches mit einem überwiegend lokalen Charakter und einem ausgeprägten Buckel in Elektrodenkappenform $p_{B1} > R_{p0,2}$
- 3. Bereich: elastische Deformation des unteren Bleches mit einer begleitenden elastisch-plastische Deformation und dem Abrutschen des oberes Bleches $p_{B1} > R_{p0,2}$; $p_{B2} < R_{p0,2}$

- 4. Bereich: elastisch-plastische Deformation des oberen Bleches mit einem begleitenden Übergang von der elastischen in die elastisch-plastische Verformung des unteren Bleches $p_{B1} > R_{p0,2}$; $p_{B2} \geq R_{p0,2}$

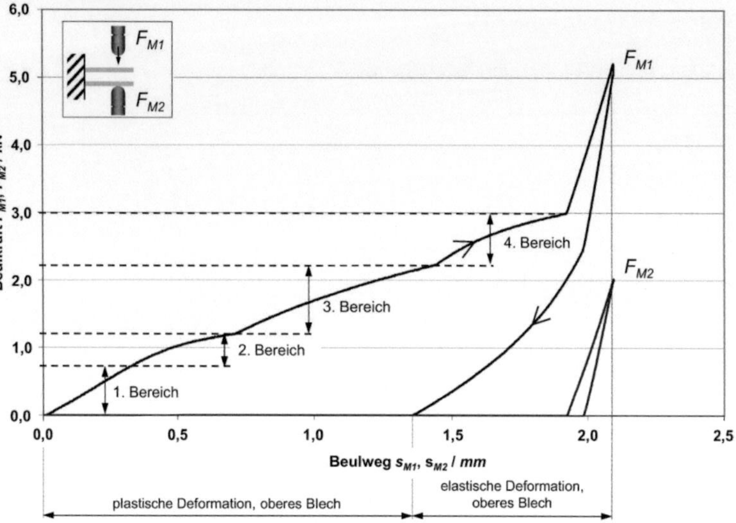

Abbildung 30: **Kraft-Weg-Verlauf mit der Kennzeichnung von Steifigkeitsbereichen am Beispiel eines einseitig eingespannten Schweißflansches HX340LAD +Z100 t_M = 1,5 *mm***

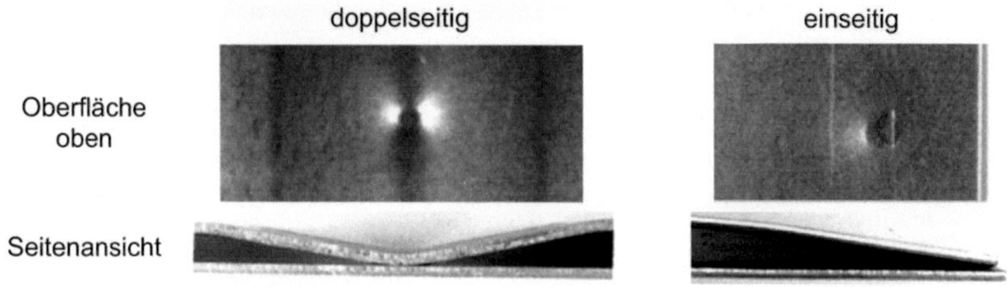

Abbildung 31: **Vergleich des Elektrodeneindrucks für einseitige und doppelseitige Blecheinspannung am Beispiel HX340LAD +Z100 t_M = 1,5 *mm* mit 5 *mm* Zwischenlage**

Mit der zunehmenden Werkstofffestigkeit verschob sich die Streckgrenze und damit der Übergangsbereich der Beanspruchung nach [140] während des quasistatischen Beulversuchs zu höheren Kräften. Die Ursache der verschiedenen Beulwege untersuchter Werkstoffe in der Abbildung 32 lag in werkstoffabhängigen Eindrucktiefen der Schweißelektrode.

Erwartungsgemäß erhöhten sich mit der zunehmenden Beulkraft elastische und plastische Beulanteile. Der Einfluss der konstruktiven Schweißflanschgestaltung ist im 1. Bereich eindeutig zu erkennen und wirkt sich am stärksten auf die in der Fügezone verbleibende Kraft aus. Um eine gleichbleibende Kontaktsituation zu gewährleisten, muss die Elektrodenkraft in der Schweißstromphase um den elastischen Verformungsanteil erhöht werden. Die Änderung der Flanschgeometrie kann in Anlehnung an [140] über den Beulverlauf beschrieben werden. Die plastische Flanschdeformation erfordert dagegen eine Stromstärkeanpassung, wegen einer stark veränderten Kontaktfläche der Elektrodenkappe mit dem Versuchsblech. Zur Beschreibung des Energieaufnahmevermögens in Abhängigkeit der Streckgrenze im elastisch-plastischen Bereich wird in der Literatur die Beulenergie E_B über die Arbeit in einem Beulkraft-Beulweg-Diagramm berechnet, vergleiche Abbildung 29.

$$E_B = \int_0^s F_{M1}(s_{M1})ds_{M1} \quad \textbf{Formel 15}$$

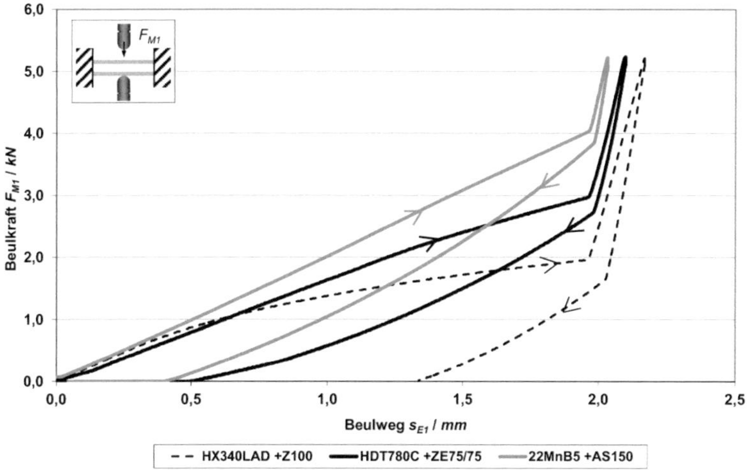

Abbildung 32: Kraft-Weg-Verläufe von Blechen mit unterschiedlicher Werkstofffestigkeit beispielhaft dargestellt für die Elektrodenkraft F_{M1} bei der doppelseitigen Blecheinspannung mit $Z = 2$ *mm*

Einseitige Einspannungsarten wiesen ab dem 3. Steifigkeitsbereich auf Grund des frühzeitigen Kontakts mittels der Blechspitze eine vergleichbare oder sogar höhere Steifigkeit als die vierseitige Flanscheinspannung auf, vergleiche Abbildung 4. Dies führt dazu, dass bei allen Fügeflanschen mit einer Blechüberlappung im Fall eines Passungsproblems in der Blech-Blech-Ebene die Elektrodenkraft sehr stark abnehmen kann. Weiterhin wird durch das Abrutschen der Steifigkeitssprung entschärft. Die Stärke der Materialbeanspruchung wurde im verbleibenden plastischen Verformungsanteil abgebildet und lag beispielhaft für den HDT780C +ZE75/75 in 1,5 *mm* Materialstärke beim 1 *mm* Zwischenlagenabstand um 0,46 *mm* für den Einzelflansch und nur 0,25 *mm* im Fall des Doppelflansches.

Zusammenfassend kann festgestellt werden, dass nur der Doppelflansch oder die vierseitige Einspannung für die Grundlagenuntersuchung wegen des kontrollierbaren Nebenschlusses am besten geeignet sind.

Da eine Änderung der Blechstärke eines Bauteils über den Querschnitt in den Geometrieterm der Bauteilsteifigkeit geht, wurde im Rahmen dieser Arbeit zur Ergänzung der Ergebnisse in [91], [96] eine systematische Untersuchung des Beulwiderstandes für verschiedene Materialstärken durchgeführt. Mit der Vergrößerung der Materialstärke wurde auf Grund der erhöhten Dehnsteifigkeit die globale Bauteilverformung unterstützt. Erwartungsgemäß lag die obere Grenze des 1. Steifigkeitsbereiches mit der zunehmenden Materialstärke bei höheren Beulkräften trotz eines geringeren Beulwegs.

In der Großserienfertigung der Automobilindustrie treten nur geringe Abweichungen der Materialstärke vom Sollmaß in Folge z.B. der Blechverarbeitung zu Bauteilen, die keinen wesentlichen Einfluss auf die Elektrodenkraft in der Blech-Blech-Ebene und somit die Verbindungsqualität aufweisen. Ebenso bleibt der Einspannabstand bzw. die Flanschbreite weitgehend konstant. Dieser Faktor spielt eine entscheidende Rolle für die Verbindungsqualität ausschließlich bei Schweißpunkten, die am schmalen Schweißflansch direkt an der Blechkante geschweißt werden. Somit bleibt die häufigste Ursache von Schweißfehlern der variable Spalt zwischen den zu fügenden Bauteilen.

6 Entwicklung eines zweistufigen Regelkonzeptes

Nach einer plastischen Verformung des Schweißflansches im kalten Zustand entsteht im Werkstoff ein verfestigtes Verformungsgefüge, das über geänderte Eigenschaften wie Härte, Festigkeit verfügt, vergleiche Abbildung 6. Zusätzlich wird eine Energie im Werkstoff in der Form von Spannungen durch das Versetzen gespeichert. Die Reduzierung der Spannungen kann durch thermische Prozesse wie Rekristallisation erfolgen. Während der Rekristallisation wird die Entstehung sowie Wanderung von Großwinkelkorngrenzen unterstützt. Dieser Vorgang verursacht jedoch ähnlich einer plastischen Deformation die Veränderung von mechanischen Werkstoffeigenschaften.

Es ist bekannt, dass ein Werkstoff durch die Primärrekristallisation nach einer größeren Deformation feinkörniger wird. Die Ursache ist die von außen wirkenden Kräften, die zu einer hohen Verschiebungsdichte führen. Ebenso wirkt sich positiv auf den Vorgang eine höhere Temperatur aus. Zur Beschreibung des Rekristallisationsgrades f_R in der Funktion der Zeit wird in der Literatur eine s-förmige Kurve nach der Avrami-Gleichung mit der Keimbildungsrate, Wachstumsgeschwindigkeit und Wachstumsgeschwindigkeit Parameter *k*, *r* verwendet.

$f_R = 1 - exp(-k \cdot t^r)$ **Formel 16**

Die Rekristallisation beginnt nach der Überschreitung einer werkstoffabhängigen Rekristallisationstemperatur (hochlegierter Stahl 700 – 800 °C). Ferner ist eine Mindestkaltumformung notwendig. Zur lokalen Erwärmung des Werkstoffes können verschieden Wärmequellen wie ein Induktionsgerät oder eine Laserquelle eingesetzt werden. Alle diese Methoden erfordern nicht nur Mehrkosten für den kostengünstigen Widerstandsschweißvorganges sondern auch die entsprechende Zugänglichkeit der Fügestellen, vergleiche Kapitel 1 und 2.1.3. Eine gezielte Erwärmung der Fügestelle kann, wie später näher erläutert wird, durch eine veränderte Prozessführung nach [147] mittels des elektrischen Stromes über die Schweißzange erzeugt werden.

Findet bereits während der Schweißflanschdeformation eine lokale Erhöhung der Werkstofftemperatur statt, sinkt die Fließspannung bei konstanter Umformgeschwindigkeit und der Verfestigungsanstieg der Fließkurve verläuft flacher [11], [146]. Über eine kontrollierte Temperaturführung kann der dynamische Erholungs- und Rekristallisationsprozess beeinflusst werden, wodurch eine Erweiterung der Formgebungsgrenze entsteht, Abbildung 33. Damit wird das Formgebungsvermögen von schwer umformbaren Werkstoffen gesteigert [147]. Ferner wird der Fließvorgang von schon im Bauteil bestehenden Eigenspannungen unterstützt [150]. Bleibt die Rekristallisationsgeschwindigkeit größer als die Umformgeschwindigkeit, liegt nach [147] eine Warmbeulung vor. Somit findet keine Kaltverfestigung statt.

Während des Warmumformens ist nicht mehr der Umformgrad von der ausschlaggebenden Bedeutung wie beim Kaltumformen sondern die Umformgeschwindigkeit, die die Rekristallisation und Annihilation während der Deformation beeinflusst [147], [148], [149]. Bei hohen Umformgeschwindigkeiten werden diese Prozesse sogar fast komplett verhindert. Im Weiteren kann eine verlängerte Erwärmung von Stahlgüten wie beispielweise Complex-, Mehrphasen- oder Martensitphasen-Stählen, über der Rekristallisationstemperatur die hochfesten mehrphasigen Gefüge zerstören. Im Gegensatz zu den elastischen Werkstoffkenngrößen, die in der Literatur zu finden sind, müssen die plastischen Eigenschaften experimenteller Versuchen entnommen werden [146].

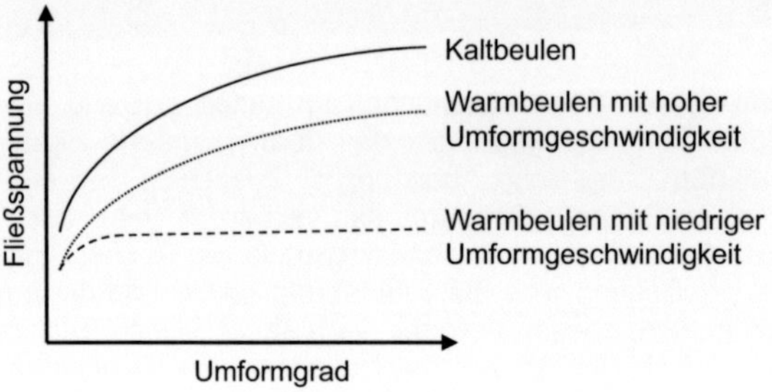

Abbildung 33: Einfluss von Umformtemperatur und -geschwindigkeit auf den Verlauf der Fließkurve in Anlehnung an [147]

Das Widerstandspressschweißen nutzt zum Fügen die Joulsche Wärme bzw. Stromwärme, die an kleinen Kontaktflächen der Schweißelektrode mit dem zu schweißenden Werkstück und in diesem selber entsteht. Durch eine geregelte Krafteinstellung kann weitgehend unabhängig von konstruktiven Anlagenparametern über den elektrischen Übergangswiderstand der Energieeintrag und somit die lokale Werkstofferwärmung beeinflusst werden.

Es ist bekannt, dass bei einer Normalzeitschweißung ohne Spalt zwischen den zu fügenden Blechen die ersten Wärmezentren unabhängig von der Elektrodenform in der Fügeebene entstehen. Beim Nebenschluss bzw. veränderten Stromfluss kommt die geometrisch bedingte Stromverdichtung und demzufolge die Erwärmung in der Kontaktzone der Elektrodenkappe mit dem Werkstück ähnlich einer Kurzzeitschweißung zum Tragen. [31]

Eine kontrollierte und prozesssichere Spaltüberbrückung kann unter Berücksichtigung der Widerstandserwärmung durch den Nebenschluss über das angrenzende Bauteil oder schon bestehende Schweißpunkte realisiert werden. In [151], [153] ist ein neuartiges Regelkonzept vorgestellt, bei dem im Fall einer toleranzbehafteten Verbindungsstelle eine gleichzeitige Anpassung mechanischer und elektrischer Prozessparameter in einem Strom- und Kraftprogramm erfolgt. Durch eine reduzierte Elektrodenkraft und die an diese angepasste Stromstärke wird in der Anfangsphase der Werkstoff lokal um die Kontaktfläche Elektrodenkappe-Werkstück weich. Damit kann die Verbindungsstelle mit einem geringen Druck lokal so weit verformt werden, dass auch große Bauteiltoleranzen steifer Bauteile überbrückt werden können. Die elastische globale Verformung von den Bauteilen ist nur noch gering. Bei einer maßhaltigen Fügestelle wird das Warmbeulen übersprungen. Der eigentliche Schweißvorgang mit der Schweißlinsenbildung findet erst anschließend in der zweiten Prozessphase unter einer gleich bleibenden Kontaktsituation d.h. einem definierten Blechkontakt statt [154]. Durch die Trennung des Beulprozesses vor der eigentlichen Schweißung mit der Schweißlinsenbildung entsteht ein zweistufiger Widerstandsschweißprozess, wie in der Abbildung 34 schematisch dargestellt.

Im Weiteren wird zur Darstellung der veränderten Prozessführung auf der Basis des neuen zweistufigen Widerstandschweißprozesses die Reaktion auf eine schlechte Passungsgenauigkeit der Bauteile erläutert. Hierzu wird eine Zweiblechschweißung mit dem dazugehörigen Zeit-Strom-Kraft-Diagramm verwendet (Abbildung 35). Die zwei Bauteile *3* und *4* befinden sich zwischen zwei Elektroden *1* und *2* mit jeweils Elektrodenkräften F_{E1} und F_{E2}, die beidseitig senkrecht zu denen angeordnet und relativ zu denen beweglich sind. Der Schweißvorgang nach dem Regelkonzept lässt sich in fünf Verfahrensschritte von *I* bis *V* unterteilen, wobei die Zeitabschnitte jeweils die einzelnen Verfahrensschritte in Bezug auf die Elektrodenkräfte zugeordnet sind.

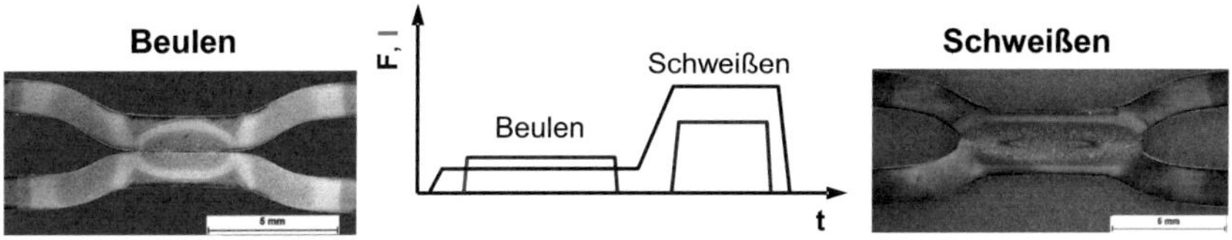

Abbildung 34: Zweistufiger Widerstandspunktschweißprozess [155]

Am Anfang des Schweißvorganges erfolgt eine freie und synchrone Bewegung der beiden Elektroden in Richtung der zu fügenden Bauteile. Während dessen wird die gesamte Schweißzange mit dem Zangenausgleich angehoben, wodurch der Weg des Haupantriebs zum Bauteilkontakt um diese Bewegung zunimmt. Der Zeitabschnitt *II* fängt beim Kontaktieren einer von beiden Elektroden mit dem Schweißflansch an. Dieser Zeitpunkt ist eindeutig aus der Kraftkurve F_{E1} im Strom-Kraft-Diagramm zu erkennen. Anschließend wird die obere Elektrode *1* in der Art verfahren, dass die Elektrodenkraft auf einen geringen Kraftwert F_1 erhöht wird. Während die untere Elektrode *2* weiter in Richtung des unteren Werkstücks bewegt wird, wird die Elektrodenkraft F_{E1} konstant gehalten. Sobald die Elektrode *2* das Bauteil kontaktiert, beginnt der Zeitabschnitt *III*. Vor der Erkennung der Passungssituation wird auch von der unteren Elektrode die gleiche, geringe Kontaktkraft F_1 aufgebaut. Anschließen werden die Regelkräfte F_{E1} und F_{E2} auf den Wert F_2 vergrößert. Im weiteren Verlauf werden das Stromprogramm gemäß elektrischer Werkstoffparameter und das Kraftprogramm mechanischer Werkstoffeigenschaften eingestellt. Es findet eine lokale Warmbeulung um die Elektrodenkappen bei einer geringen Stromstärke I_1 statt. Der dritte Prozessabschnitt endet, wenn beide Bauteile *3*, *4* im Bereich der Verbindungszone kontaktieren. In der Wärmeausgleichzeit am Anfang des vierten Zeitabschnittes werden beide Elektrodenkräfte F_{E1} *und* F_{E2} auf die Schweißkraft F_3 erhöht. Die Bauteile werden erst bei der Stromstärke I_2 bis zum Aufschmelzen erhitzt, so dass sich eine Schweißlinse ausbildet. Nach der Schweißstromzeit wird die Schweißkraft für die Dauer der Nachhaltezeit weiterhin geregelt und konstant gehalten, wie bei einem gewöhnlichen Schweißprozess. Beim Zurückfahren von Schweißelektroden in ihre Ausgangsposition wird die irreversibel verformte Verbindungszone entlastet. [151], [153]

Das zweistufige Regelkonzept zum Widerstandspunktschweißen mit Roboterschweißzangen verleiht der Schweißeinrichtung die Möglichkeit, den Bauteilkontakt beider Schweißelektroden einzeln zu erkennen. Nach der Erkennung von abweichenden Raumkoordinaten einer der beiden Schweißflansche können die Schweißelektroden immer mit zwei gleichen Kräften die Bauteile beaufschlagen. Die Schweißanlage ist dadurch in der Lage den Beulvorgang zu regeln und zweckmäßig über ein relatives Kraftverhältnis die Flanschposition zu korrigieren. Das Ergebnis ist eine symmetrische Beulung. Dieser Ansatz erfordert trotz Passungsprobleme am

Flansch aus modernen Stählen keine höhere Kräfte und sehr steife Schweißzangen sowie größere Handlingroboter. [151]

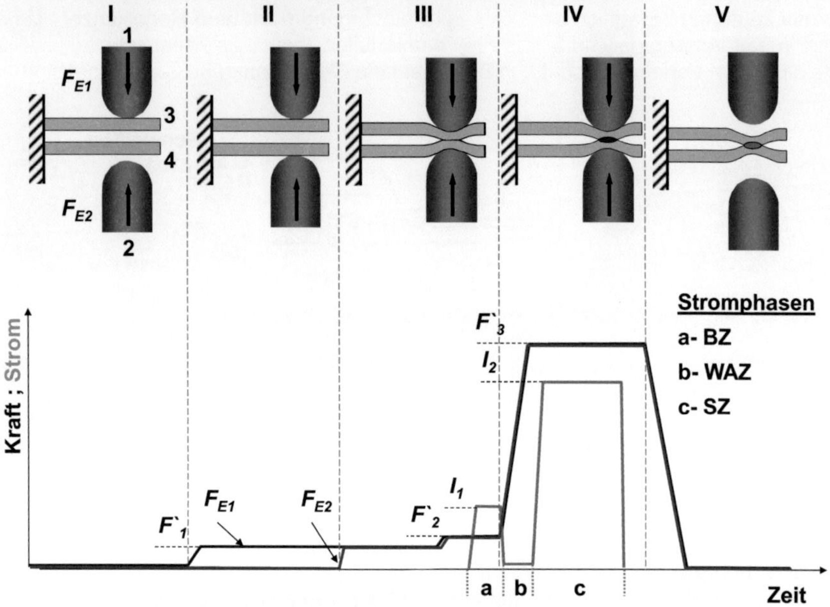

Abbildung 35: Zeit-Strom-Kraft-Diagramm der veränderten Prozessführung des zweistufigen Widerstandspunktschweißprozesses [151], [153]

Die geringe Elektrodenkraft und an die Werkstoffkombination angepasste Stromstärke in der Beulphase sorgen dafür, dass die Bauteile mit Maßabweichungen nahezu spannungsfrei verschweißt werden. Die Änderung der Bauteilgeometrie bestimmt über den Dehnungskoeffizient die Höhe der entstehenden Eigenspannungen und damit die Rissbildung. Die Verringerung eingefrorener mechanischer Spannungen in der Fügezone wirkt sich positiv auf die Rückfederungskräfte aus, wodurch die Maßhaltigkeit beim Zusammenbauen zu komplexen Schweißgruppen und die Reproduzierbarkeit des Schweißprozesses erhöht werden. Mit der Schweißbarkeit steigert die Prozesssicherheit und sinken die Prozesskosten für die eventuell entstehende Nacharbeit. [151]

Vor dem Beginn der Warmbeulung herrschen die Spannungen infolge der Kaltverformung. Kurz nach dem Einschalten des Stromes wird der Werkstoff an der Elektrodenkappenspitze flüssig. Da dieser Bereich im teigigen Zustand nur sehr geringe Kräfte übertragen kann, entstehen dort keine Spannungen. Der angrenzende Bereich dehnt sich dagegen auf Grund der Beulwärme. Beim einstufigen Schweißvorgang bildet die punktferne Umgebung eine Art der Stütze, die unter Druck steht. Die Zugspannungen um die Elektrodenkappe unterstützen dagegen während der Warmbeulung den Beulvorgang. Es erfolgt durch eine Überlagerung von der äußeren Elektrodenkraft und entstehenden Eigenspannungen im Bauteil eine Plastifizierung des Werkstoffes, wobei die Streckgrenze durch eine Erwärmung gesenkt wird.

Durch die Wärmebehandlung der Fügestelle während der Warmbeulung wird der Werkstoff ähnlich dem einstufigen Schweißprozess punktförmig auf Grund einer hohen Aufheiz- und Abkühlgeschwindigkeit metallurgisch verändert. Neben Spannungen im Bauteil werden wegen der hohen Temperaturen das Kornwachstum und die Lösung der Ausscheidungen trotz einer kurzen Stromphase verursacht. Bei einer zu starken Werkstofferwärmung entsteht das Risiko einer Grobkornglühung. Ferner werden wärmebehandelbare Stähle durch die Bildung von rissanfälligen Zonen aufgehärtet. [11] Darüber hinaus muss neben der notwendigen Leistung zum Rekristallisationsprozess auch die Aufheiz- und Abkühlrate auf die Materialstärke und den Werkstoff abgestimmt werden. Eine große Herausforderung stellt die Gaslöslichkeit des flüssigen Werkstoffes, der beim Spalt wegen einer stark lokalen Deformation in der Fügezone von den Elektrodenkappen nicht geschützt wird, dar. Durch eine Randoxidation kann auf Grund einer höheren Sauerstoff-Affinität der Legierungselemente wie Silizium oder Mangan gegenüber Eisen ein nicht-martensitisches Randzonegefüge entstehen, wodurch die Härte sinkt [147]. Eine Härteverringerung kann ebenso durch eine Randentkohlung bei hohen Temperaturen entstehen.

Im Allgemeinen führt eine Erhöhung der Werkstofftemperatur zur Vergrößerung des maximal fehlerfreien Umformgrades sogar bei höchstfesten Werkstoffen (Abbildung 36). Da die Erwärmung während der Warmbeulung nur lokal in der Kontaktzone Elektrodenkappe-Blech erzeugt wird, nimmt die Fließspannung beim gleichen Umformgrad mit dem Abstand zu der Elektrodenkappenspitze ab. Somit ist das Formgebungsvermögen um die Elektrodenkappenspitze am größten. Dieser Sachverhalt ermöglicht eine stark lokale Flanschdeformation.

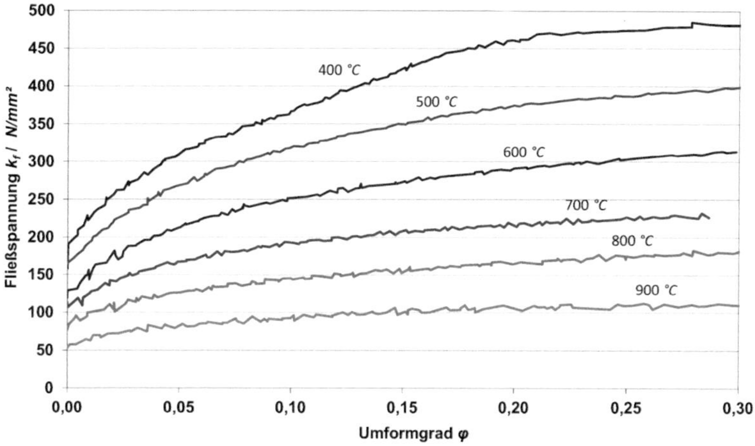

Abbildung 36: Fließkurven in Abhängigkeit der Temperatur für den höchstfesten 22MnB5 +AS150 t_M = 1,5 *mm* [194]

Nach der Beulphase entsteht ein ausgeprägter Buckel, der aus einer lokalen und globalen Blechverformung besteht. Ein großer Vorteil des zweistufigen Schweißprozesses ist die Verwendung von Zangen mit geringeren Zangenkräften, wodurch auch beim Fügen von Bauteilen aus hochfesten Werkstoffen keine größere Auslegung von Armaturen bzw. die Gewichtszunahme der Schweißzange erforderlich ist. Ein weiterer Vorteil dieses Verfahren besteht darin, dass die Reduzierung der globalen Bauteilverformung in Richtung einer lokalen Umformung zur Verringerung mechanischer Spannungen beim Verschweißen von toleranzbehafteten Bauteilen führt. Die Bauteile sind lagegenau und nach dem Rekristallisationsprozess während des Warmbeulens nahezu spannungsfrei, jedoch die Geometrie der Fügestelle ist verändert. Des Weiteren nimmt auch die thermische Belastung der zu fügenden Bauteilen und Elektrodenschweißkappen zu.

Jeder Körper verändert sein Volumen infolge einer Temperaturänderung. Während bei einer gleichmäßigen Temperaturverteilung und von außen nicht verhinderter Volumenänderung der Körper spannungsfrei bleibt, entstehen aufgrund ungleichmäßiger Ausdehnungen Wärmespannungen [152]. Die Wärmespannungsgleichungen berücksichtigen neben den durch die Spannung verursachten Verzerrungen noch zusätzlich durch die Temperaturänderung erzeugte Dehnungen.

$$\varepsilon_{xx} = \frac{1}{E}[\sigma_x - \mu(\sigma_y + \sigma_z)] + \alpha\Delta T$$ **Formel 17**

Das Regelungssystem erfasst zeit- und wegabhängig die beiden Elektrodenkräfte als Regelgrößen und regelt über die Kraftaufbaueinheiten die beiden Elektrodenkräfte. Es ist dabei die sehr hohe Dynamik des Widerstandspunktschweißprozesses zu beachten. Deswegen ist für diese Anwendung ausschließlich ein Servoantrieb als Arbeitsantrieb und Zangenausgleichantrieb geeignet. Damit ist es möglich die Bleche an der Fügestelle einzeln so zu belasten, dass eine gewünschte vordefinierte Kraft in der Verbindungsstelle herrscht. Gleichzeitig kann ein Abgleich mit den Positionskoordinaten stattfinden, um den Einfluss der Steifigkeit bzw. Aufbiegung der Kraftstütze auf die Regelung zu vermeiden. Zur Ansteuerung der Leistungseinheiten beider Antriebe sowie des Schweißstroms muss eine neue Software für veränderte Prozessabläufe entworfen und in der Schweißsteuerung integriert werden.

Mögliche Unregelmäßigkeiten beim Widerstandspunktschweißen sind in Normen [156], [157] zusammengestellt, wobei diese keine Aussagen bezüglich der Bewertungsgruppen im Einzelfall beinhalten. Ähnliche Definitionen sind auch in Richtlinien [145] und [158] enthalten. Bei der veränderten Prozessführung zum Schweißen von Bauteilen mit Maßabweichungen sind die Kriterien bezüglich des Spaltes zwischen den zu fügenden Bauteilen und der örtlichen Vertiefung auf der Werkstückoberfläche im Bereich des Elektrodeneindrucks besonders zu beachten. Bei der Bewertung der Schweißpunktqualität in [145] wird nicht mehr das Spaltmaß sondern die Einschnürung der Blechdicke im unmittelbaren Randbereich der Schweißlinse als Bewertungskriterium herangezogen. Weiterhin beschreibt diese Industrienorm die Veränderung der Restwandstärke im Bereich der Kontaktfläche Elektrode-Blech. Mit Hilfe von diesen zwei geometrischen Merkmalen kann die neue, veränderte Punktgeometrie und die Qualität nach dem zweistufigen Widerstandspunktschweißprozesses vollständig erfasst werden. Ferner muss ein Abgleich mit dem herkömmlichen Schweißprozess stattfinden.

7 Modellierung und FEM-Simulation des Verhaltens am Schweißflansch

Zur Grundlagenuntersuchung der Warmbeulung während des zweistufigen Regelkonzepts wurde die Schweißprozessanalyse auf Basis der Finite-Elemente-Simulation durchgeführt. Anhand von Versuchen mit dem realen System konnte über die Validierung das Verhalten des vereinfachten Modells an dieses angepasst werden. Heutzutage ist eine Vielzahl von verschiedener Simulationssoftware zum Widerstandspunktschweißen auf dem Markt verfügbar. Alle verfolgen unterschiedliche Strategien. Das Simulationsprogramm SORPAS Enterprise Edition bietet nach [162] dem Anwender eine geometrische Freiheit des Fügeflansches und die explizite Betrachtung von Randbedingungen. Somit erfüllt diese Simulationssoftware die wichtigsten Anforderungen an Simulationssoftware zur Untersuchung des Warmbeulens und wird in dieser Arbeit zur Prozesssimulation benutzt.

7.1 Modellierung mit SORPAS

Bisherige Erfahrungen von Simulationen in [163], [164] beziehen sich auf eine Spaltüberbrückung bei der Verfahrensentwicklung für Mischverbindungen. Der Beulvorgang wird dabei nicht genauer betrachtet sondern nur das Ergebnis der gesamten Schweißung mit realen Schweißversuchen abgeglichen. Das Simulationsprogramm SORPAS nutzt den geometrischen Symmetrieeffekt des Widerstandspunktschweißens und verwendet zur Berechnung ein 2,5-dimesionales Modell oder ein 3-dimensionales Blockmodell. Das erste Modell erwies sich nach der Untersuchung zur Abbildung von Randbedingungen beim Warmbeulen als geeignet [143], [163], [164]. Zur genauen Berechnung des Widerstandspunktschweißens mit allen Prozessbesonderheiten beinhaltet das Simulationsprogramm vier Modelle. Somit können relevante Berechnungsdaten zu dem mechanischen, elektrischen, metallurgischen und thermischen Modell in den Berechnungsvorgang integriert werden. Diese berücksichtigen die elektrische und thermische Leitfähigkeitsänderung, die Wärmeausdehnung, die Wärmekapazität sowie die Fließeigenschaften der Werkstoffe infolge einer sehr starken Temperaturerhöhung. Eine schematische Darstellung der Randbedingungen ist in Form von Ein- und Ausgangsgrößen für das zu untersuchende Modell in der Abbildung 37 gezeigt. [162]

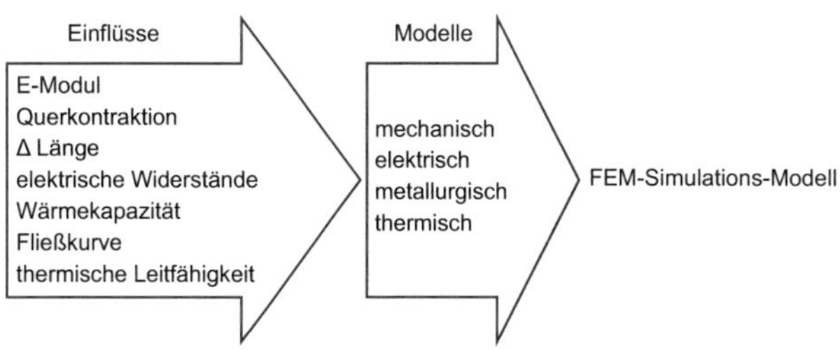

Abbildung 37: Randbedingungen des FEM-Modells in SORPAS [163], [164]

Die Datenbank mit einem freien Zugriff ermöglicht eine Ergänzung bzw. Erweiterung von den hinterlegten Modellen der Werkstoffe, Elektrodenkappenformen und Werkstücke. Weiterhin kann der Oberflächenzustand über einen Interfacefaktor definiert werden. Zum Vernetzen von allen Modellen wurde die Elementart „counter line" als unregelmäßiges Viereck verwendet. Mit der Art des FEM-Netzes können auch kreisförmige Konturen durch Tangenten in einer angepassten Größe realisiert werden. Beim Vernetzen wurde die Netzdichte an die Elementkonturen unter Berücksichtigung der vorhersehbaren Stromdichten verfeinert. Dabei wurden insgesamt bis 3000 Elemente verwendet. Die Simulation wurde während der Vorhaltezeit in 5 *ms* und in allen Stromphasen (Beulzeit, Wärmeausgleichzeit und Schweißzeit) in 2 *ms* Schritten durchgeführt.

7.1.1 Auswahl der Probeneinspannung

Die verwendete Simulationssoftware bietet zwei Möglichkeiten zur Einspannung von Schweißflanschen an. Mit zwei relativ zu den Bauteilen beweglichen Schweißelektroden und der fest eingespannten Schweißvorrichtung kann eine realitätsnahe Variante modelliert werden (Abbildung 38). Bei der zweiten Variante wird die Funktion des Zangenausgleichs außer Kraft gesetzt, wobei die Vorrichtung zwischen den Schweißelektroden frei beweglich bleibt. Dieses Modell wurde bereits bei Untersuchungen in [163], [164] verwendetet.

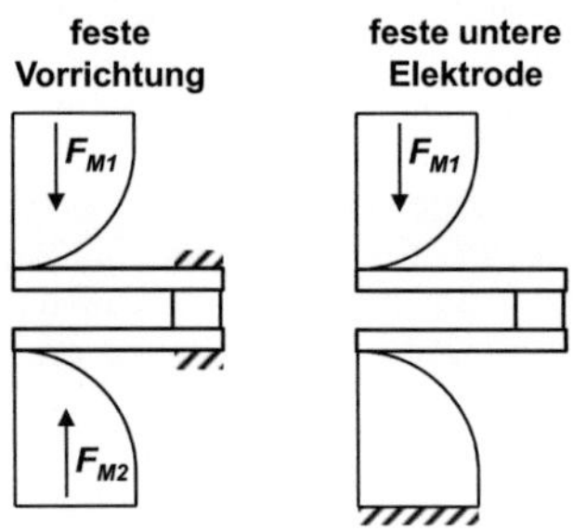

Abbildung 38: Simulierte Probeneinspannungsmodelle

Die Analyse beider Probeneinspannungen wurde in Anlehnung an Kapitel 4.3 für den mikrolegierten, hochfesten HX340LAD +Z100 und den formgehärteten 22MnB5 +AS150 in verschiedenen Materialstärken durchgeführt.

Beim HX340LAD +Z100 war ein geringer Einfluss des Einspannungsmodells auf die Beulgeschwindigkeit zu erkennen. Mit der beweglichen Vorrichtung wurde wegen der geringeren Dynamik der unteren Elektrode bzw. des Zangenausgleiches trotz einer vergleichbar großen, elektrischen Spannung zwischen beiden Elektroden U_{ges} eine kürzere Zeit zur Spaltüberbrückung benötigt, wie in der Abbildung 39 dargestellt. Die Spannungsdifferenz und daher der Unterschied der Beulzeit untersuchter Modelleinspannungen nahmen beim höchstfesten 22MnB5 +AS150 deutlich zu. Dieser Werkstoff benötigte gleichzeitig viel mehr elektrische Energie zur Spaltüberbrückung bei gleichen Prozessparametern auf Grund einer sehr geringen Blechdeformation in der Vorhaltezeit, vergleiche Kapitel 4.4. Eine direkte Folge waren die längeren Beulzeiten.

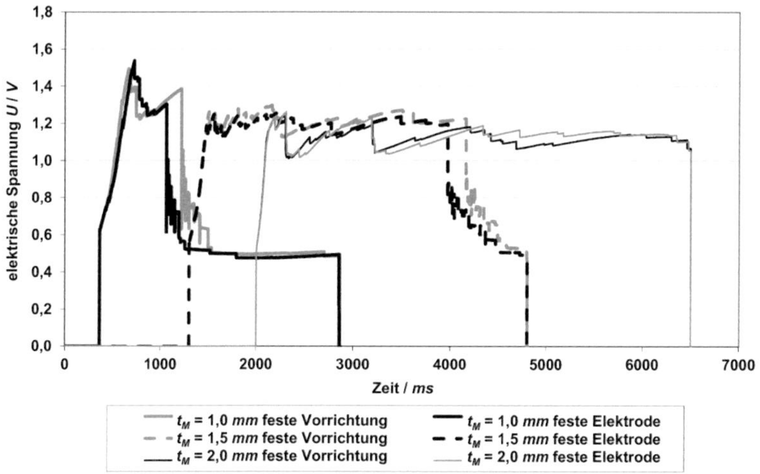

Abbildung 39: Vergleich elektrischer Spannung für verschiedene Einspannungsarten am Beispiel HX340LAD +Z100

Der Vergleich von Elektrodenwegen und der Temperaturverteilung ergaben für den HX340LAD +Z100 einen negativen Effekt der gleichzeitigen Bewegung beider Elektroden. Der Wegunterschied zwischen der oberen und unteren Elektrode lag bei Spitzenwerten um 10%. Die asynchrone Beaufschlagung mit der Elektrodenkraft verursachte unterschiedliche Kontaktwiderstände an den Elektrodenkappen, was anhand der Temperaturverteilung zu erkennen war. Dieser Sachverhalt nahm mit der Blechstärke zu. Die Zeitpunkte des lokalen Maximums in Bezug auf die Asymmetrie sind in der Abbildung 40 als Knickpunkt im Wegverlauf der unteren Elektrode zu erkennen.

Beim 22MnB5 +AS150 trat die unsymmetrische Wärmeeinbringung bei gewählten Randbedingungen erst kurz vor dem Blechkontakt auf. Die asynchrone Elektrodenbewegung wurde aber beim warm umgeformten Werkstoff durch einen viel höheren Stoffwiderstand deutlicher ausgeprägt. Die Einspannung von Bauteilen relativ zu den Elektroden beschleunigte zwar die Warmbeulung, aber verursachte gleichzeitig größere Unterschiede der Beulwege beider Elektroden.

Unabhängig vom untersuchten Blechmaterial wurden die Zwischenlagen aus Kupfer während der Stromphase ähnlich dem realen Referenzmodell nur geringfügig erwärmt. Die ersten Versuche haben gezeigt, dass trotz einer besseren Übereinstimmung mit der Realität das Simulationsmodell mit der festen Vorrichtung bei verschiedenen Randbedingungen schlechtere Kongruenz lieferte. Eine unsymmetrische Erwärmung des oberen und unteren Bleches durch eine asynchrone Elektrodenbewegung kann bei höheren Stromstärken am realen Modell sogar zum Schwingen des Antriebes führen. Deswegen wird für weitere Versuche das Simulationsmodell mit der festen unteren Elektrode und einer vertikal frei beweglichen Vorrichtung verwendet. Zusammenfassend gewinnen bei größeren Spalten das Nachsetzverhalten der Kraftaufbaueinheit und der Zangenausgleich an Bedeutung. Die Auslegung dieser Anlagenkomponenten für die späteren Schweißversuche muss die hohe Prozessdynamik und Beulwege berücksichtigen und wird entsprechend umgesetzt (Kapitel

8.1.3). Im Weiteren muss die in der Versuchsanlage verwendete Messtechnik eine ausreichende Genauigkeit liefern, siehe Kapitel 8.2.3.

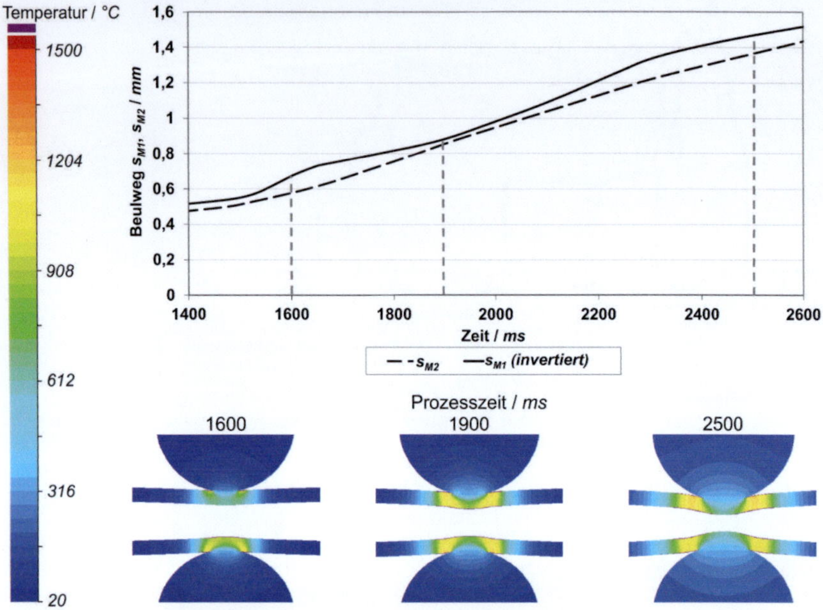

Abbildung 40: Entstehung unsymmetrischer Temperaturverteilung bei der festen Einspannungsvorrichtung am Beispiel HX340LAD +Z100 t_M = 1,5 *mm*

7.1.2 Thermisches Modell

Beim Modellaufbau musste auf übergeordnete Geometrierandbedingungen aus der Flansch- und Kraftanalyse bei Passungsproblemen sowie das indirekte Schweißen besonders geachtet werden. Auf Grund der geometrischen und passungstechnischen Eigenschaften der Fügestelle war mit längeren Zeiten der Stromphase als beim einstufigen Widerstandspunktschweißen zu rechnen, was bei den ersten Kongruenzversuchen im Kapitel 7.1.1 und Schweißversuchen bestätigt wurde. Somit schien die Elektrodenkühlung einer der wichtigsten technologischen Parameter des simulierten Modells zu sein. Da in der Datenbank die entsprechende Elektrodenkappenform mit Wasserkühlung nicht vorhanden war, wurde diese manuell modelliert.

Unerwartet beschleunigte die Elektrodenkappenkühlung die Warmbeulung. Die Ursache lag in einer leichten Erhöhung der elektrischen Spannung im gesamten System d.h. zwischen den beiden Elektrodenkappen, da der Kühlblock im Modell ein Isolator ist. Dieser verringert den Leiterquerschnitt am Elektrodenrand. Begünstigt mit einer sehr guten elektrischen Leitfähigkeit des CuCr1Zn als Elektrodenkappenmaterial herrschte diese elektrische Spannung auch zwischen beiden Kappenspitzen. Somit konnte bei gleicher Elektrodenkappentemperatur höhere Werkstofftemperatur erreicht werden.

7.1.3 Analyse mechanischer Werkstoffmodelle

Bevor die Warmbeulung stattfindet, werden die Bauteile in gewissem Maß mechanisch verformt. Diese Flanschdeformation wurde systematisch bereits im Kapitel 5 untersucht. Im Simulationsprogramm SORPAS beschreibt das mechanische Modell die entstehende Bauteildeformation, die zusätzlich über das thermische Modell beeinflusst wird [162].

Zur Validierung des mechanischen Werkstoffmodells wurden HX340LAD +Z100 und 22MnB5 +AS150 in verschiedenen Materialstärken mit einer konstanten Geschwindigkeit kontinuierlich auf 1, 1,5 und 2 *kN* belastet. Die simulierte Verformung des Flansches wurde dabei mit den Deformationen vom vereinfachten Flanschmodell mit der vierseitigen Blecheinspannung nach dem Kapitel 5 verglichen.

Die Abbildung 41 stellt die Simulationsergebnisse von Druckversuchen exemplarisch für HX340LAD +Z100 in 1,0 *mm* Materialstärke dar. Die gestrichelten Linien zeigen die Verformungen bei ausgewählten Elektrodenkräften aus den Druckversuchen am realen Modell. Die Flanschdeformation des FEM-Modells weichen nur geringfügig davon ab. Ein wesentlicher Nachteil des mechanischen SORPAS-Modells entsteht durch viel längere Beulzeiten. Ferner bildet der stetig zunehmende Beulweg nach dem Erreichen der vordefinierten Druckkraft die Realität nicht wahrheitsgemäß ab.

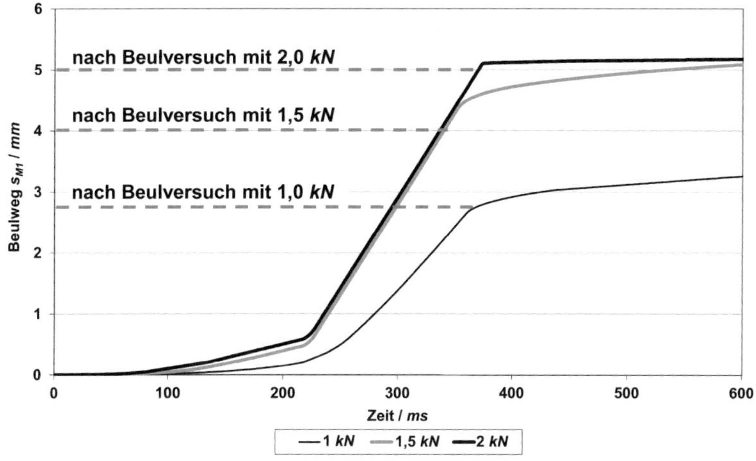

Abbildung 41: Verformung des Simulationsmodells bei einer Beaufschlagung mit verschiedenen Elektrodenkräften am Beispiel HX340LAD +Z100 t_M = 1,0 *mm*

Mit der zunehmenden Flanschsteifigkeit des hochfesten Stahls nahm die Konvergenz der numerischen Simulation deutlich ab. Die Übereinstimmung des mechanischen Werkstoffmodells vom höchstfesten 22MnB5 +AS150 fiel im Vergleich zu den Druckversuchen im Kapitel 5 deutlich schlechter aus. Trotz einer sehr hohen Elektrodenkraft konnte keine Kaltverformung des Schweißflansches simuliert werden. Darüber hinaus erlaubt die hinterlegte Materialdatenbank der Simulationssoftware eine quantitative Abbildung der Realität nur am HX340LAD +Z100. Deswegen werden weitere Simulationsuntersuchungen zum zweistufigen Regelkonzept auf diesen Werkstoff beschränkt.

7.1.4 Anpassung des metallurgischen Modells

Bei Spalten zwischen den zu fügenden Bauteilen wird nach dem Kapitel 5.1.2 über die Kontaktkraft der Überganswiderstand und somit die Umformgeschwindigkeit in der Stromphase beeinflusst. Die Übergangswiderstände haben nach dem Kapitel 6 neben dem Stoffwiderstand einen signifikanten Einfluss auf das Fließverhalten beim Warmbeulen während des zweistufigen Widerstandsschweißprozesses. Die Simulationssoftware stellt über einen Interface-Faktor die Möglichkeit zur Beschreibung der Oberflächenzustände zur Verfügung. Durch eine Verifikation mit realen Schweißversuchen kann der richtige Wert im Bereich von 0,1 bis 10 eingestellt werden. Im Gegensatz zu den Versuchen in [163], [164] wurde zusätzlich die Beulgeschwindigkeit bewertet.

Die Tabelle 7-1 zeigt die erforderliche Zeit für das Warmbeulen des HX340LAD +Z100 in 1 *mm* Materialstärke mit der Elektrodenkraft von 1 *kN* und Stromstärke von 4 *kA* in Funktion des Interface-Faktors.

Tabelle 7-1: Einfluss des Oberflächenzustandes auf die Beulzeit für den HX340LAD +Z100 in 1 *mm* Materialstärke

Interface	0,1	0,5	1	2	5	8	10
Beulzeit / *ms*	955	839	818	808	793	782	779

Die Auswirkung des Oberflächenfaktors auf die Beulzeit war besonders stark unterhalb 1 und über 8. Durch die Änderung des Interface-Faktors konnte über den elektrischen Übergangswiderstand die Prozesszeit beeinflusst werden, Abbildung 42. Die Spannungskurven waren nach dem Faktor gestaffelt und steigen mit dem Interface-Faktor. Der zeitliche Verlauf wies für jede elektrische Spannung eine Anstiegsphase während der Werkstofferwärmung und eine Abfallphase beim Elektrodeneinsinken auf. Somit markierte das globale Spannungsmaximum das Erreichen der maximalen Werkstofftemperatur. Die Abfallphase zeichnete sich mit einer viel höheren Beulgeschwindigkeit aus, wodurch ein zeitiges und hohes Maximum für den Prozess von Vorteil ist. Ferner veränderte der Faktor lediglich nur den Zeitpunkt des Spannungsmaximums und nicht die räumliche Temperaturverteilung während der Warmbeulung.

Obwohl der größte Oberflächenfaktor eine sehr gute Übereinstimmung des elektrischen und metallurgischen Modells in Bezug auf die Zeit lieferte, wurde die Simulation durch das Kriterium der Schweißspritzerbildung abgebrochen. Werte des Oberflächenfaktors höher als 5 verursachten bei der Stromstärke von 5 *kA* Schweißspritzer beim simulativen Beulvorgang, was bei realen Versuchen erst ab 6 *kA* der Fall war. Im unteren Strombereich verliefen die Beulversuche stabil und der Spalt wurde durch eine stark lokale Beulung prozesssicher überbrückt. Da die Kongruenz mit den Schweißversuchen beim Verringern des Interface-Faktors in Bezug auf die Beulzeit abnahm, wurde für die grundlegende Untersuchung des Warmbeulens mittels des Berechnungsmodells mit der Oberflächenfaktor 5 gewählt.

Beim Faktor 5 lieferte der Vergleich des Maximums der elektrischen Leistung eine sehr gute Korrelation der realen Warmbeulung mit den Simulationsergebnissen. Die Werte aus beiden Versuchen sind beispielhaft nach 1 *mm* Beulweg mit 4 *kA* Stromstärke in der Tabelle 7-2 gegenübergestellt.

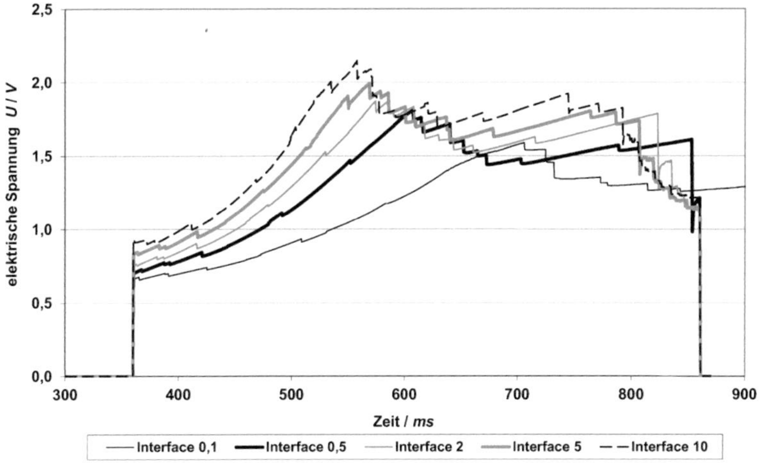

Abbildung 42: Elektrische Spannung des numerischen Modells in Funktion des Interface-Faktors am Beispiel HX340LAD +Z100 t_M = 1 *mm*, F'_2 = 1 *kN*, I_1 = 4 *kA*

Tabelle 7-2: Abgleich des Simulationsmodells mit der realen Warmbeulung für den Interface-Faktor 5 am Beispiel HX340LAD +Z100 nach 1 *mm* Warmbeulweg mit der Stromstärke von 4 *kA*

Materialstärke / *mm*		1,0	1,5	2,0
Beulzeit *ms*	Simulation	0,41	0,92	1,94
	Experiment	0,33	0,72	2,31
	Differenz	*24 %*	*27 %*	*-16 %*

7.2 Analyse der veränderten Schweißflanschgeometrie

Durch die elastisch-plastische Verformung des Schweißflansches wird nicht nur das Kraftverhältnis in der Fügeebene (Abbildung 28) sondern auch die Übergangswiderstände wegen der veränderten Schweißflanschgeometrie beeinflusst. Da die elektrischen Prozessgrößen nicht beliebig verändert werden können, um innerhalb der kurzen Schweißzeit die erforderliche Energiemenge zur Schweißlinsenbildung einzubringen, ist die Kenntnis der veränderten Kontaktflächen beim Spalt von Bedeutung. Mit der Wahl der Elektrodenkraft von 2,4 *kN* konnte beim diesen Versuchswerkstoff in 1,0 *mm* Materialstärke bereits infolge der Flanschverformung im kalten Zustand ein Blechkontakt erreicht werden, wodurch die Kontaktsituation beim Blechkontakt des einstufigen Schweißvorganges auch simuliert werden konnte.

Mit der Steigerung des Spaltes zwischen den zu fügenden Bauteilen drang die Elektrodenkappe infolge der mechanischen Bauteildeformation tiefer ein, wodurch die Kontaktfläche Elektrode-Blech A_{E-B} über den ausgeprägten Buckel anstieg. Gleichzeitig konnte die Abnahme der Kontaktfläche beider Bleche beobachtet werden, wie in der Abbildung 43 dargestellt. Damit wurde der Sachverhalt aus dem Kapitel 5 bestätigt. [155]

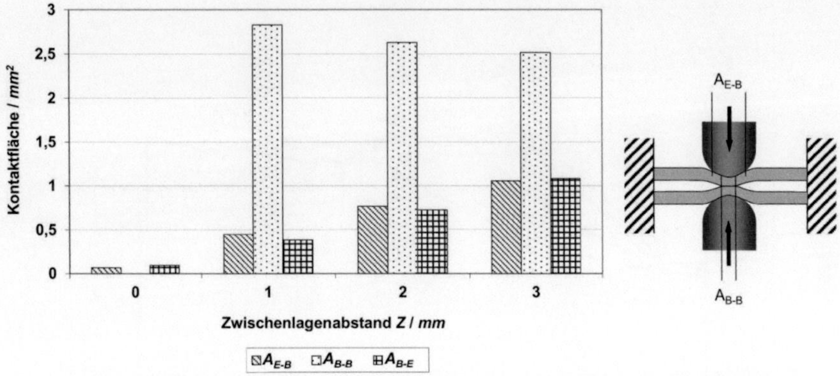

Abbildung 43: Veränderung der Kontaktfläche bei der Spaltvariation nach der Vorhaltezeit

Die numerische Simulation bestätigte, dass aufgrund der Vergrößerung der Kontaktfläche der Übergangswiderstand und demzufolge der Gesamtwiderstand verringert wurde. Die Widerstandskurven in Abbildung 44 zeigen den elektrischen Widerstand für den HX340LAD +Z100 in 1 *mm* Materialstärke in Funktion des Spaltes.

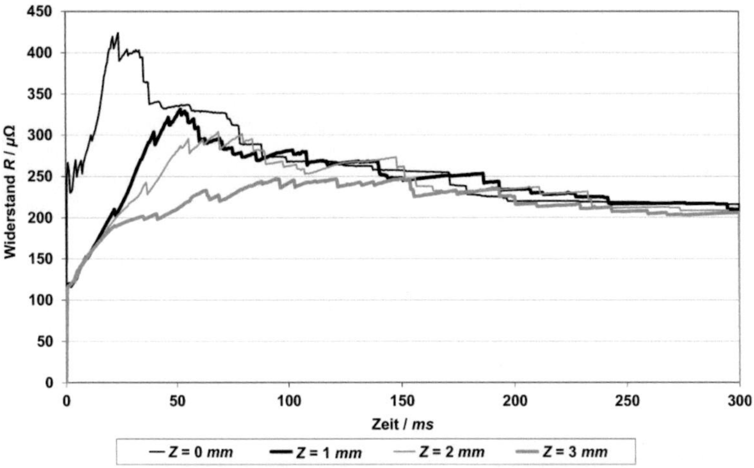

Abbildung 44: Veränderung des elektrischen Widerstandes für verschiedene Spalte beispielhaft für HX340LAD +Z100 t_M = 1 *mm*, $F`_2$ = 2,4 *kN*, I_1 = 5 *kA*

Die dynamischen Widerstandsverläufe ordneten sich bis ca. 100 *ms* Prozesszeit ähnlich dem Versuch mit dem Interface-Faktor (Abbildung 42) nach der Passungssituationen bzw. Kontaktsituation. In Bezug auf die Realität fand nur eine längere Werkstofferwärmung am Prozessanfang statt. Mit der Zunahme der Kontaktfläche wurde erwartungsgemäß das Maximum des dynamischen elektrischen Widerstandes zum einen zu kleineren Werten verschoben und zum anderen in der Zeit verzögert. Hiermit konnte der negative Einfluss des Zwischenlagenabstandes und der Spaltbreite bei Kurzzeitschweißungen erklärt werden.

7.3 Einfluss von Prozessparameter

Das dynamische Verhalten während des Warmbeulens hängt von einer Vielzahl mechanischer, elektrischer und prozesstechnischer Einflussgrößen ab. Die Zusammenhänge sind sehr komplex und beeinflussten sich gegenseitig. Im Weiteren wird die Analyse der Warmbeulung beim zweistufigen Prozess auf die Schweißstromstärke und die Elektrodenkraft beschränkt, da diese aktiven Prozessgrößen nach der Tabelle 2-1 am häufigsten zur Anpassung des herkömmlichen Schweißprozesses an die Passungssituation verändert werden. Werkstoffseitlich wird die Bauteilsteifigkeit zum Versuchsprogramm herangezogen.

7.3.1 Schweißstromstärke

Das untere Kriterium für die Auswahl der Stromstärke legt die Prozesszeit zum Blechkontakt fest. Die obere Grenze wird von der Prozessstabilität und Schweißspritzerentstehung definiert. Zur Beschreibung des Prozesses bei der Spaltüberbrückung wurden im Nachfolgenden die Temperaturfelder des simulierten Modells nach festgelegten Zeitintervallen abgebildet.

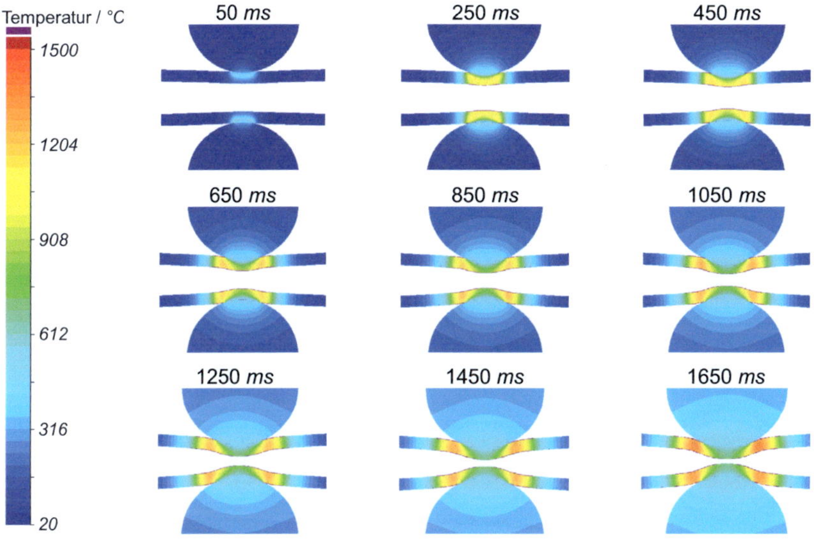

Abbildung 45: Temperaturverteilung des Simulationsmodells nach definierten Zeitintervallen für HX340LAD +Z100 t_M = 1,5 *mm*, F'_2 = 1 *kN*, I_1 = 4 *kA*

Die Abbildung 45 stellt die simulierten Temperaturfelder während der Warmbeulung für 1,5 *mm* Blechstärke mit 1 *kN* Elektrodenkraft und 4 *kA* Beulstromstärke dar. Nach dem Einschalten des elektrischen Stromes erhöhten sich die Temperaturen des Werkstückes an den Kontaktstellen Elektrode-Blech. Erwartungsgemäß wurde dieser Vorgang mit der zunehmenden Stromstärke beschleunigt. Bei den Randbedingungen aus diesem Beispiel konnte die Schmelztemperatur wegen einer großen Kontaktfläche sogar an der Elektrodenspitze in der Anfangsphase erst ab 5 *kA* erreicht werden.

Bei höheren Stromstärken traten nach kurzer Zeit die Schweißspritzer auf und die Simulation brach ab. Mit der zunehmenden Prozesszeit nahm die Spitzentemperatur ab, was auf die verringerte Stromdichte wegen der zunehmenden Kotaktfläche $A_{E\text{-}B}$ zurückzuführen war. Der Bereich der höchsten Temperatur wanderte im Laufe des Beulvorganges mit der höchsten Stromdichte kreisförmig von der Elektrodenkappenspitze am Prozessanfang bis zum Randbereich der Kontaktfläche der Elektrode und des Bleches mit. Je mehr Grundwerkstoff teigig wurde, desto größer wurde die lokale Verformung bzw. der Buckel um die Elektrodenkappenspitze. Hierbei nahm der Buckel die Elektrodenkappenform an. Darüber hinaus kann über die Elektrodenkappenform die Buckelgeometrie nach dem Warmbeulen gestaltet werden. Weiterhin wird beim zweistufigen Schweißvorgang ein größerer Bereich des Grundwerkstoffes als beim einstufigen Schweißvorgang bei der idealen Passungssituation erwärmt oder sogar bis zum Schmelzen erhitzt, wodurch die mechanischen Werkstoffeigenschaften in diesem Bereich verändert werden können.

Die erzeugten mechanischen Spannungen im Bauteil beschreiben die Elektrodenkraft pro Flächeneinheit, die in der Bauteilquerschnittfläche wirkt. Somit korreliert diese physikalische Größe mit dem Beulwiderstand. Die Abbildung 46 zeigt die Verteilung der mechanischen Spannung bei der Variation der Stromstärke während des Warmbeulvorganges. Mit der Zunahme der Stromstärke wurde die mechanische Entlastung von den Bauteilen in der Stromphase deutlicher. Zum gleichen Zeitpunkt des zweistufigen Schweißvorganges konnte somit das lokale Maximum der mechanischen Spannung von 370 *MPa* auf 150 *MPa* reduziert werden. Hiermit konnte nachgewiesen werden, dass eine Erhöhung der Stromstärke globale und elastische Deformationen von den Bauteilen verringert.

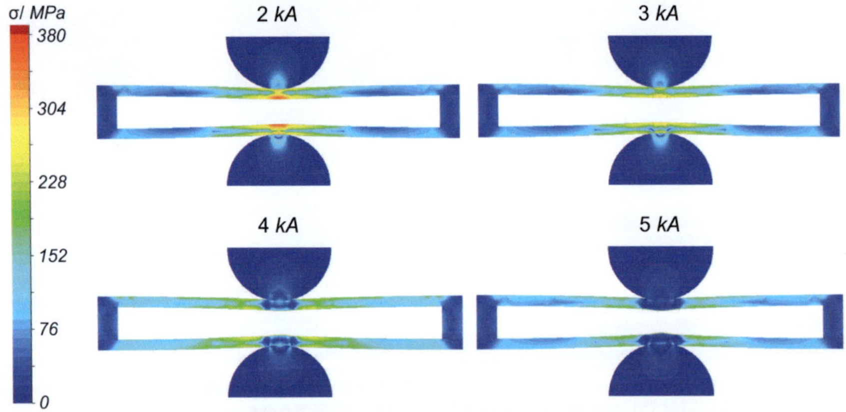

Abbildung 46: Einfluss der Stromstärke auf die mechanische Spannung nach 700 *ms* Beulzeit für HX340LAD +Z100 t_M = 2,0 *mm*, $F`_2$ = 1 *kN*

Die Erhöhung der Stromstärke führte wegen der Vergrößerung der Stromdichte zur Verkürzung der Beulzeit und Verringerung der mechanischen Spannungen bei gleichbleibenden mechanischen Prozessparametern und der unveränderten Passungssituation. Dabei konnte am Beispiel aus der Abbildung 46 bei 5 *kA* eine Reduzierung der Prozesszeit um 50 % gegenüber 3 *kA* Stromstärke erreicht werden. Da beim Warmbeulen die notwendigen Prozesszeiten wesentlich länger als beim einstufigen Widerstandspunktschweißen sind, sollte bei der Analyse der Warmbeulung im Kapitel 9.3.3 ein großer Wert auf die thermische Belastung des Schweißflansches und der Schweißeinrichtung gelegt werden.

7.3.2 Elektrodenkraft

Die ersten Versuche am realen Schweißflansch mit einem Spalt zeigten, dass die als konstant eingestellte Elektrodenkraft während der ersten Phase des zweistufigen Prozesses der Prozessdynamik unterworfen ist. Bei langen Beulwegen und dem Nachsetzverhalten von Kraftaufbaueinheiten einer herkömmlichen Roboterschweißzange in der C-Bauform konnte die Elektrodenkraft in der Warmbeulphase nicht aufrechterhalten werden. Dieser Sachverhalt konnte nicht am Simulationsmodell beobachtet werden.

Erwartungsgemäß nahm der Deformationsgrad nach der Vorhaltezeit mit der steigenden Elektrodenkraft zu. Die direkte Folge waren höhere mechanische Spannungen in den Bauteilen. Demzufolge wurde die Beulzeit bei der gleichen Stromstärke wesentlich verkürzt, obwohl die Widerstände über die Elektrodenkräfte verkleinert wurden. Die Analyse der elektrischen Spannung ergab eine Verringerung und Verzögerung des Widerstandsmaximums, (Abbildung 47). Die Ursache lag in der Verringerung der Stromdichte infolge der elastisch-plastischen Flanschdeformation, siehe Kapitel 7.2. Trotz eins viel langsameren Anstiegs der Materialtemperatur konnten infolge kürzerer Beulwege Vorteile in der Beulzeit bei der Beaufschlagung mit 2 *kN* erreicht werden.

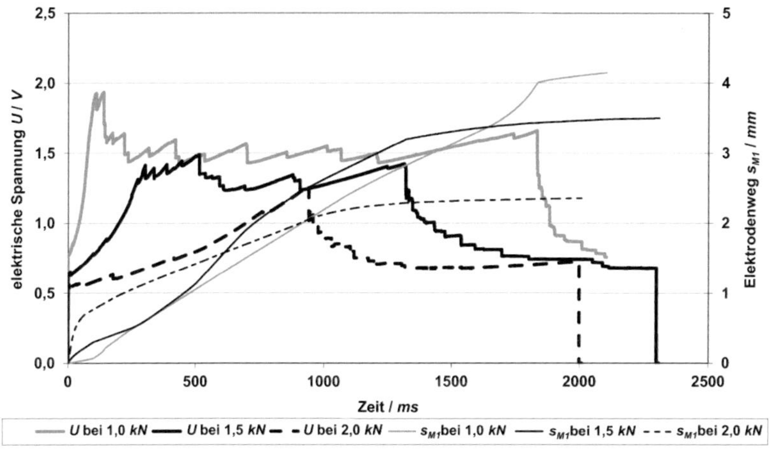

Abbildung 47: Verlauf der elektrischen Spannung und des Beulwegs für verschiedene Elektrodenkräfte für HX340LAD +Z100 t_M = 1,5 *mm*, I_1 = 4 *kA*

Anhand der Temperaturfelder des Berechnungsmodells nach unterschiedlichen Zeitintervallen konnte mit der Steigerung der Elektrodenkraft eine Verminderung der Bildung vom teigigen Grundwerkstoff um die Spitze der Elektrodenkappe beobachtet werden, wie in der Abbildung 48 dargestellt. Während bei der Elektrodenkraft von 1 und 1,5 *kN* die Werkstofftemperaturen über 1400 °C in Bereichen mit der höchsten

Stromdichte herrschten, wurde während der Warmbeulung mit 2 *kN* die Werkstofftemperatur von 1000 *°C* nicht überschritten.

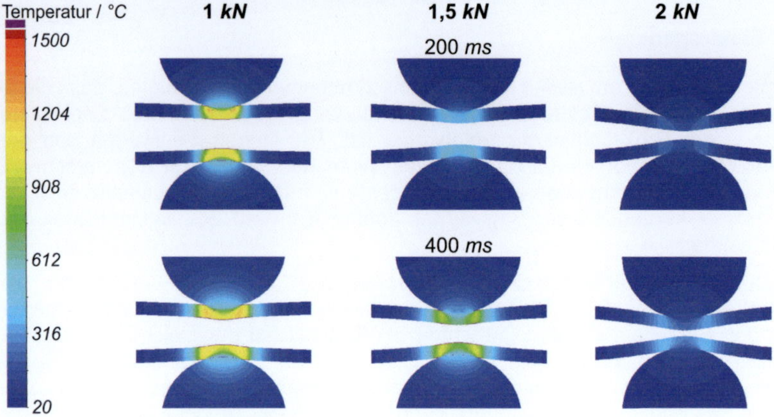

Abbildung 48: Darstellung Temperaturfelder während der Warmbeulung für HX340LAD +Z100 t_M = 1,5 *mm*, I_1 = 4 *kA*

Aus den Simulationsergebnissen geht hervor, dass eine Krafterhöhung die Beulzeit deutlich verringert. Hierbei nimmt sowohl vor dem Stromfluss als auch während dessen aufgrund der Ergebnisse im Kapitel 5.1.2 die globale Bauteildeformation zu. Ein an die Übergangswiderstände angepasstes Verhältnis der Elektrodenkraft und der Stromstärke sorgt für die optimale Warmbeulung im Hinblick auf die Deformation des Schweißflansches, Prozesszeit sowie -sicherheit. Darüber hinaus ist die Elektrodenkraft während der Warmbeulung eher als ein Prozessparameter, der an die Werkstoffeigenschaften und Bauteilsteifigkeit spaltunabhängig eingestellt wird, um die geforderte Flanschdeformation zu bewirken.

7.3.3 Materialstärke

Nach der Abbildung 25 wirkt sich die Steifigkeit jedes Bauteils über den Beulwiderstand auf die Kontaktflächen Elektrode-Blech aus, wodurch die Widerstandssituation verändert wird. Mit der zunehmenden Bauteilsteifigkeit wurde bei einer gleichbleibenden Elektrodenkraft das Material im kalten Zustand weniger elastisch und plastisch verformt. Der kleinere Buckel um die Elektrodenkappe erhöhte lokal die Stromdichte und beschleunigte damit die Werkstofferwärmung. Im Gegensatz dazu wurde die Stromdichte im Versuchsblech wegen eines größeren Leiterquerschnittes geringer. Das führte dazu, dass für die Schweißflansche aus einem stärkeren Material mehr Zeit zum Erhitzen des gesamten Querschnittes benötigtet wird. Das wurde bekanntlich mit dem Maximum der elektrischen Spannung erreicht (Kapitel 7.1.4). Es herrschten in der Anfangsphase in der kleineren Kontaktzone $A_{E\text{-}B}$ auch viel höhere Temperaturen. Die höheren Temperaturen in Verbindung mit einer viel längeren Prozesszeit steigerten die thermische Belastung der Elektrodenkappe und des Bauteils unerheblich.

7.4 Schweißlinsenbildung

Abschließend wurde die Schweißlinsenbildung beim Spalt von 5 mm beim einstufigen Schweißvorgang mit dem zweistufigen Schweißprozess verglichen, um den Einfluss der veränderten Flanschgeometrie zu untersuchen. In Anlehnung an die Simulationsversuche im Kapitel 7.2 wurde für beide Prozesse die Elektrodenkraft von 2,4 *kN* genommen. Dabei wurde die Stromstärke von 6,8 *kA* über 300 *ms* eingeschaltet, die bei einer idealen Passungssituation eine normgerechte Schweißlinse sicherstellte. Die Wärmeausgleichzeit bei der zweistufigen Prozessführung lag bei 500 *ms*.

Beim Standardprozess wurde die Vorhaltezeit bis zum Blechkontakt verlängert. Hierbei wurde der Schweißflansch nur im kalten Zustand verformt, wodurch eine stark globale Flanschdeformation entstand. Da die Stromdichte in der Fügeebene geometriebedingt wesentlich höher als bei der passungsgenauen Kontaktsituation war, erhöhte sich innerhalb von wenigen Millisekunden die Temperatur in diesem Bereich, Abbildung 49. Schon nach 30 *ms* wurde die Schmelztemperatur erreicht. Im weiteren Prozessverlauf wuchs die Schweißlinse symmetrisch von der Verbindungsstelle hinaus. Ab 80 *ms* blieb während des Schweißlinsenwachstums der Grundwerkstoff in der gesamten Kontaktstelle Blech-Blech geschmolzen. Durch das Zusammendrücken des teigförmigen Werkstoffes wurde dieser Bereich kontinuierlich vergrößert und zum Schmelzen erhitzt. Nach dem gesamten Schweißvorgang nahm die globale Flanschdeformation nur geringfügig ab.

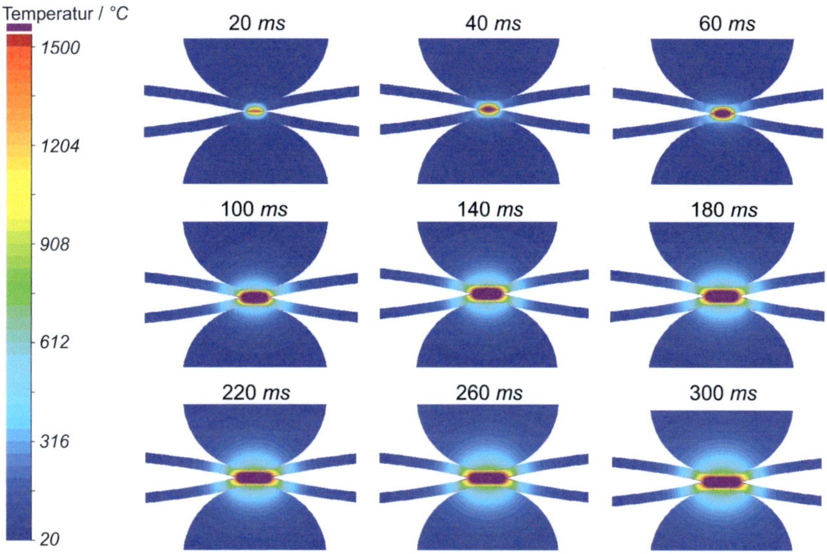

Abbildung 49: Temperaturfelder während der Schweißlinsenbildung beim einstufigen Schweißprozess für HX340LAD + Z100 t_M = 1 *mm*, $F`_3$ = 2,4 *kN*, *I* = 6,8 *kA*

Bevor die Schweißlinsenbildung beim zweistufigen Schweißvorgang begann, wurde der Spalt mit einer Stromstärke von 3 *kA* bei der Elektrodenkraft von 0,7 *kN* überbrückt. Trotz einer Wärmeausgleichzeit von 500 *ms* (siehe Kapitel 9.4) wurde beim zweistufigen Schweißvorgang Werkstoff in der Fügeebene bereits nach 5 *ms* geschmolzen. Dieser Sachverhalt konnte durch eine Werkstofftemperatur von 300 *°C* in der Fügezone infolge der Warmbeulung direkt vor dem Schweißvorgang erklärt werden. Es bildeten sich dabei zwei Schmelzbereiche achssymmetrisch in den Randbereichen, was auf der Abbildung 50 deutlich zu erkennen ist. Mit der zunehmenden Prozesszeit verlief das Schweißlinsenwachstum analog dem einstufigen Prozess, jedoch von außen nach innen. Als Folge der zweistufigen Prozessführung war eine geringfügig größere Schweißlinse bei gleichen Schweißparametern (Abbildung 51).

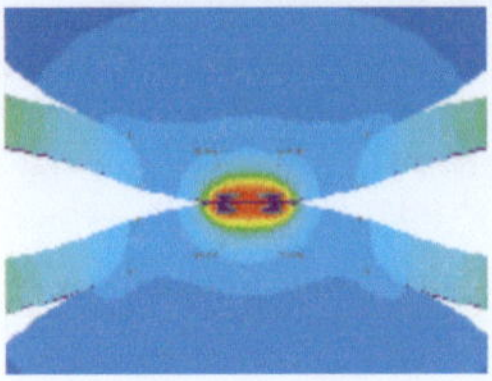

Abbildung 50: Entstehung zwei achssymmetrische Schmelzbereiche beim zweistufigen Schweißprozess

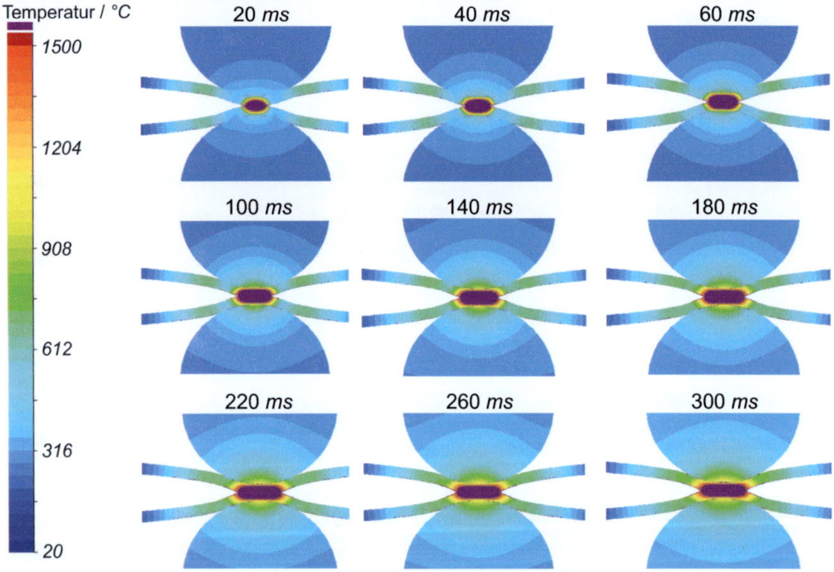

Abbildung 51: Temperaturfelder während der Schweißlinsenbildung der zweistufigen Schweißprozesses HX340LAD +Z100 t_M = 1,0 *mm*, F'_3 = 2,4 *kN*, *I* = 6,8 *kA*

7.5 Schlussfolgerungen für den Rohkarosseriebau

Zusammenfassend kann anhand der Ergebnisse aus dem Kapitel 7.3 feststellt werden, dass der Spalt über die Veränderung der Kontaktsituation die Verbindungsqualität beeinflussen kann, indem eine Verschiebung des Schweißbereichs zu höheren Strömen stattfindet. Weiterhin wurde während des Warmbeulens die Stromdichteverteilung verändert, was die Temperaturisothermen in den Bauteilen örtlich und zeitlich beeinflusste. Um eine Warmbeulung durchführen zu können, ist ein Nebenschluss über bereits vorhandene Schweißpunkte oder die Schweißvorrichtung erforderlich. In den bisherigen Veröffentlichungen wurde der Nebenschluss als eine Störgröße betrachtet. Es wurde am Simulationsmodell nachgewiesen, dass eine gezielte Nutzung dieser Störgröße beim zweistufigen Schweißvorgang sogar die Prozesssicherheit erhöht. Die Schweißmöglichkeit beim zweistufigen Schweißprozess wird durch eine gezielte Beeinflussung der Widerstandssituation am Schweißflansch erst in der Stromphase und nicht wie in Publikationen [81], [82], [83], [163] durch eine sehr hohe Elektrodenkraft während der Vorhaltezeit erhöht.

Nach der Analyse des Temperaturfeldes am Simulationsmodell kann das Stromlinien-Potentialfeldmodell aus [168] auch auf den Schweißflansch mit einem Spalt angewandt werden. Bedingt durch die Flanschgeometrie nahm die Stromdichte beim Nebenschluss mit einer schlechten Passung unabhängig vom Verformungsgrad in den Randbereichen der Kontaktfläche Elektrode-Blech zu und im Blech wieder ab. Erst beim direkten Blechkontakt fand eine sprunghafte Änderung der Strompfade statt, welche eine Schweißlinsenbildung ermöglichte (Abbildung 52). Nach [56] ist die Auswirkung des Nebenschlusses schon bei Abständen, die im Bereich der zehnfachen Gesamtmaterialstärke liegen, vernachlässigbar klein. Begründet durch eine großflächige Stromverteilung wurde in weiter von der Elektrodenkappe entfernten Bereichen des Schweißflansches keine wesentliche Blecherwärmung festgestellt. Bei höher- und höchstfesten Werkstoffen kann nur nach einer kontrollierten Spaltüberbrückung bzw. Schweißparameteranpassung eine normgerechte Schweißlinse gebildet werden. Eine direkte Folge nicht angepasster Schweißparameter war die Veränderung der Schweißstrom-Zeit-Bereiche.

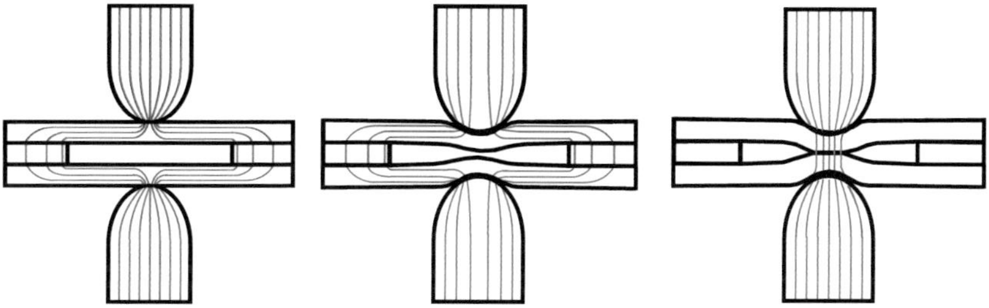

Abbildung 52: Veränderung der Stromdichte bei einer Spaltüberbrückung

Zusammenfassend kann festgestellt werden, dass ein Spalt zwischen den zu fügenden Bauteilen über variable Kontaktflächen die Stromdichte verändert. Folglich beschreibt diese physikalische Größe die zugeführte Leistung pro Flächeneinheit. Somit ist sie für die Werkstofferwärmung und den Schweißlinsenwachstum verantwortlich.

Die Abbildung 53 zeigt die Schweißstrom-Zeit-Bereiche für zwei ausgewählte Passungssituationen. Softwarebedingt konnten diese Versuche nur mit den Prozessparamtern aus dem Kapitel 7.4 für 1,0 *mm* Materialstärke durchgeführt werden, um die Schweißspritzer und demzufolge den Simulationsabbruch zu vermeiden. Hiermit wurde das aufgestellte Berechnungsmodell beim Spalt von 0 und 5 *mm* mit den

Randbedingungen nach dem Kapitel 7.2 untersucht. Erwartungsgemäß verschob der zunehmende Spalt den Schweißstrombereich zu den höheren Stromstärken und den längeren Prozesszeiten. Dabei wurde die Breite bzw. Differenz zwischen dem minimalen Punktdurchmesser und der Grenze der Schweißspritzer unerwartet verbreitet.

Die Simulation von Passungsproblemen zeigte, dass auch bei niedrigen Bauteilsteifigkeiten Qualitätsproblemen auftreten können. Kommt es beim Widerstandspunktschweißen zu einer unkontrollierten Spaltüberbrückung, kann trotz des Blechkontakts unter gewissen Randbedingungen die voreingestellte Schweißstromstärke außerhalb des Schweißstrom-Zeit-Bereichs liegen, vergleiche Abbildung 5. Somit wird die geforderte Schweißverbindungsqualität nicht mehr gewährleistet.

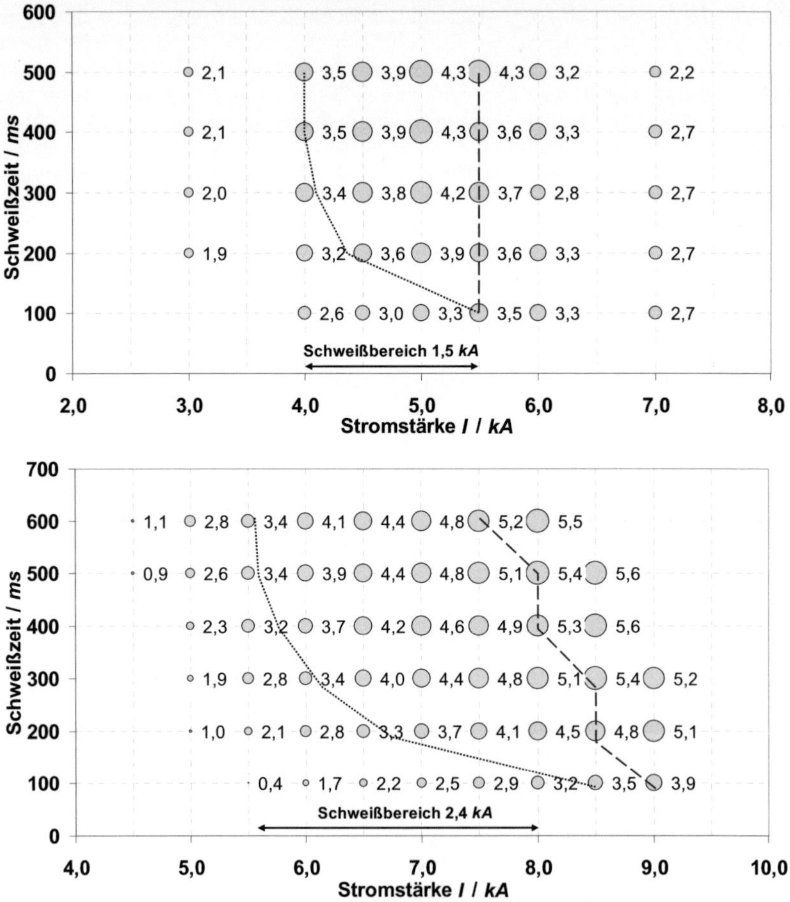

Abbildung 53: Schweißstrom-Zeit-Bereiche des HX340LAD +Z100 t_M = 1 *mm*, $F`_3$ = 2,4 *kN* beim Zwischenlagenabstand von 0 mm (oben) und 5 mm (unten)

8 Versuchsaufbau

Dieses Kapitel setzt sich mit der Versuchsanlage und -durchführung zur Ausarbeitung und Überprüfung eines Regelkonzeptes für Schweißflansche mit Maßabweichungen auseinander.

Die X- und C-Bauformen der Roboterschweißzangen unterscheiden sich wesentlich in der Konstruktion voneinander und liefern dementsprechend unterschiedliche Interaktionen zwischen der Mechanik der Schweißanlage und der Schweißlinsenbildung [28], [153]. Für die Schweißversuche wurde eine Schweißzange mit einem C-Arm wegen der Vorteile durch die translatorische Bewegung und die hohe Steifigkeit im Hinblick auf hohe Elektrodenkräfte sowie eine geringe Schwingungsneigung (vergleiche Kapitel 2.4) gewählt.

Zur Versuchsdurchführung wurde die herkömmliche Schweißeinrichtung um neue Schnittstellen sowie die Messtechnik erweitert. Die Abbildung 54 stellt den Mess- und Versuchsaufbau schematisch dar. Im Weiteren werden alle Komponenten genauer erläutert und deren Auswahl begründet.

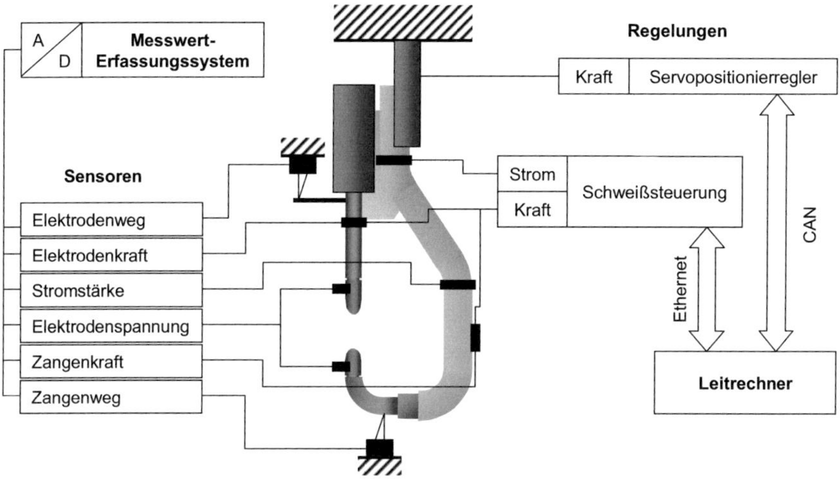

Abbildung 54: Blockschaltbild des verwendeten Mess- und Versuchsaufbaus

8.1 Schweißeinrichtung

Die praktischen Untersuchungen zum Widerstandspunktschweißen von Bauteilen mit Maßabweichungen wurden mit der Panther-Roboterschweißzange aus dem Hause Düring und einer Schweißsteuerung der Firma Harms & Wende vorgenommen (Kapitel 2.2.2). Die Schweißeinrichtung wurde einem mobilen Terminal, das den Roboter und die SPS simuliert, untergeordnet und von ihm angesteuert. Damit können im Automatikmodus vorprogrammierte Elektrodenpositionen angefahren und der Schweißvorgang gestartet werden. Weiterhin gibt es Schalter zur Programmauswahl und Auslösung einer Referenzfahrt bei der Inbetriebnahme der Roboterschweißzange. Die Eingabe elektrischer und mechanischer Schweißparameter erfolgte bei der Ansteuerung der herkömmlichen Schweißeinrichtungsausführung über die Oberfläche der XPegasus-Software.

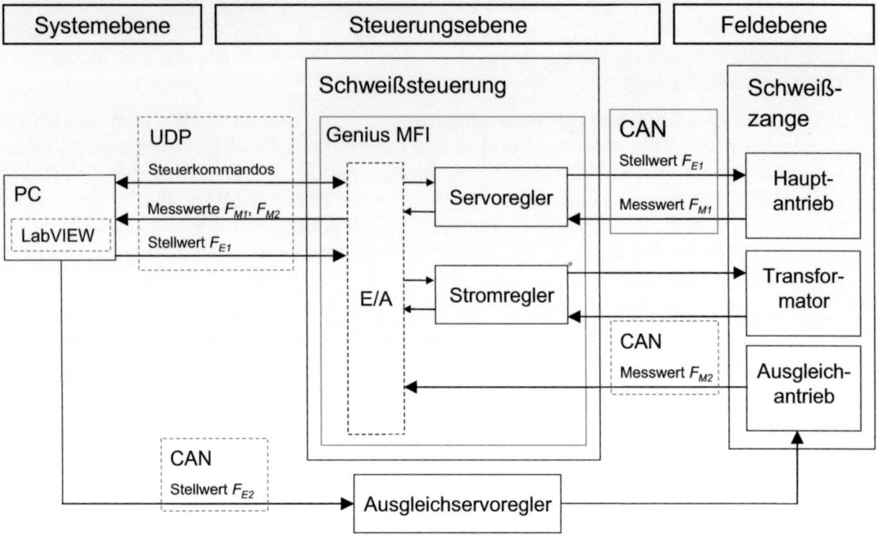

Abbildung 55: Anbindung eines übergeordneten Reglers an vorhandene Regelsysteme der Schweißsteuerung und der Schweißzange über neue Schnittstellen

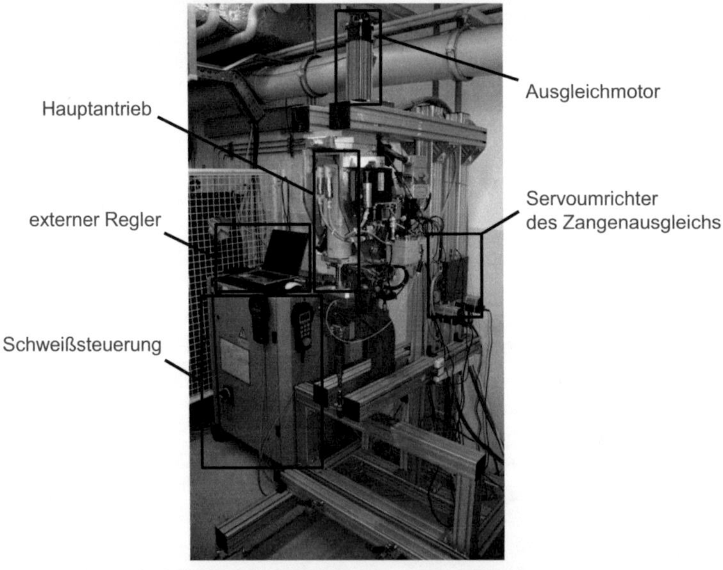

Abbildung 56: Wichtigste Komponenten der modifizierte Versuchseinrichtung

In der Abbildung 55 wird der auf einem PC basierte, übergeordnete Regler mit allen Schnittstellen schematisch dargestellt. Die Komponenten des herkömmlichen Systems übernehmen lediglich die grundlegenden Steuerungsfunktionen bzw. SPS-Funktionen und übergeben unverändert die Reglerstellwerte an weitere Stufen der Kaskadenregelung. Der zeitliche Ablauf von Grundfunktionen und Prozessschritten wird unter Berücksichtigung des übergeordneten Reglers koordiniert. Somit erfüllen sie die Funktionskontrolle der Schweißeinrichtung z.B. Überwachung und Bearbeitung von Grenzwerten sowie Störungen. Zur Integration des neuen PC-Reglers mit LabView-Software im vorhandenen System wurden neue Schnittstellen definiert und realisiert, die in der Abbildung 55 mit unterbrochenen Linien gekennzeichnet sind. In der Abbildung 56 sind wichtigste Komponenten der modifizierten Versuchseinrichtung dargelegt.

8.1.1 Schweißsteuerung

Bei der eingesetzten Schweißsteuerung handelt es sich um eine modifizierte Genius-Plattform, die aus folgenden Komponenten besteht (Kapitel 2.2.2):

- Genius-Schweißinverter
- Servoumrichter für den Elektrodenantrieb
- Handbedienterminal
- Schaltgeräte zur Stromversorgung

Die Anbindung aller Komponenten an den Schweißinverter erfolgt über eine E/A-Karte. Die notwendigen Routinen zur Ansteuerung und Kommunikation aller Komponenten der Schweißeinrichtung wie Leitrechner, Schweißzange, Sensoren sowie die Steuerung des Gesamtablaufs blieben weiterhin im Genius-Inverter. Darüber hinaus erfolgte mit dem neuen Genius-Protokoll (Firmware NZL1 V1.31r0 und NMF1 V 1.02 [107]) auf der Ethernet-Basis eine Entkopplung und Übergabe der Regelfunktion der Elektrodenkraft und des Schweißstromes an einen externen Regler, siehe Kapitel 8.1.4. Die automatische Schweißstromkompensation im KSR-Modus wurde von bereits implementierten Regelalgorithmen der Schweißsteuerung mit Hilfe der im Trafo eingebauten Strommessspule und Spannungsabgriffen übernommen. Damit wird die sehr hohe Dynamik des 1 *kHz* Inverters weiterhin gewährleistet. Es ist bekannt, dass die hohe Frequenz beim Schweißen von warmumgeformter Stähle (Kapitel 2.1.1) vorteilhaft ist und ermöglicht den Einsatz von adaptiven Prozessreglern (Kapitel 2.3.3). Im Rahmen der Voruntersuchung wurden komplett neue Sensoren mit Verstärkern zur Erfassung der Elektroden- (F_{M1}) und Zangenkraft (F_{M2}) an die Schweißsteuerung über eine erweiterte Messbox der Panther-Zange angeschlossen, um eine hohe Empfindlichkeit und Widerholgenauigkeit der Messkette zu gewährleisten. Durch den Ersatz der Sensorik wurde die Genauigkeit der Elektrodenkraft von 50 *N* auf 10 *N* vergrößert, was bei den zu erwartenden Kräften während der Warmbeulung erforderlich war. Im Weiteren konnte mit dem Messaufbau der Drift der Messwerte vernachlässig klein gehalten werden. Die gesamte Messkette zur Kraftmessung wird im Kapitel 8.2.3 näher erläutert. Die Anlagesteuerung und die Einstellung von Prozessparametern erfolgte über die mitgelieferte Bedienungssoftware XPegasus Silver. Hierbei werden die aus dem externen Regler gesendeten Sollwerte F_{E1}, I vorrangig betrachtet und setzen alle gespeicherten Strom- und Kraftprogramme außer Kraft. Die Schnittstelle und der Kommunikationsablauf werden später genauer erklärt. Mit Hilfe einer Einsteckkarte werden die digitalen Eingänge und Ausgänge des Schweißinverters für eine übergeordnete SPS bzw. eine Robotersteuerung bereitgestellt.

Der Genius-Inverter ist mittels CAN-Bus mit dem modularen Servoregler Typ b maXX 4000 Fa. Baumüller verbunden, welcher den Strom dem Elektrodenmotor zur Verfügung stellt und die berechnete Motorposition zurück sendet. Im Weiteren verfügt der Umrichter zur Implementierung einen Positionierregler auf dem externen Rechner eine Inkrementelle-Geber-Emulationskarte zur Erfassung und Auswertung von SSI-Gebersystemen.

Mit dem Handbedienterminal lassen sich Betriebsarten (Hand, Automatik, Service) und alle Verfahrwege für den Automatikbetrieb einstellen. Dieses verfügt neben allen Einrichtfunktionen des mobilen Terminals über einen Kalibrierungsknopf zum Einstellen beider Kraftsensoren. Hierzu wird ein kalibrierter Bezugssensor benötigt, um eine Kalibrierkurve in der Schweißsteuerung zu hinterlegen. Die wichtigsten Daten und der Systemzustand werden auf dem integrierten Display angezeigt.

8.1.2 Schweißzange

Die verwendete Schweißzange zeichnet sich neben hervorragenden dynamischen Antriebseigenschaften des elektrischen Servomotors auch durch eine hohe Zangensteifigkeit entlang der Elektrodenbewegungsachse von 6000 *N/mm* aus und ist für eine maximale Elektrodenkraft von 5 *kN* ausgelegt. Mit der Zunahme der Armsteifigkeit verringert sich nach [70] die Oszillation und nach [60] verschiebt sich die Spritzergrenze zu höheren Stromstärken.

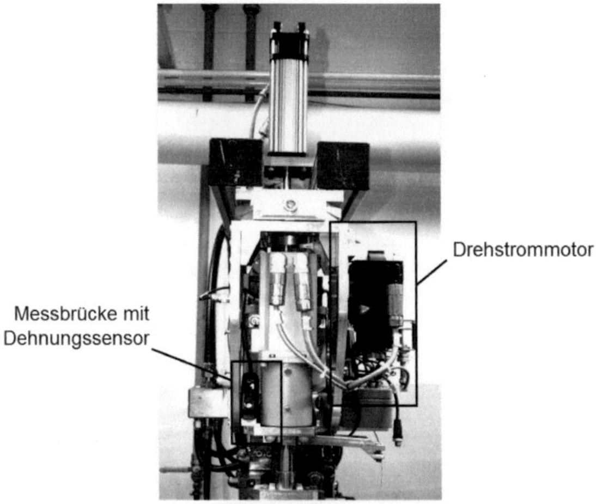

Abbildung 57: Ersetzte Messbrücke mit dem Dehnungsaufnehmer und der deaktivierte Drehstrommotor zum Zangenausgleich

Um die Flexibilität bei der veränderten Prozessführung hinsichtlich der Antriebstechnik gerecht zu werden, war der servomotorische Antrieb in diesem Fall der klare Favorit, vergleiche Kapitel 2.2.4 [99]. Die Planeten-Kugelspindel überträgt mit wenig Schlumpf die Drehbewegung des AMSI 100H Motors in eine Linearbewegung. Das maximale Drehmoment beträgt 5 *Nm*. Elektrische Servoantriebe lassen eine stufenfreie Positionsprogrammierung, Kraftprogramme während des Schweißvorganges und ein schnelles Nachsetzverhalten zu. Auf Grund der maximalen Geschwindigkeit von 300 *mm/s* kann dieser Servomotor innerhalb von kurzen Zeiten die erforderliche Elektrodenkraft aufbauen und damit der hohen Prozessdynamik folgen. Zur Erfassung der ausgeübten Kraft kam der Dehnungssensor ADS-31 Fa. ARTIS serienmäßig zum Einsatz, der am Zangengrundkörper auf einer Dehnungsbrücke positioniert war (Abbildung 57). Dieser wurde durch einen neuen Kraftsensor ersetzt, wie im vorherigen Kapitel beschrieben.

Der Schweißtransformator transformiert die aus dem Schweißinverter zur Verfügung gestellte Energie in den erforderlichen Schweißstrom bei der maximalen Sekundärspannung von 12,5 *V*. Somit können hohe Leistungen trotz eines großen elektrischen Widerstandes im Sekundärstromkreis z.B. beim Bauteilkontakt über Nebenschluss bereitgestellt werden.

8.1.3 Zangenausgleich mit Servomotor

Zum Ausgleich der Elektrodenkräfte wurde die Versuchsschweißzange serienmäßig mit einem Drehstrommotor der Baureihe DT Fa. SEW Eurodrive und einem Schneckengetriebe in der Flanschausführung derselben Firma ausgestattet, siehe Kapitel 2.2.5. Der Verfahrweg des Zangenausgleichs ist ausschließlich über die Angabe der Einschaltdauer von Halbleiterrelais angesteuert. Der Ausgleichantrieb sollte die Schweißzange nur bis zum Blechkontakt des Zangenarmes verfahren, da der eigentliche Ausgleich erst mittels eines eingebauten Federpakets erfolgt [100]. Die Versuche haben gezeigt, dass die Feder zwar dämpfend beim Kontakt des Werkstücks mit der Schweißzange wirkt, verlangt aber eine ziemlich genaue Zangenpositionierung. Weiterhin blieb das Zangengewicht bei verschiedener Zangenpositionierung nicht ohne Einfluss auf die Verformungen am Schweißflansch. Ermittelte Verfahrwege in Funktion der Zeit wiesen erwartungsgemäß eine starke Nichtlinearität infolge der Reibung in der Führung des Zangenarmes auf.

Um die Kraft an beiden Elektroden unabhängig voneinander regeln zu können und eine ausreichende Dynamik bei der Überbrückung von größeren Spalten sicherzustellen, wurde der Drehstrommotor durch einen Linearstellzylinder vom Typ GSM30-0601-IXA-ER1-238-XM Fa. a-drive ersetzt, der aus einem AC-Servomotor und einem Planetenrollengewindegetriebe besteht. Eine hohe Anzahl der Kontaktstellen geführter Rollen des Planetengetriebes sorgt für eine sehr hohe Steifigkeit beim Erhalt der hervorragenden dynamischen Eigenschaften von AC-Motoren. Bei 2,54 *mm/U* Spindelsteigung erreicht dieser Motor eine Dauerkraft von 3.688 *N* bei einer linearen Geschwindigkeit von bis zu 127 *mm/s*.

Die Energieversorgung und Regelung des AC-Servomotors fand mittels des Servopositionierreglers der Reihe ARS 2300 Fa. Maxtronix mit umfassenden Parametriermöglichkeiten statt. Mit dem RS232-Interface für die Parametrierung und der CANopen-Schnittstelle zur Anbindung an Automatisierungssysteme, lässt sich dieser Servoumrichter leicht in bestehende Systeme integrieren. Über den Inkrementalgeberausgang werden die emulierten Spursignale *A* und *B* sowie der Nullimpuls für die übergeordnete Regelung zur Verfügung gestellt. Die Impulszahl pro Spindelumdrehung ist frei programmierbar. Eine genaue Beschreibung von Schnittstellen und Kommunikationsabläufen wird im nächsten Unterkapitel beschrieben. [101]

8.1.4 Verbindung von Komponenten über Kommunikationsnetzwerk

Zur Kommunikation zwischen dem externen Regler und dem Servopositionierregler des Zangenausgleiches wurde das Controller Area Network (CAN) als Bus eingesetzt, wie in der Abbildung 55 dargestellt [102]. Dieses serielle Bussystem erfüllt die in [54] angeführten, allgemeinen Anforderungen an Feldbusse einer industriellen Anlage. Weiterhin gewährleistet das CAN mit seinen Besonderheiten wie z.B. eine hohe Übertragungsrate, eine stabile Kommunikation bei der Dynamik des Widerstandspunktschweißens und der zu erwartenden Anzahl von Busteilnehmern dieser Versuchsanlage. Mit dem modifizierten CSMA/CD-Buszugriffsverfahren wie beim Ethernet kann die Leitebene Zustände aller Komponenten echtzeitfähig mittels Abfragen folgen. Dieser Feldbus hat bereits bei Serienschweißeinrichtungen seine Tauglichkeit für den Einsatz in der Fertigungsautomatisierung bewiesen. Der Datenaustausch über die verdrillte Zweidrahtleitung erfolgte über das CANopen Kommunikationsprotokoll nach [103] mit der objektorientierten Adressierung, die gleichzeitig über die Priorität der Nachrichtpakete entscheidet. Weiterhin entscheidet der Empfänger anhand der Adresse, ob der Inhalt der Nachricht für ihn von Bedeutung ist.

Der Kommunikationsablauf zwischen dem Rechner und dem Servoregler des Zangenausgleichs erfolgt ereignisorientiert über eine unbestätigte Zugriffsart mittels Process-Data-Objekte (PDO). Da über den CAN-Bus ausschließlich die Steuerkommandos und die Stellwerte der Kraft F_{E2} zwischen nur zwei Busteilnehmer ausgetauscht werden, konnte bei dieser Übertragungsart die Busauslastung deutlich vermindert werden. [104]

Die USB-CAN-Bridge USB-8473 Fa. National Instruments ermöglicht den Leitrechner über den USB-Port direkt an den CAN-Bus anzubinden. Der eingebaute CAN-Controller SJA1000 von Fa. Philips gemäß [102] unterstützt sowohl den Standard CAN 2.0A mit 11 *Bit* als auch CAN 2.0B mit 29 *Bit* Arbitration-IDs. Diese Hardware-Schnittstelle wird über den USB-Bus gespeist und ist bis 500 *V* galvanisch entkoppelt.

Die Erfassung der elektrischen Spannung und Elektrodenwege aus dem inkrementellen Geberausgang beider Umrichter findet über die Multifunktions-Datenerfassungskarte DAQCard-6036 der E-Serie für PCMCIA Fa. National Instruments statt. Sie verfügt neben Analogausgängen, Digital-I/O sowie Counter über 16 Analogeingänge mit 16 *Bit* Auflösung und einer Gesamtabtastrate von 200 *kS/s*. Die maximale Analogeingangsspannung liegt bei 10 *V*. Sie wird mit der Genauigkeit von 7,56 *mV* über einen Multiplexer nacheinander an jedem Kanal gemessen. Im Onboard-Speicher können bis 1024 Abtastungen zwischengespeichert werden. Die Anbindung von Messleitungen an diese Messkarte erfolgt über den I/O-Anschlussblock SCB-68 Fa. National Instruments in der geschirmten Ausführung, die 68 Schraubklemmenanschlüssen bereitstellt. [105], [106]

Die Kommunikation der Systemebene mit der Genius-Schweißsteuerung erfolgt mittels des neuen Genius-Protokolls direkt über den Ethernet-Port am Mainboard. Das Ethernet bildet nach [107] das Transportmedium und Transmission Control Protocol (TCP) mit User Datagram Protocol (UDP) die Transportebene zum Austausch von Messwerten, Sollwerten und Steuerbefehle [108], [109]. Bei allen Versuchen wurde das verbindungslose UDP Netzwerkprotokoll eingesetzt, um die Zeitverzögerung zu minimieren. Hierbei besteht keine Garantie, dass das gesendete Paket in der richtigen Reihenfolge oder überhaupt beim Empfänger ankommt. Die Robustheit des neuen Protokolls gegen unsortierte und verlorene Pakete wurde durch einfache Frage-Antwort von CPU-Ticks des Rechners und Genius gewährleistet. Der verwendete Protokollrahmen der Genius-Schnittstelle mit allen zulässigen Datenrahmen stellt die Abbildung 58 dar.

Bit 0	32	64	96	64+(n-1)·32	64+n·32	64+(n+1)·32
Magic Version	Anzahl Daten	Datum 1	...	Datum n	CRC	

Abbildung 58: Protokollrahmen des Genius Protokolls [107]

Das Genius-Protokoll enthält neben den zu übertragenden Nutzdaten weitere Informationen, die im UDP-Header mit 64 *Bit* übermittelt werden. In zwei Datenfeldern am Anfang des UDP-Segmentes werden für die Verbindung notwendige Daten sowie die Länge des Datagramms gesendet. Jeder Datenrahmen besteht aus der Kennung und dem Wert des Kommandos oder Prozessparameters. Die Cyclic Redundancy Check (CRC) Prüfsumme ist optional und wird beim Prüfstandaufbau für zuverlässige Kommunikation nicht benötigt. [107]

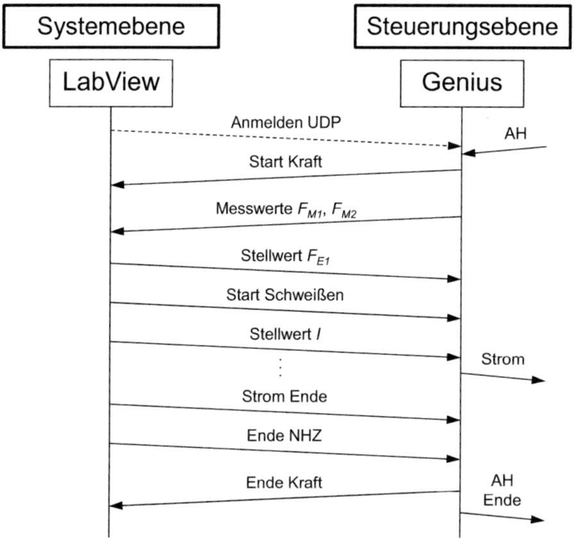

Abbildung 59: Kommunikationsablauf mit dem Genius-Protokoll aus [107]

Vor dem Übertragungsbeginn erfolgte bei UDP der Versand des Anmeldekommandos über den Port 5572. Nach dem erfolgsreichen Verbindungsaufbau durch den aktiven PC-Client können über UDP die Stellwerte F_{E1}, I vom externen Regler an die Schweißsteuerung und die Pakete mit Messwerten F_{M1}, F_{M2} zurück geschickt werden (Abbildung 59). Der Datenaustausch fängt nach dem Kraftaufbau mit ersten Messwerten an und wird vom Kraftstellwert gefolgt. Sobald die Bedingung zum Einschalten des Schweißstromes erfüllt wird, übermittelt der externe Regler an den Genius-Inverter das Kommando zum Einschalten des Stromes. Während der weiteren Datenübertragungsphase werden zwischen dem Client und Server entsprechend die Stell- (F_{E1}, I) und Messwerte (F_{M1}, F_{M2}) ausgetauscht. Der geregelte Verbindungsabbau erfolgt erst nach der Nachhaltezeit und wird vom externen Regler ausgegeben. Sobald die Messtechnik keine Kraft liefert, bestätigt das die Schweißsteuerung über eine Nachricht und beendet das Ausführen des Protokolls. Die Verbindung wird sowohl vom Client als auch vom Server während der Schweißphase stets überwacht und kann jederzeit bei einem Fehler abgebrochen werden.

8.1.5 Externer Prozessregler

Im Allgemeinen benötigen komplexe Regler mehr Rechenzeit- und Leistung, da mehr Rechenschritte notwendig sind. Zur Gewährleistung optimaler Prozesszeiten werden echtzeitfähige Regler auf einem speziellen Board mit relativ großem Aufwand realisiert. Bei den Entwicklungsanlagen kommen wegen einer sehr hohen Flexibilität grundsätzlich Systeme zum Einsatz, die softwareseitig auf einem Rechnersystem realisiert wurden. Dabei können bei komplexen Regleralgorithmen und mehrdimensionalen Regler im Echtzeitbetrieb Taktprobleme auftreten. Der Geräteaufwand bei der Anwendung des grafischen Programmiersystems LabView ist für die erforderliche Prozesszeit beim Versuchsaufbau wesentlich geringer, jedoch erlaubt das keine Parallelverarbeitung. Im Gegenteil zu einer Schaltung kann eine schnelle Veränderung von Reglerparametern oder des Reglertyps infolge der systematischen Optimierung erfolgen. Ein weiterer Nachteil dieses Konzeptes ist, dass die Code-Größe bzw. Anzahl von Rechenschritten dabei möglichst gering bleiben sollte.

Bei dem externen Prozessregler handelt es sich um ein Laptop mit einer Taktfrequenz von 1,6 *GHz*, einem Cache Speicher von 1 *MB* und einem Arbeitsspeicher von 1 G*B* (Abbildung 56). Über die Netzwerkkarte und den USB Anschluss stehen die Schnittstellen zur Kommunikation mit untergeordneten Anlagenkomponenten zur Verfügung. Die Erfassung, Analysierung und Ausgabe von Regelgrößen erfolgt mittels LabView 8.2 unter Windows XP Professional SP3.

8.2 Messtechnik zur Prozessanalyse

Aus einer Vielzahl von Prozessparametern des Widerstandspunktschweißprozesses werden anhand der Analyse im Kapitel 2 ausschließlich die von herkömmlichen Schweißeinrichtungen verwendeten Regelgrößen mit Sensorik erfasst und ausgewertet (Abbildung 54). Weiterhin fasst der Begriff Sensor gemäß [54] nicht nur das eigentliche physikalische Umsetz- und Sensorelement zur Umwandlung einer physikalischen Einflussgröße in ein messbares, elektrisches Signal sondern auch die integrierte Elektronik zur Verarbeitung und Anpassung des elektrischen Signals an den Übertragungskanal zusammen.

Zur Beurteilung der Kontaktsituation bei Passungsproblemen wurde während der Schweißversuche der dynamische Verlauf vom elektrischen Widerstand aufgenommen. Dieser konnte durch Dividieren der Effektivwerte der Stromstärke- und elektrischen Spannungswerten berechnet werden. Von mechanischen Prozessgrößen wurden anhand von Ergebnissen in [30], [35] sowie der durchgeführten Analyse der Regelgröße (Tabelle 2-2) nur die Kraft und der Weg beider Schweißelektroden aufgenommen. Durch den Einsatz von geeigneten externen Sensoren konnte im Gegensatz zu der bereits bestehenden Sensorik z.B. der Rechenaufwand bei der Auswertung des Signals aus dem Resolver vermindert werden.

Die in der Abbildung 60 gezeigten Prozesssensoren wurden zur Prozessanalyse in Echtzeit während der Schweißversuche verwendet.

(1) Lasersensor mit Projektionsblech zur Erfassung des Elektrodenweges
(2) Spannungsabnehmer

(3) Lasersensor zur Erfassung des Zangenweges
(4) Kraftsensor der Arbeitselektrode
(5) Dehnungsaufnehmer der Zangenkraft
(6) Rogowskigürtel zur Strommessung

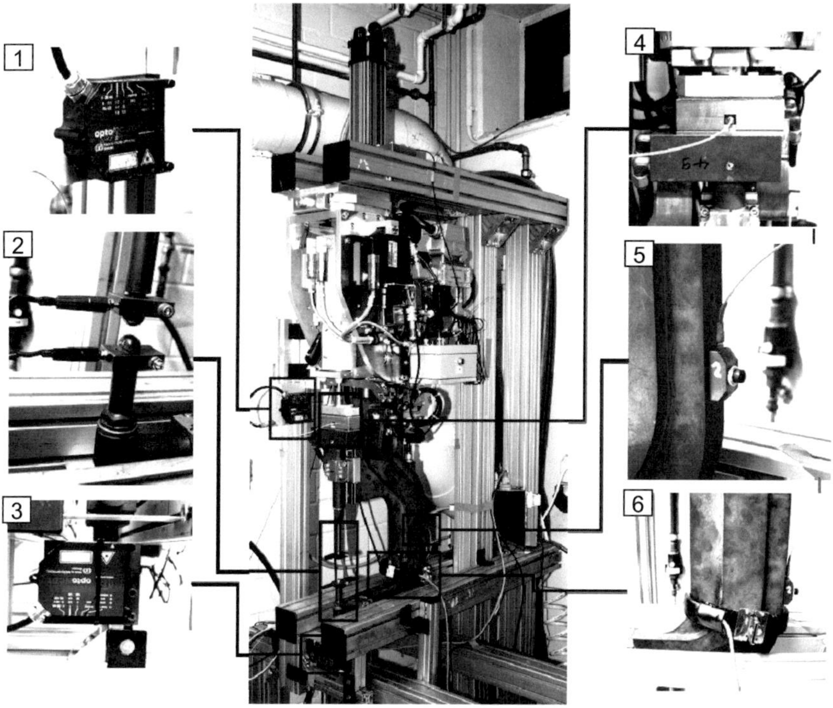

Abbildung 60: Sensorik zur Prozessanalyse (1-Lasersensor zur Erfassung des Elektrodenweges, 2-Spannungsabnehmer, 3-Lasersensor zur Erfassung des Zangenweges, 4-Kraftsensor der Arbeitselektrode, 5-Dehnungsaufnehmer der Zangenkraft)

8.2.1 Prozessdatenerfassung

Die Aufzeichnung und -auswertung von Prozessgrößen erfolgt über ein kompaktes und mobiles Messwert-Erfassungssystem MULTIDATA M3 INTEGRA 2 Fa. B+S Multidata (Abbildung 54). Dieses Messsystem verfügt über 16 differentielle Analogeingänge mit 13 freiprogrammierbaren Messbereichen pro Kanal von ±60 *mV* bis ±60 *V*, programmierbaren digitalen Tiefpassfiltern, 1500 *V* Isolierspannung und einer Summenabtastrate von 1,3 *MS/s* in Realtime bei 16 *Bit* Auflösung. Hiermit kann sowohl die Abtastrate an die Dynamik des Widerstandspunktschweißens wie auch der Messbereich einzelner Messkanäle gezielt an Sensorsignale angepasst werden. [110]

Die Prozesssignale wurden während der Schweißversuche mit einer Abtastrate bis 100 *kHz* aufgenommen, um Verfälschungen im Verlauf der Effektivwerte zu vermeiden. Die Rauschanteile wurden bei Bedarf mittels der mitgelieferten Mess- und Analysesoftware ME5 mit der Gaußfunktion anschließend digital rausgefiltert [110]. Wegen der geringen Geschwindigkeit der Universalprüfmaschine wurden die Druckversuche mit lediglich 200 *Hz* abgetastet.

Die Aufnahme und Umwandlung der Prozessparameter von einer physikalischen Größe in eine Spannung übernehmen externe Sensoren mit der Verstärkungselektronik. Die Umgebungsbedingungen beim Serienprozess und besondere Eigenschaften des Widerstandspunkschweißens wie eine hohe Dynamik und ein starkes Magnetfeld wurden beim Aufbau des Messsystems zur Aufnahme und Analyse der Prozessgrößenverläufe berücksichtigt.

8.2.2 Elektrische Prozessgrößen

Die Messung von elektrischen Prozessgrößen zur Prozessanalyse erfolgt mit zusätzlichen Sensoren, die nicht in bereits bestehende Messketten der Leistungsendstufe für den Schweißstrom eingreifen.

Zur Bestimmung der Schweißstromstärke hat sich der Rogowski-Gürtel als ein praxistauglicher Stromwandler bewährt, der die Gegeninduktivität in Luftspalten zwischen dem Stromleiter und einer ihn umschließenden Sensorspule nutzt. Durch eine Unabhängigkeit der Gegeninduktivität von der Lage des Stromleiters sowie die geringe Gegeninduktivität zwischen der Messspule und außerhalb liegender Leiter erfüllt dieses Messprinzip wichtigste Voraussetzungen für diese Anwendung. Wegen einer hohen Empfindlichkeit kann mittels des Rogowski-Gürtels jede kleine Änderung der Stromstärke genau erfasst werden. Weiterhin können auftretende Messfehler bei der Ermittlung des Effektivwertes, wie in [110] und [118] beschrieben, mit Hilfe der benutzten Auswertsoftware verhindert werden. Bei den Schweißversuchen kam das Messsystem Fa. HKS Prozesstechnik mit dem Strommessgürtel Fa. Miyachi im Sekundärstromkreis um den Schweißzangenarm zum Einsatz. Nach der analogen Verstärkung und anschließenden Integration der induzierten Spannung wird die effektive Stromstärke berechnet, Abbildung 61.

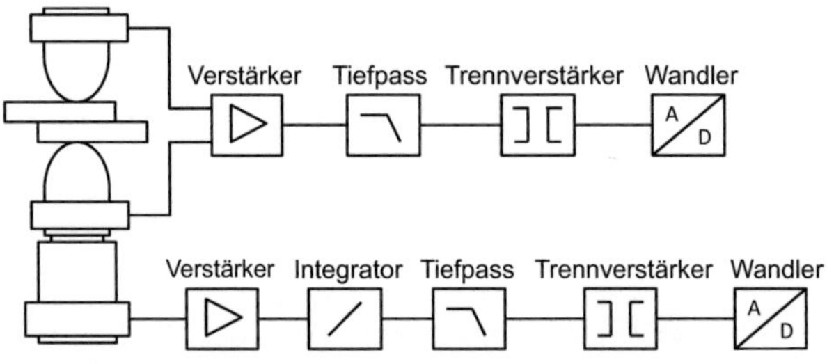

Abbildung 61: Messkette der elektrischen Spannung (oben) und Stromstärke (unten)

Die Elektrodenspannung wird ebenso im Sekundärkreis der Schweißzange mittels dafür konstruierten CuCr1Zr-Schellen direkt an der unteren und oberen Elektrodenkappe gemessen. Um die elektrische Spannung direkt auf die Elektrodenkappenoberfläche zu beziehen, wurde nach [118], [119] die Ausgangsimpedanz des Messsystems erfasst. Zur Verringerung der induzierten, elektrischen Spannung in der Spannungsmessleitung infolge der Schweißstromänderung wurden diese gegeneinander verdrillt und möglichst weit vom sekundären Stromkreis geführt [30], [35], [65]. Hiermit konnte die Messschleife im Magnetfeld vermindert werden. Wegen einer

Erdung von Elektroden über den Transformator war eine Potentialtrennung in der Messkette erforderlich. Die gesamte Messkette für die elektrische Spannung ist in der Abbildung 61 dargestellt.

8.2.3 Mechanische Prozessgrößen

Die Aufnahme und Umwandlung der mechanischen Prozessparameter von einer physikalischen Größe in eine elektrische Spannung übernehmen ebenso externe Sensoren mit der entsprechenden Verstärkungselektronik. Die gesamte Messkette aller mechanischen Prozessgrößen ist in der Abbildung 62 schematisch dargestellt.

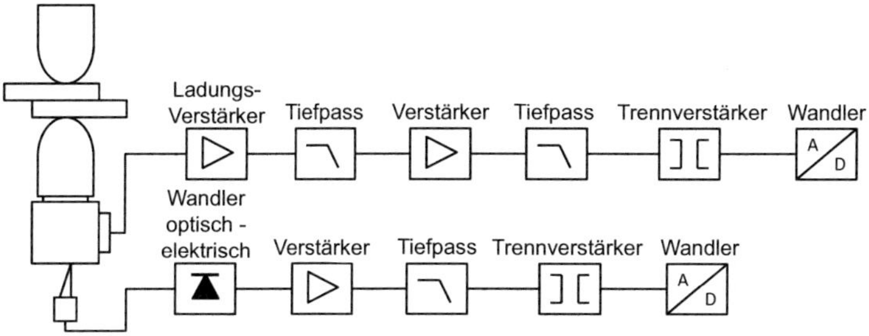

Abbildung 62: Messkette zur Erfassung der Elektroden- oder Zangenkraft (oben) und des Elektroden- oder Zangenweges (unten)

Während der Schweißversuche wurde die Bewegung des Hauptantriebs und des Zangenausgleichs mittels zwei optischen Lasersensoren optoNCDT1700-20 Fa. microepsilon erfasst, die das Triangulationsprinzip nutzen. Diese kompakt aufgebauten, berührungslosen Abstandssensoren zeichnen sich durch eine Genauigkeit von 1,5 *µm*, Messrate von 2,5 *kHz* und eine hohe Robustheit gegen elektromagnetische Felder aus. Zur Verfügung steht ein Messbereich von 40 bis 60 *mm*, der nach der Linearisierung in ein proportionales Spannungssignal von 0 bis 10 *V* umgewandelt wird [120]. Dieses Signal wurde direkt an den Messwerterfassungsrechner angeschlossen. Hierbei erfolgte die Erfassung des Elektrodenweges relativ zu der Schweißzange und des Zangenweges zum Zangengrundkörper bzw. Schweißvorrichtung, vergleiche Abbildung 54. Bei diesem Messverfahren konnten die Wegsensoren unmittelbar neben den bewegten Zangenelementen angebaut werden ohne die Zugänglichkeit der Schweißstelle wesentlich zu beeinträchtigen. Die Verfälschung des wahren Messwertes wegen der mechanischen Nachgiebigkeit von Bauelementen im Kraftfluss ist bei dieser Anordnung der Messtechnik vernachlässigbar klein.

Als ein geeignetes Messprinzip zur Bestimmung der Elektrodenkraft hat sich für das Widerstandspunktschweißen der piezoelektrische Effekt durchgesetzt, der einen linearen Zusammenhang zwischen der mechanischen Deformation und der begleitenden Ladungsverschiebung eines Kristalls verwendet [30], [35], [77]. Der mechanische Zustand wird als eine elektrische Oberflächenladung erfasst und im Ladungsverstärker in eine elektrische Spannung umgewandt (Abbildung 62). Dadurch wird eine Überlagerung der im starken Magnetfeld induzierten Spannung dem Messsignal verhindert [121]. Die eingesetzten piezoelektrischen Sensoren der Fa. Kistler zeichnen sich mit einem äußerst guten dynamischen Verhalten, einer sehr hohen Messempfindlichkeit sowie einer guten Linearität beim extrem großen Messbereich aus.

Die Elektrodenkraft F_{M1} bzw. die vom Hauptmotor ausgeübte Kraft wurde mittels des piezoelektrischen Kraftwandlers in der Form einer Unterlegscheibe Typ 9031A erfasst, welche in Anlehnung an [30], [122] im speziell dafür konstruierten Gehäuse eingelegt wurde. Da dieser Sensor über eine sehr steife Gehäusekonstruktion und einen sehr hohen elektrischen Widerstand verfügt, kann er direkt im Kraftfluss, ohne diesen zu beeinflussen, eingesetzt werden. Der Einbau erfolgte zwischen der Antriebsstange der Vorschubeinheit und dem Elektrodenschaft. Um die Druck- und Zugkräfte messen zu können sowie eine höhere Stabilität zu erreichen, wurde der Sensor mit 20 *kN* vorgespannt. Der ursprüngliche Messbereich von 60 *kN* wird dadurch verringert und die Empfindlichkeit des Sensors verändert, wodurch eine neue Sensornachkalibrierung aufgrund des Kraftnebenschlusses notwendig war.

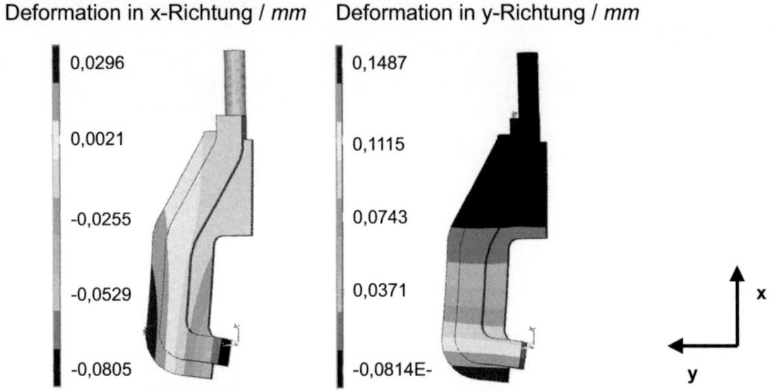

Abbildung 63: Simulationsergebnis der Zangendeformation in Ansys bei -3 *kN* Belastung in x-Richtung

Die vom Zangenausgleichantrieb ausgeübte Kraft F_{M2} wurde über die Dehnung des Zangenarmes mittels des piezoelektrischen Oberflächendehnungsaufnehmers vom Typ 9232A Fa. Kistler erfasst. Die ausgewählte Sensorpositionierung am C-Bügel der Zange, wie in der Abbildung 60 gezeigt, minimiert den Einfluss von Seitenkräften und demzufolge Biegemomenten, wodurch die Präzision und hohe Wiederholgenauigkeit der Kraftmessung gewährleistet wird. Dieser Sachverhalt wurde mit der FEM-Simulation in Ansys und während praktischer Vorversuche bestätigt, Abbildung 63. Trotz aller Vorteile tritt an dieser Stelle nicht die maximale Verformung des Zangenarmes auf. Weiterhin muss der Einfluss der Temperaturänderung infolge der Erwärmung während der Stromphase sowie der Schwankung der Kühlwassertemperatur in Kauf genommen werden. Beide Einflussfaktoren zeigten sich bei den Vorversuchen als unwesentlich, trotzdem wurde bei allen Versuchen weiterhin auf die Kühlwassertemperatur als mögliche Störgröße besonders geachtet.

Zur Verstärkung und Umwandlung der elektrischen Ladung in eine elektrische Spannung wurde ein Laborladungsverstärker Typ 5015A Fa. Kistler verwendet. Zur Bestimmung des Kalibrierfaktors war eine Kalibrierung mit einem geeichten Kraftsensor notwendig. Dieser Wert entspricht der Oberflächenladung, die durch das Stauchen des Sensors beim Anliegen einer definierten Kraft entsteht. Das Ausgangssignal bildet mit Spannungswerten von 0 bis 10 *V* den eingestellten Kraftmessbereich ±10 *kN* ab.

9 Analyse und Bewertung der optimierten Prozessführung

Ziel des experimentellen Teils war es, die zweistufige Prozessführung zu realisieren, um die analytische Überlegungen sowie das aufgestellte FEM-Simulationsmodell mit den realen Schweißversuchen zu validieren. Hierzu wurde eine herkömmliche Schweißeinrichtung um neue Schnittstellen erweitert und eine spezielle Leitsoftware mit den integrierten Regelkreisen zur Anlagensteuerung erstellt. Nach der Auslegung der Versuchsanlage wurden die Prozessphasen des zweistufigen Schweißprozesses unter Berücksichtigung wichtigster Prozessgröße untersucht, um die Grenzen und Potenziale festzulegen.

9.1 Prozessgrößenanalyse und neue Prozessführung

In der Abbildung 64 sind an einem repräsentativen Beispiel des HX340LAD +Z100 in 1,0 *mm* Materialstärke die Verläufe aller betrachteten Prozessgrößen mit der Aufteilung in einzelnen Prozessphasen der neuen Prozessführung dargestellt.

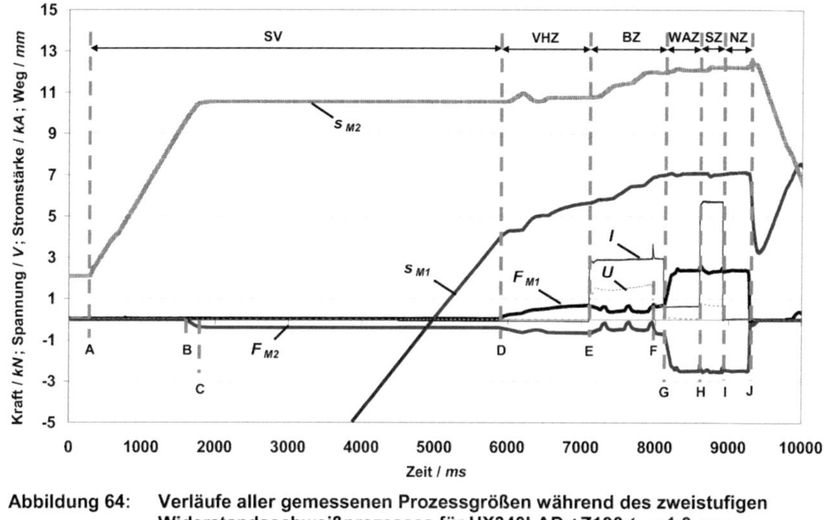

Abbildung 64: Verläufe aller gemessenen Prozessgrößen während des zweistufigen Widerstandsschweißprozesses für HX340LAD +Z100 t_M = 1,0 *mm*

Der Schweißvorgang begann mit dem geregelten Verfahren des Zangenausgleiches zum Zeitpunkt *A*, wodurch der Zangenarm inklusive Hauptmotor angehoben wurde. Demzufolge nahm der Abstand der unteren Elektrode s_{M2} zum unteren Blech ab. Gleichzeitig wurde der Hauptmotor in Richtung des oberen Bleches so verfahren, dass der Abstand der oberen Elektroden s_{M1} zum oberen Blech langsamer abnahm. Der Ausgleichantrieb wurde so lange kraftgeregelt bewegt, bis eine vordefinierte Kraft F'_1 an der unteren Elektrode F_{M2} aufgebaut wurde. Kurz nach dem Kontakt am unteren Blech im Zeitpunkt *B* wurde diese Kraft erreicht. Nach dem Aufbau der Sollkraft (Zeitpunkt *C*) wurde die Bewegung der oberen Elektrode fortgesetzt. Sobald ein Elektrodenkontakt an beiden Blechen im Zeitpunkt *D* erkannt wurde, wurde von beiden Antrieben synchron die voreingestellte Beulkraft $F`_2$ aufgebaut. Mit zwei unabhängigen Kraftregelkreisen bzw. Führungsgrößen herrschte an der Elektrode F_{M1} und am Zangenarm F_{M2} die gleiche Elektrodenkraft. Die geringe Abweichung zwischen beiden Kräften wurde durch eine gewisse Trägheit vorhandener Kraftregelkreise verursacht. Beim Erreichen von 95 % der Sollkraft wurde der Beulstrom $I`_1$ zum Zeitpunkt *E* eingeschaltet. Kurz danach trat auf Grund der Verringerung des E-Moduls ein deutlicher Kraftabfall auf. Während der Stromphase wurden die Bleche infolge der überwiegend lokalen Verformung ohne beidseitige Stütze für den teigartigen Werkstoff miteinander kontaktiert. Erwartungsgemäß brach die elektrische Spannung *U* schlagartig nach der Spaltüberbrückung auf ein niedrigeres Niveau zusammen (Zeitpunkt *F*). Trotz eines direkten Blechkontakts wurde der Strom absichtlich erst 30 *ms* später ausgeschaltet. Es ist aus der Abbildung 64 deutlich zu erkennen, dass die Elektrodenkraft mit der beidseitigen Stütze beider Bleche noch während der Stromphase auf den Sollwert der Warmbeulung innerhalb von wenigen Millisekunden gebracht werden konnte. Das Ende des Warmbeulens (Zeitpunkt *G*) markierte den Beginn der Wärmeausgleichzeit (WAZ), über die die Bleche sowie Schweißelektroden gekühlt und die Schweißkraft aufgebaut wurde. Die anschließende Schweißung verlief ähnlich dem herkömmlichen Schweißprozess. In der Stromphase zwischen den Zeitpunkten *H* und *I* wurde prozesssicher eine Schweißlinse gebildet. In der Nachhaltezeit (NHZ) von *I* bis *J* fand unter einer geregelten Elektrodenkraft eine Erstarrung der Schweißlinse statt. Ab Zeitpunkt *J* wurden die Schweißelektroden in ihre Ausgangsposition bzw. den Vorhub zurückgefahren.

Die im Abschnitt 2.3.3 beschriebenen Prozessregelverfahren verwenden Führungsgrößen, die aus einer oder mehreren Prozessgrößen gebildet werden. Die Umsetzung bzw. Erweiterung bestehender Qualitätssicherungssysteme um eine Verknüpfung mehrerer Prozessgrößen ist immer mit einem hohen Aufwand verbunden [166]. Beim Einsatz des zweistufigen Schweißprozesses nach Kapitel 6 muss lediglich ein zusätzlicher Regelkreis für die Kraftregelung des Zangenausgleichs implementiert werden. Ferner wird eine Anpassung der Prozessleittechnik an die veränderte Prozessführung notwendig.

Die Umsetzung der Prozessführung zwischen dem digitalen Prozessleitsystem und analogen Energiewandler erfolgte nach der Definition in [167] im SPC-Betrieb (Set Point Control). Somit wird im netzwerkbasierten System auch bei einer kurzen Verbindungsunterbrechung der Schweißvorgang nicht abgebrochen. Dafür wird eine deutlich geringere Dynamik des Leitsystems benötigt.

9.2 Auslegung der Kraftaufbaueinheit und des Zangenausgleichs

Der mechanische Aufbau der Roboterschweißzange wurde bereits im Kapitel 8.1 erläutert. Um keine Kräfte vom Schweißflansch auf den Handlingroboter zu übertragen, muss ein Kräftegleichgewicht $F_{M1} = F_{M2}$ mit Hilfe von Regelungen möglichst genau eingestellt werden. Zur Gewährleistung einer prozesssicheren Spaltüberbrückung ist diese Anforderung der Regelgröße im dynamischen und statischen Regelverhalten sicherzustellen.

9.2.1 Problemstellung bei der Realisierung des Regelkonzeptes

Beim Aufbau des Systems wurde wegen einer begrenzten Rechenleistung des Schweißinverters auf ein integriertes Regelungskonzept verzichtet. Deswegen mussten beide Motoren über zwei Systeme mit unterschiedlichen Rechengeschwindigkeiten angesteuert werden. In dieser Konfiguration wurde ein übergeordneter Kraftregler für beide Antriebe auf einem Rechner implementiert, siehe Kapitel 8.1.5. Das umgesetzte Regelkonzept der Versuchsanlage ist in der Abbildung 65 mit Blockschaltbildern dargelegt.

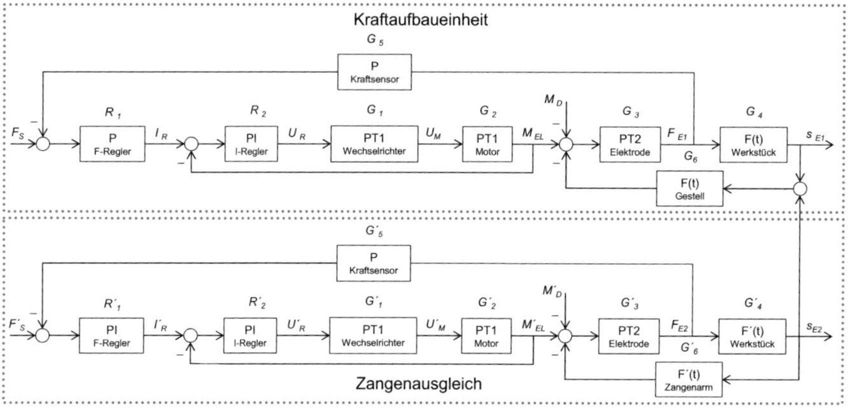

Abbildung 65: Kraftregelkreis mit Kaskadenstruktur für die Kraftaufbaueinheit und den Zangenausgleich

Das analytische Modell der Kraftregelung berücksichtigt neben den Komponenten der Prozessregelkreise auch weitere Einflüsse, wie die konstruktive Ausführung mechanischer Bauteile und im Bauteil ablaufende Vorgänge. An dieser Stelle sei angemerkt, dass der Reglerentwurf beider Kraftregelkreise ausführlich in den zwei folgenden Kapiteln beschrieben wird.

Eine Drehzahlregelung sorgt für ein kontrolliertes Heranfahren der Schweißelektrode an die unbekannte Position des zu fügenden Bleches. Beim Bauteilkontakt bleibt der Geschwindigkeitsstellwert konstant beim maximalen oder minimalen Wert der festgelegten Reglersättigung. Der übergeordnete Regler ist nur nach dem Aufbau einer geringen Elektrodenkraft d.h. beim Werkstückkontakt aktiv, deswegen kann nach [138] bei der Versuchsanlage auf den Drehzahlregler im Kraftregelkreis verzichtet werden.

Das Kraftstellsignal des Hauptantriebs wurde ursprünglich von einem P-Regler im Schweißinverter über den CAN-Bus auf den Baumüller Umrichter übertragen. Wegen der Entkopplung des Schweißinverters gelangen wie beim Zangenausgleichumrichter die Werte vom LabView Programm unverändert zum Motorumrichter. Die Abtastrate für beide Schnittstellen wurde unter Berücksichtigung der Begrenzung vom Windows Media Timer auf 5 *ms* festgelegt.

Die Komplexität des Wechselrichters wird oft in den analytischen Modellen durch das PT1-Verhalten mit einer sehr kleinen Verzögerungszeitkonstante angenähert (Formel 18). Diese Zeitkonstante ist stark vom konstruktiven Aufbau abhängig, jedoch liegt sie meistens unterhalb weniger Millisekunden. Drüber hinaus wird oft die Massenträgheit bewegter Teile außer Acht gelassen.

$$G_{U/S}(s) = \frac{I_S}{U_S} = \frac{K}{1 + sT_I} \quad \textbf{Formel 18}$$

Die Regelgröße eines kraftgeregelten Synchronmotors ist das vom Leistungsteil erzeugte Drehmoment. Das elektrische Drehmoment einer Synchronmaschine lässt sich mittels einer Funktion von Vektoren des Statorstromes $\boldsymbol{I}_S$ und des magnetischen Flusses $\boldsymbol{\psi}_S$ darstellen. [183]

$$M_{EL} = \frac{2}{3} p Im\{I_S \Psi_S\}$$ **Formel 19**

Eine Drehmomentregelung erfolgt über die Statorspannungen, die über die Statorgleichungen mit den Strömen verkettet sind. Mit der Annahme nur einer geringen Änderungen um den Betriebspunkt kann der drehzahlabhängige Einfluss des Rotorflusses vernachlässigt und die vereinfachte Übertragungsfunktion $G_{SM}(s)$ der Momenterzeugung des permanenterregten Synchronmotors mit zwei elektrischen Statorkonstanten K_{SM}, T_{SM} ermittelt werden. [182], [183]

$$G_{SM}(s) = \frac{K_{SM}}{1 + T_{SM} s}$$ **Formel 20**

Mit der Bewegungsgleichung bzw. dem Momentengleichgewicht wird das dynamische Verhalten unter Berücksichtigung der Massenträgheitsmomente J, des Dämpfungsmomentes M_D und Lastmomentes M_L beschrieben.

$$J\dot{\omega} = M_{EL} - M_D - M_L$$ **Formel 21**

Mechanische Eigenschaften der unteren Elektrode und des Zangenarms wurden in Anlehnung an die Literaturmodelle aus dem Kapitel 2.4 zusammengefasst und mit einem PT2-Glied realisiert. Im Regelkreis der Kraftaufbaueinheit wurde die Elektrode einzeln betrachtet.

In Anlehnung an [160] ist die Reaktionskraft des Werkstoffes während der Umformung abhängig von der Fließspannung als die Funktion des Umformgrades φ, der Umformgeschwindigkeit $d\varphi/dt$, der Umformtemperatur T und des Stahles. Nach [175] wird die Dynamik und das Schwingverhalten einer Schweißeinrichtung beim Nachsetzen überwiegend durch die thermische Werkstoffausdehnung und eine plastische Schweißflanschverformung beeinflusst. Während der Schweißversuche in [35] traten bei der Spaltüberbrückung erhebliche Krafteinbrüche in der Schweißstromphase auf. Bei der Versuchsanlage wurden der Charakter und die Dynamik der plastischen Verformung beim Nachsetzvorgang mit berücksichtigt. Eine einheitliche, übergeordnete Regelung sorgte für eine synchrone Übergabe von Führungsgrößen an echtzeitfähige Umrichter, wodurch insbesondere das dynamische Regelverhalten der Elektrodenkräfte verbessert wurde.

Viele reale Regelstrecken weisen nichtlineare Eigenschaften wie die Reibung, Stellgrößensättigung, Messwertquantisierung oder Parametervariation auf, die unter bestimmten Voraussetzungen eine dominierende Rolle der Regelstrecke übernehmen können. Die Bewegung aller elektrischen Antriebe wird durch die Haftreibung, trockene Gleitreibung, Flüssigkeits- oder Gasreibung und der Rollreibung von Walzkörpern behindert. [133]

Wegen einer geringen Geschwindigkeit beim Nachsetzen der Schweißelektrode kann im speziellen Fall bei einer kleinen Differenz der Haft- und Gleitreibung nur die erste beachtet werden. Das nichtlineare Verhalten mechatronischer Systeme kann mittels Simulationswerkzeugen trotz dieser Vereinfachung nur mit einem erheblichen Aufwand durch eine Modellerweiterung um nichtlineare Systemteile abgebildet werden. Dissipative Kräfte F_D wurden im analytischen Modell mit der Verringerung der theoretischen Linearbewegung des Servoantriebs berücksichtigt. Durch die Wechselwirkung des Motorkolbens mit dem Gehäuse $F_{K\text{-}G}$, der Isolierplatte $F_{K\text{-}I}$ und der

Spannplatte an der oberen Elektrode über den Bolzen $F_{K\text{-}S}$ entsteht ein weiterer Wegfehler des Linearantriebes unter Last.

$$\sum F_D = F_{K-G} + F_{K-I} + F_{K-S}$$ **Formel 22**

Da dissipative Kräfte auf den Motor nur dämpfend einwirken, bleiben sie bei sehr hohen Elektrodenkräften erfahrungsgemäß für die Stabilität des Kaskadenregelkreises unkritisch.

Anhand der Abbildung 65 kann die Übertragungsfunktion der analytischen Kraftregelstrecken für den Hauptantrieb und den Zangenausgleich als ein PT_n System mit der Ordnung $n > 2$ berechnet werden.

$$G_W(s) = \frac{R_1(s) \cdot G_M(s)}{1 + G_3(s) \cdot G_4(s) + G_M(s) + G_3(s) \cdot G_4(s) \cdot G_M(s) + R_1(s) \cdot G_5(s) \cdot G_M(s)}$$ **Formel 23**

wobei

$$G_M(s) = R_2(s) \cdot G_1(s) \cdot G_2(s)$$ **Formel 24**

Die Funktion $G_M(s)$ in der Formel 24 stellt den Synchronmotor mit dem Umrichter dar.

Bei der Abschätzung der Systemordnung sind im Allgemeinen die Zeitkonstanten elektrischer Streckenkomponenten wie der Umrichter oder Motor im Vergleich zu mechanischen vernachlässigbar klein. Unter dieser Voraussetzung kann das zeitliche Verhalten beider Kraftregelstrecken zu einer PT_2-Gleichung vereinfacht werden.

Das Verhalten des analytisch entworfenen Reglers berücksichtigt nur vorgenommene Annahmen und definierte Randbedingungen des aufgestellten Prozessmodells im kleinen Bereich um den vorher festgelegten Arbeitspunkt. Demzufolge kann der Regelkreis insbesondere bei Prozessen mit komplexen und veränderlichen Parametern sowie ungenauen mathematischen Modellen wie z.B. das Werkstück instabil werden. Bei vielen Parametern der mathematischen Prozessbeschreibung wie z.B. die Flanschgeometrie wird die Voraussetzung der Zeitinvarianz nicht erfüllt. Aus diesem Grund sollte die Übertragungsfunktion der Regelstrecke nach der empirischen Methode durch die Messung der Ein- und Ausgangsgrößen bestimmt werden. Damit wird lediglich eine Systemreaktion auf einen definierten Eingangswert ermittelt, die keine direkte Aussage über interne Prozesszustände liefert.

9.2.2 Empirischer Entwurf des Kraftreglers für den Hauptantrieb

Bei einer translatorischen Elektrodenführung entstand beim Kraftaufbau nur eine geringe Durchbiegung bzw. Schiebung am Kontaktpunkt. Weiterhin blieb die Abweichung vom wahren Messwert bei der Messung mit dem direkt im Kraftfluss eingebauten Kraftsensor wegen sehr geringer Trägheitsmasse der bewegten Teile wie die Elektrode, Spannplatte und Führungsstück im Vergleich zur Prozesskraft vernachlässigbar klein. Nicht ohne Einfluss war hier die sehr hohe Steifigkeit der Teile. Die Untersuchung am realen System ergab, dass ein P-Regler $G_{RP}(s)$ zur Kraftregelung im Hauptantriebskreis gut geeignet ist. Die bleibende Regelabweichung $e(\infty)$ konnte in Verbindung mit einem degressiven Charakter des Zangenarmes durch eine Vergrößerung der Reglerverstärkung K_{PR} verkleinert werden.

$$G_{RP}(s) = K_{PR}$$ **Formel 25**

$$e(\infty) = \frac{1}{1 + K_{PR} \cdot K} \cdot F_{E0}$$ **Formel 26**

Die obere Grenze für die Regelverstärkung setzen nach [180] zu einem die Reglergütemaße und zum anderen die Verringerung der Dämpfung D der geregelten PT_2

Regelstrecke, was zur Instabilität des Kraftregelkreises führen kann, vergleiche Kapitel 2.4.

$$D = \frac{T_1 + T_2}{2 \cdot \sqrt{T_1 \cdot T_2}\sqrt{1 + K_{PR} \cdot K}} \quad \textbf{Formel 27}$$

Nach [137] existieren für industrielle Prozesse mit einem rein aperiodischen Verhalten verschiedene Einstellregeln zum empirischen Entwurf von Standardreglern. Bei der Anwendung des Verfahrens nach Ziegler und Nichols konnte mit praktischen Versuchen an der Versuchsanlage der P-Regler für die Kraftregelung des Hauptantriebs optimiert werden, Abbildung 66.

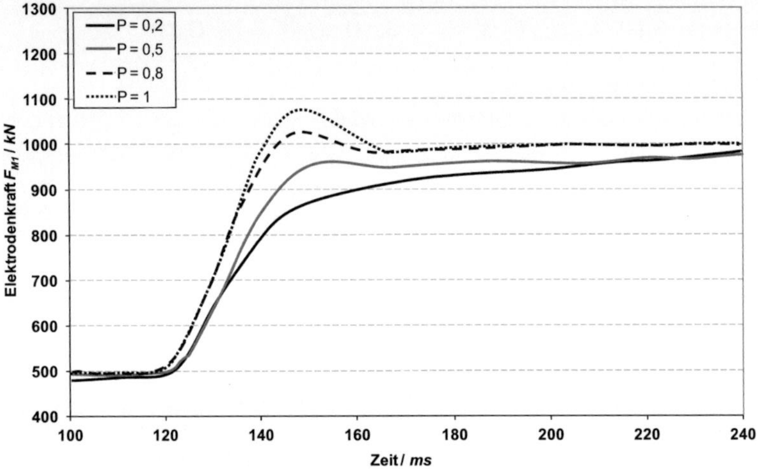

Abbildung 66: Empirischer Entwurf des Kraftreglers für den Hauptantrieb

9.2.3 Reglerentwurf für den Zangenausgleich

Um die erforderliche Elektrodenkraft während des gesamten Schweißprogramms aufrecht zu halten, wurde der Servopositionierregler im drehmomentgeregelten Modus d.h. ausschließlich mit dem Stromregler betrieben. Das Sollmoment wurde mittels eines Rampengenerators über eine Drehmomentbegrenzung dem Stromregler zugeführt (Abbildung 67). Während der Erstinbetriebnahme erfolgte eine automatische Identifikation des Stromreglers für die Regelstrecke. [101]

Die Identifikation der Kraftregelstrecke für den Zangenausgleich wurde nach Vorgaben aus dem analytischen Modell an der Universität Magdeburg in [176] mittels der Sprungantwort mit dem Wendetangentenverfahren $G_{S1}(s)$, der orthogonalen Korrelation $G_{S2}(s)$ und Parameterschätzung $G_{S3}(s)$ durchgeführt. Um die Problematik durch den Alias-Effekt und bei der Bestimmung der Systemordnung aufgrund einer zu geringen Abtastrate des unbekannten Systems zu vermeiden, wurde der LabView-Regler durch eine echtzeitfähige Micro Autobox der Fa. DSpace ersetzt. Zur Ermittlung des mathematischen Modells wurde die Reaktion der Regelgröße (Elektrodenkraft) auf drei verschiedene Eingangssignale (Motorstrom) beim ausgeschalteten Beul- bzw. Schweißstrom untersucht. Zur Beurteilung verwendeter Analyseverfahren wurde für das Gütekriterium die Übereinstimmung des Real- und Modellsystems herangezogen.

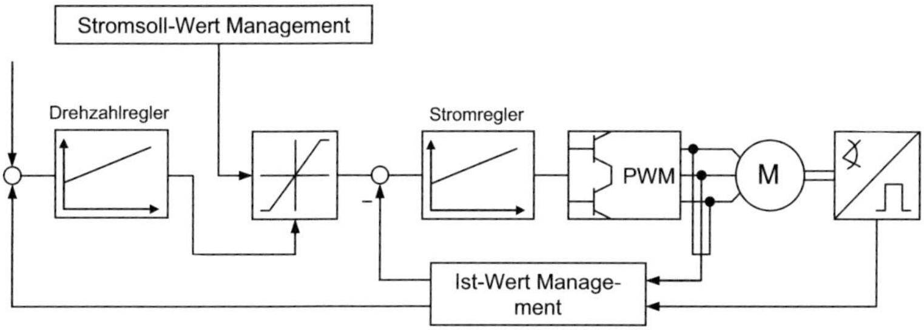

Abbildung 67: Drehmomentgeregelter Betrieb mit der Drehzahlbegrenzung des Zangenausgleichsumrichters ARS 2100 nach [101], [174]

$$G_{S1}(s) = \frac{1,51}{0,0123s^{s} + 0,2217s + 1} \quad \textbf{Formel 28}$$

$$G_{S2}(s) = \frac{1,33}{0,0816s^{2} + 0,5714s + 1} \quad \textbf{Formel 29}$$

$$G_{S3}(s) = \frac{1,26}{0,00032s^{2} + 0,6498s + 1} \quad \textbf{Formel 30}$$

Die identifizierten Übertragungsfunktionen zeigten nur eine geringe Streuung der stationären Verstärkung bei einer sehr großen Abweichung der Zeitkonstanten. Diese Differenzen sind zum einen auf unterschiedliche Identifikationsverfahren und zum anderen auf nichtlineare Streckenparameter zurückzuführen. Hinzu kamen noch die Werkstückeigenschaften und die reduzierte Modellordnung, siehe Kapitel 9.2.1 [177]. Alle Identifikationsmethoden lieferten um den festgelegten Arbeitspunkt bei 1 *kN* eine stabile PT_2-Strecke, da der Dämpfungsgrad D positiv war. Trotz gleicher Dämpfungen beider Übertragungsfunktionen $G_{S1}(s)$ und $G_{S2}(s)$ brauchte die zweite wesentlich mehr Zeit t_{an} zum Erreichen des Sollwertes, Abbildung 68. Die Ursache lag in der stationären Verstärkung der Kraftregelstrecke und unterschiedlichen Eigenfrequenzen der charakteristischen Gleichung. [176]

Unter Berücksichtigung des Amplituden- und Frequenzganges sowie der Genauigkeit angewandter Identifikationsverfahren beschreibt die Übertragungsfunktion aus der Autokorrelationsanalyse $G_{S2}(s)$ am besten die identifizierte Kraftregelstrecke. Ferner weist die über Autokorrelationsfunktion identifizierte Regelstrecke eine sehr hohe Genauigkeit bei einer gleichzeitigen Robustheit gegen überlagerte Störsignale auf. Zur Regelung solcher PT_2-Strecke wird in der Literatur ein anpassungsfähiger PID-Regler empfohlen.

$$R_1(s) = K_{PR}\left(1 + \frac{1}{st_n} + st_v\right) \quad \textbf{Formel 31}$$

Damit lässt sich das Führungsverhalten des Regelkreises für die identifizierte Regelstrecke definieren.

$$G_{W3}(s) = \frac{1}{1 + \dfrac{t_n s(0,2857s + 1)^2}{1,33 \cdot K_{PR}(t_n t_v s^2 + t_n s + 1)}} \quad \textbf{Formel 32}$$

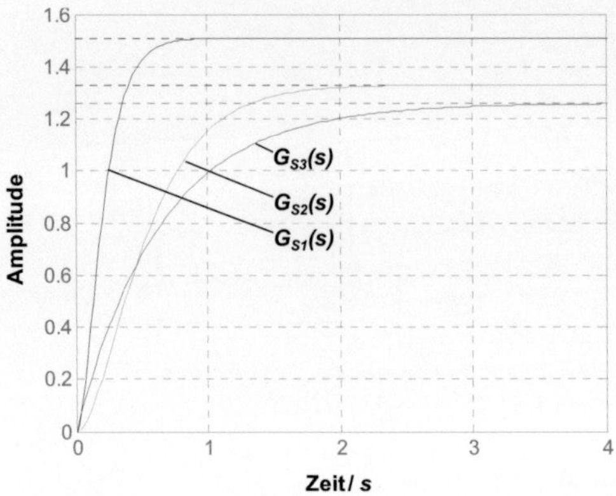

Abbildung 68: Sprungantworten identifizierter Regelstrecken

Die verbleibende Regelabweichung wird nach Formel 22 unabhängig von den gewählten Reglerzeitkonstanten im stationären Zustand für jeden Regler mit einem I-Anteil gleich Null. Im Weiteren sollte noch die Störungsübertragungsfunktion eines PID-Reglers für dieses Regelobjekt untersucht werden.

$$G_{Z3}(s) = \frac{1,33t_n s}{t_n s(0,2857s+1)^2 + 1,33K_{PR}(t_n t_v s^2 + t_n s + 1)} \quad \textbf{Formel 33}$$

Aufgrund der Schwierigkeiten mit der Realisierung des digitalen D-Anteils wird auf dem externen Rechner ein PI-Regler in LabView implementiert [176], [53]. Ein wesentlicher Nachteil dieses Reglers besteht nach [180] darin, dass er bei einer zu großen Verstärkung K_{PR} die Dämpfung einer PT_n-Strecke verringert. Darüber hinaus kann der Regelkreis instabil werden [180].

Die Analyse in [176] von Gütemaßen nach der H_∞-Norm der Sensitivitätsfunktion $G_{R1}(s)$, dem Betragsoptimum $G_{R2}(s)$ und der Wurzelortskurve $G_{R3}(s)$ entworfener PI-Regler ergab, dass das erste Gütekriterium über die beste Dynamik am Simulationsmodell verfügte. Dabei trat die Überschwingweite von nur 25 % auf. Andere Regler brauchten deutlich länger zum Ausregeln nach einer sprunghaften Änderung der Führungsgröße, Abbildung 69.

$$R_{11}(s) = \frac{43,09s^4 + 43530s^3 + 450300s^2 + 1559000s + 1799000}{s^5 + 167,7s^4 + 7869s^3 + 117900s^2 + 153500s + 17830} \quad \textbf{Formel 34}$$

$$R_{12}(s) = 0,75057(1 + \frac{2,62467}{s}) \quad \textbf{Formel 35}$$

$$R_{13}(s) = 1,4(1 + \frac{0,4}{s}) \quad \textbf{Formel 36}$$

Bei den Versuchen am realen Modell lieferte der mittels der Wurzelortkurve erstellte Regler dagegen die besten Ergebnisse in Bezug auf die Dynamik und die Überschwingweite, Abbildung 70. Alle Regler erreichten die Anregelzeit unter 100 *ms* beim Sprung der Führungsgröße um 200 *N*, was deutlich unterhalb simulierter Anregelzeiten lag.

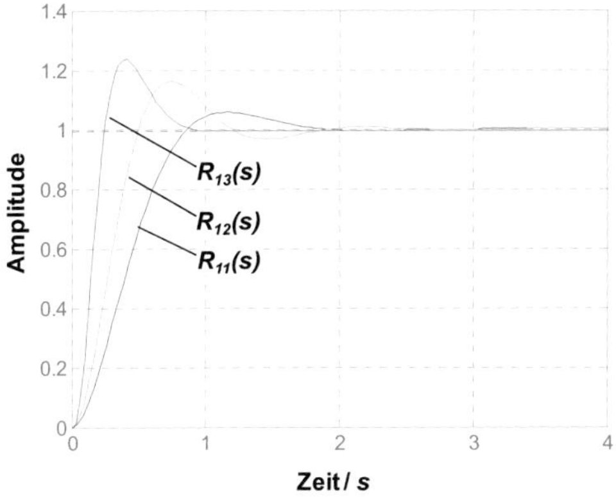

Abbildung 69: Simulation der Sprungantwort entworfener Kraftregler für $G_2(s)$ nach [176]

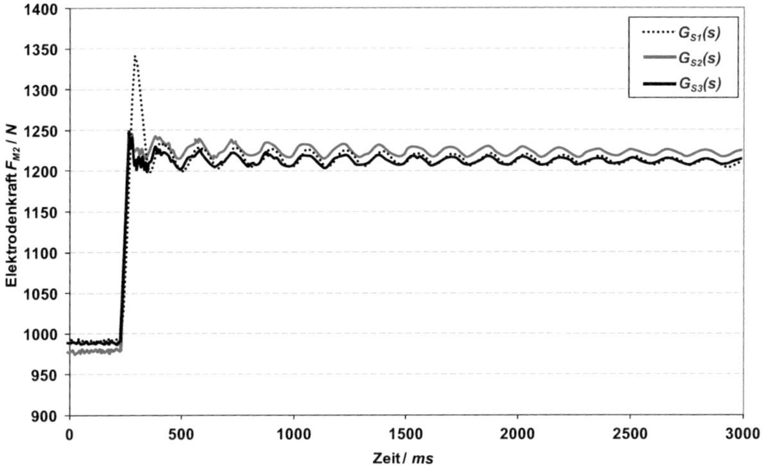

Abbildung 70: Sprungantwort des Regelkreises nach [176]

Darüber hinaus wurde der WOK-Regler $R_{13}(s)$ nach [176] für die Realisierung der Kraftregelung der Regelstrecke $G_{S2}(s)$ empfohlen. Ein wichtiger Aspekt bei der Reglerauswahl war neben den Gütekriterien die Umsetzbarkeit des Reglers in der LabView-Umgebung.

9.2.4 Neue Prozessleitsoftware

Die grafische Oberfläche der Prozessleitsoftware ist in verschiedene Programm-Fenster unterteilt, in denen die Prozessdaten oder Reglerparameter eingegeben werden. Bei der verwendeten Prozessleitsoftware konnten zwei Betriebsarten in Bezug auf den zeitlichen Prozessablauf aktiviert werden:

- Elektroden- (F_{E1}) und Zangenkraft (F_{E2}) sowie Stromstärke I in Funktion der Zeit,

- Stromstärke I in der Abhängigkeit der Elektroden- (F_{E1}) oder Zangenkraft (F_{E2}).

Abhängig vom Regelmodus werden die Kräfte geregelt, die Schweißstromstärke vorgegeben und der Schweißprozessablauf gesteuert. Über die Stützpunkte sind die üblichen Prozessphasen wie die Vorhaltezeit, Beulzeit, Schweißzeit, Wärmeausgleichzeit, Nachhaltezeit und Parameterwerte programmierbar. Diverse Parameter des Zangenausgleichs und Grenzwerte sind nur im Expertenmodus einstellbar.

Die Struktur der Prozessleitsoftware ist in der Abbildung 71 gezeigt. Durch die Zeitsteuerung bzw. Phasenumschalter werden die einzelnen Phasen geschaltet und bei einer Gefährdung des Prozesses oder der Datenverbindung wird der Prozess abgebrochen.

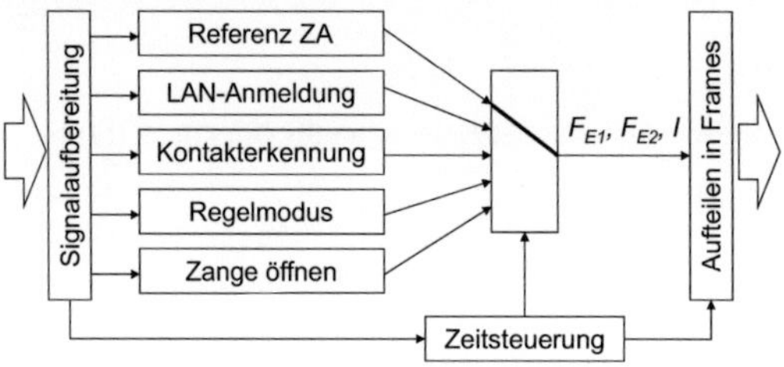

Abbildung 71: Struktur der Prozessleitsoftware in LabView

Die Prozessleitsoftware gliedert sich in die Ablaufsteuerung und unterschiedliche Regelstufen zur Erfassung, Analyse und Ausgabe der Prozessparameter, vergleiche Kapitel 2.2.2. Nach der Referenzfahrt des Zangenausgleichs und einer erfolgreichen Anmeldung über UDP am Genius-Inverter wartet die Zeitsteuerung auf erste Messwerte bzw. Blechkontakt der Schweißelektrode mit dem Schweißflansch. Anschließend wird der Reglerbertrieb aktiviert. Nach dem Schweißvorgang werden gleichzeitig die Schweißelektrode und der Zangenausgleich in die Ausgangsposition zurückgefahren.

9.3 Ergebnisse und Analyse zum Warmbeulen

Das Warmbeulen dient zum Ausgleich von Passungsproblemen während des zweistufigen Schweißprozesses durch eine lokale Veränderung der Schweißflanschgeometrie. Optimale Prozessparameter gewährleisten das prozesssichere Kontaktieren der zu fügenden Bauteile, bevor der Schweißstrom zur Schweißlinsenbildung eingeschaltet wird. Zur Auslegung des Beulvorganges wurde die Simulationsergebnisse aus dem Kapitel 7 experimentell nach dem Kapitel 4.3 untersucht.

9.3.1 Verhalten verschiedener Flanscharten

Im Rahmen dieser Untersuchung wurde das Flanschverhalten beim Warmbeulen aller im Kapitel 2.1.2 genannten 2-Blechpressschweißverbindungen näher betrachtet. Um die auftretende globale Blechverformung zu minimieren und einen definierten Übergangswiderstand zu gewährleisten, wurde erfahrungsgemäß eine Elektroden- und Zangenkraft F_{E1}, F_{E2} von 1 *kN* gewählt. Während der Versuche wurde bei der Variation der Stromstärke die Strombelastbarkeit der unterschiedlichen Schweißflanschgestaltung in 1,5 *mm* Materialstärke analysiert.

Die Ergebnisse der einseitigen Blecheinspannung zeigten eine geringere Strombelastbarkeit in der Warmbeulphase aufgrund einer unsymmetrischen Verteilung der Stromdichte und dadurch entstehenden Werkstofferwärmung. In Begleitung hoher Biegespannungen kam es wegen einer erhöhten thermischen und mechanischen Werkstoffbelastung zu Rissen oder Löcher an dieser Stelle, beispielhaft in der Abbildung 72 gezeigt. Die Auswirkung des Fließens des Werkstoffes unter der Elektrodenkappe auf den Umformprozess wurde während der Stromphase im Vergleich zu den Druckversuchen deutlich verschärft, vergleiche Abbildung 31.

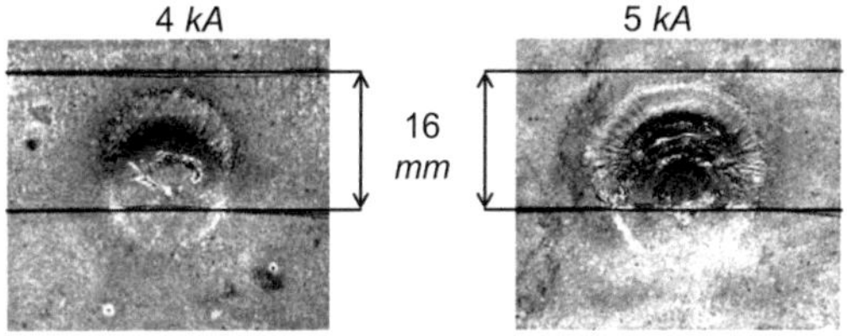

Abbildung 72: Werkstoffoberfläche nach dem Warmbeulen des Einzelflansches beispielhaft für 22MnB5 +AS150 t_M = 1,5 *mm*, $F`_2$ = 1 *kN* nach 3000 *ms*

Die Gegenüberstellung der einseitigen und zweiseitigen Blecheinspannung bei gleichen Umformparametern zeigt eine Veränderung der Steifigkeit des zweiseitigen, was durch einen leichten Knickpunkt im Wegverlauf gekennzeichnet wird (Abbildung 73). Dieser Effekt nahm mit dem steigenden Zwischenlagenabstand zu. Eine höhere elektrische Spannung wies auf eine Zunahme des elektrischen Widerstandes aufgrund des verringerten Leiterquerschnittes im Nebenschluss bei der einseitigen Einspannung und dadurch die höhere thermische Werkstoffbelastung hin. Die Kurve des Beulwegs bei der doppelseitigen Einspannung verlief dagegen weitgehend linear.

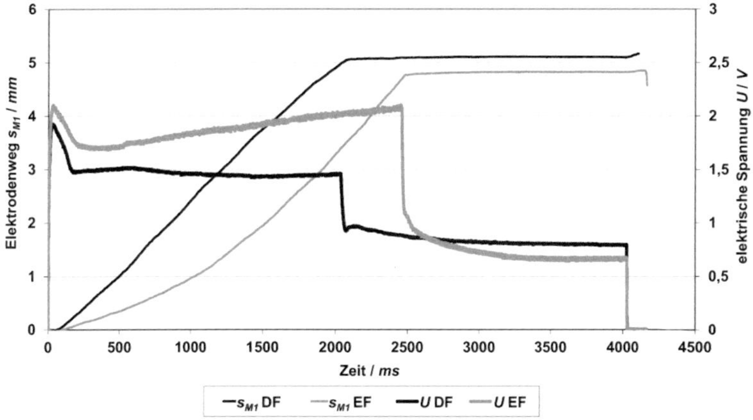

Abbildung 73: Elektroden-, Zangenweg und elektrische Spannung beim Warmbeulen am einseitig (EF) und doppelseitig (DF) eingespannten Schweißflansch beispielhaft für 22MnB5 +AS150 t_M = 1,5 *mm*, I_1 = 3 *kA*, $F`_2$ = 1 *kN*

Da es bereits ab 2 *mm* Zwischenlagenabstand bei der einseitigen Einspannung zum unkontrollierten Nebenschluss über die Blechkanten infolge der Flanschverbiegung kam, war eine prozesssichere Spaltüberbrückung des 22MnB5 +AS150 nur beim verringerten Spalt möglich. Darüber hinaus konnte das Abrollen bzw. Abrutschen der Elektrode verhindert werden. Bei der doppelseitigen Flanscheinspannung mit 50 *mm* Einspannabstand konnte der Spalt bei 3 *kA* Stromstärke nach einer entsprechend langen Zeit überbrückt werden, ohne dabei den Grundwerkstoff zu beschädigen. Ein ähnliches Verhalten konnte bei der einseitigen Blecheinspannung mit der Überlappung und der Membraneinspannung beobachtet werden.

Die optische Bewertung des Buckels ergab bei der einseitigen Einspannung wesentlich geringere Prozessfenster für das Warmbeulen. Die Tabelle 9-1 liefert eine Übersicht von Prozessgrenzen untersuchter Werkstoffe in 1,5 *mm* Materialstärke dieser Flanschgestaltung. Trotz einer viel höheren Werkstofffestigkeit konnte der 22MnB5 +AS150 im Gegensatz zum HDT780C +ZE75/75 auch bei größeren Spalten fehlerfrei mit dem zweistufigen Schweißprozess verschweißt werden. Dieser Sachverhalt konnte durch eine Streckgrenzensteigerung bei der lokalen Wärmebehandlung über 700 *°C* während der Warmbeulung erklärt werden, vergleiche Kapitel 2.1.1. Darüber hinaus ist das Prozessfenster der Warmbeulung der Werkstoffe mit dem Bake-Hardening-Effekt wesentlich kleiner.

Tabelle 9-1: Prozessgrenzen des Warmbeulens am einseitig eingespannten Flansch für ausgewählte Werkstoffe beispielhaft für t_M = 1,5 *mm*, $F_{E1,2}$ = 1 *kN* (k.K. – kein Kontakt, K – Kontakt, R – Riss)

Stromstärke *kA*	**Z = 3 *mm***			**Z = 5 *mm***		
	HX340LAD +Z100	**HDT780C +ZE75/75**	**22MnB5 +AS150**	**HX340LAD +Z100**	**HDT780C +ZE75/75**	**22MnB5 +AS150**
2	K	k.K.	k.K.	K	k.K.	k.K.
3	K	K	K	K	R	K
4	K	K	K	K	R	R
5	K	R	R	K	R	R

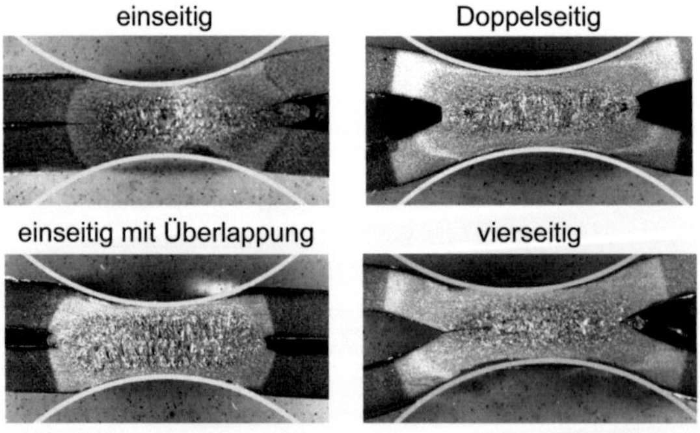

Abbildung 74: Einfluss der Blecheinspannung auf die Flanschgeometrie des zweistufigen Schweißprozesses am Beispiel HX340LAD +Z100 in t_M = 1,5 *mm* bei *Z* = 5 *mm* [181]

Die Analyse der Schliffbilder nach dem gesamten zweistufigen Schweißvorgang hat gezeigt, dass trotz der neuen Prozessführung bei der einseitigen Blecheinspannung eine unsymmetrische Schweißlinse entstand. Es war bei dieser Art des Schweißflansches auch deutlich eine nicht achsensymmetrische Flanschdeformation zu erkennen. Die Abbildung 74 stellt beispielhafte Schliffbilder untersuchter Schweißflanschen nach dem zweistufigen Widerstandspunktschweißprozess gegenüber. Infolge des Warmbeulens und der anschließenden Schweißlinsenbildung entstanden bei den anderen Flanscharten zu der Elektrodenachse symmetrische Schweißlinsen mit den überwiegend lokalen Verformungsanteilen.

Wie bereits aus den Druckversuchen hervor ging, weist die vierseitige Einspannung der Membran eine sehr hohe Steifigkeit und grenzt das Prozessfenster erheblich ein. Daher wird der Doppelflansch für die Schweißversuche zur Grundlagenuntersuchung des zweistufigen Prozesses in weiteren Schweißversuchen verwendet.

9.3.2 Einfluss des Spaltes

Die Abbildung 75 stellt dynamische Widerstandsverläufe bei Veränderung des Zwischenlagenabstandes von 0 bis 2,4 *mm* in 0,6 *mm* Schritten dar. Im Gegensatz zur FEM-Simulation nimmt das Widerstandsmaximum mit dem Zwischenlagenabstand zu, vergleiche Abbildung 44. Die Untersuchung bestätigte den Sachverhalt aus [143].

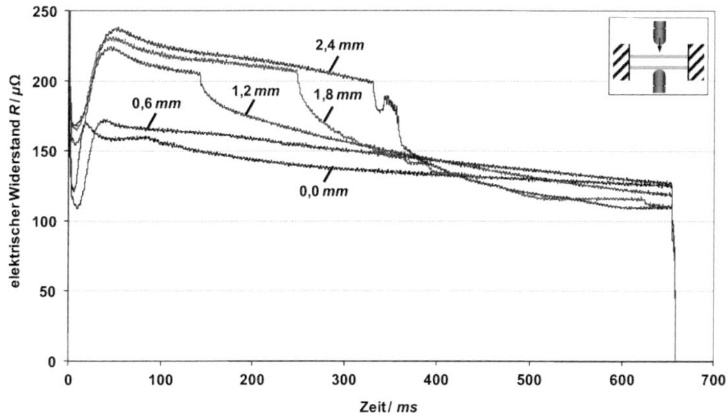

Abbildung 75: Einfluss vom Nebenschluss auf den dynamischen Widerstandsverlauf des einstufigen Schweißprozesses beispielhaft für HX340LAD +Z100 t_M = 3 *mm*, $F`_3$ = 3,5 *kN*, I_2 = 10 *kA*

Obwohl zusätzliche Zwischenlagebleche den Spannungsabfall bzw. die eingebrachte Leistung in der Kontaktebene Elektrodenkappe-Blech nicht veränderten, verzögerten sie jedoch das Erreichen des Widerstandsmaximums geringfügig. Die Ursache lag in der begrenzten Stromdynamik bei einem induktiven Widerstandsanteil im Sekundärkreis der Schweißzange.

Die Schliffbilder in der Abbildung 76 stellen die Schweißflanschgeometrien untersuchter Werkstoffe in 1,5 *mm* Materialstärke bei der doppelseitigen Einspannung nach dem Beulvorgang mit 4 *kA* Stromstärke und 1 *kN* Elektrodenkraft gegenüber. Es war zu erkennen, dass sowohl die elektrischen und thermischen Werkstoffeigenschaften als auch der Zwischenlagenabstand über die Größe der Wärmeeinflusszone infolge der Warmbeulung die Schweißflanschgeometrien beeinflussten. Bei der Überbrückung 5 *mm* Zwischenlagenabstand wurde der Blechkontakt erst in der

Stromphase nach einer längeren Beulzeit erreicht. Da in dieser Zeit der Beulstrom nur über den Nebenschluss fließen konnte, wurde mehr Wärme von der Fügestelle in die Randbereiche transportiert. Erwartungsgemäß war die Größe der Wärmeeinflusszone sowie der lokalen Flanschdeformation werkstoffabhängig und bei der höheren Werkstofffestigkeit am stärksten ausgeprägt. Beim hohen Temperaturgradient über den Schweißflansch fanden die Erwärmung und damit die Erweichung überwiegend räumlich begrenzt bzw. lokal um die Elektrodenschweißkappe statt. Für den normalfesten HX340LAD +Z100 ging die Verformung mehr in die Richtung einer globalen hin. Unabhängig vom untersuchten Werkstoff wurde eine an die Elektrodenkappenform angepasste Buckelform gebildet, was die Ergebnisse aus der nummerischen Berechnung bestätigte. Somit eignet sich der zweistufige Prozess zur Verringerung des Verzugs besonders bei höher- und höchstfesten Werkstoffen.

HX340LAD +Z100 HDT780C +ZE75/75 22MnB5 +AS150

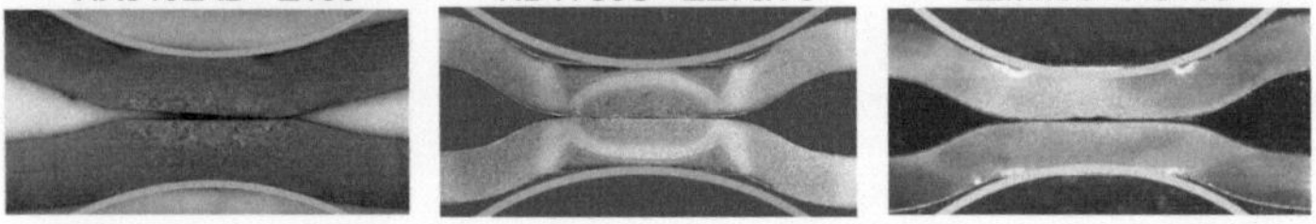

Abbildung 76: Flanschgeometrie nach dem Warmbeulen am Doppelflansch beispielhaft für verschiedene Werkstoffe t_M = 1,5 *mm* und 5 *mm* Zwischenlagenabstand

Anhand der Abbildung 76 war zu erkennen, dass es bei einer verspäteten Abschaltung des Beulstromes der Werkstoff in der Verbindungszone geschmolzen werden kann. Trotz einer Spaltüberbrückung im kalten Zustand beim Zwischenlagenabstand von 1 *mm* wurde bei diesem Versuch der Beulstrom für kurze Zeit eingeschaltet, um die Auswirkung auf die Erwärmung in der Fügeebene zu untersuchen. Dieser Zwischenlagenabstand wurde für diesen Versuch gewählt, da nach [143] ein kleiner geprägter Buckel einen höheren Leistungsabfall als passungsgenaue Proben verursacht. Damit wird die Schweißlinsenbildung beschleunigt. Erwartungsgemäß fand die Erwärmung wegen eines mangelnden Nebenschlusses ausschließlich im Bereich der Fügestelle statt, was zu sehr stark ausgeprägten Wärmeeinflusszonen führte. Bei höher- und höchstfesten Werkstoffen entstanden schon kleine Schweißlinsen, wobei der 22MnB5 +AS150 kleine Mittenpore enthielt (Abbildung 77). Da beim zweistufigen Prozess das Aufschmelzen des Werkstoffs nicht während der Beulung sondern erst im zweiten Prozessschritt unter der Einwirkung einer höheren Elektrodenkraft und mit der anschließenden Nachhaltezeit erfolgt, sollte die Bildung von diesen Schweißfehler verhindert werden. Dennoch waren entstandene Pore in Bezug auf den Schweißlinsendurchmesser nach [171] für die Verbindungseigenschaften unkritisch.

HDT780C +ZE75/75 22MnB5 +AS150

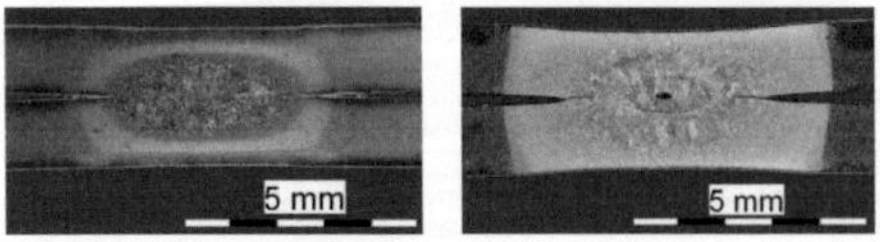

Abbildung 77: Flanschgeometrie nach dem Warmbeulen am Doppelflansch beispielhaft für verschiedene Werkstoffe t_M = 1,5 *mm* bei 1 *mm* Zwischenlagenabstand

9.3.3 Einfluss der Stromstärke

Bereits die Druckversuche im Kapitel 5.1.2 und die Analyse von Beulparametern am Simulationsmodell im Kapitel 7.3 haben gezeigt, dass die Stromstärke den größten Einfluss von Prozessparameter auf den Beulprozess aufweist. Im Rahmen dieser Untersuchung wurde die Auswirkung der Stromstärkevariation bei der doppelseitigen Einspannung mit 50 *mm* Einspannabstand und 5 *mm* Zwischenlagenabstand an verschiedenen Materialgüten analysiert.

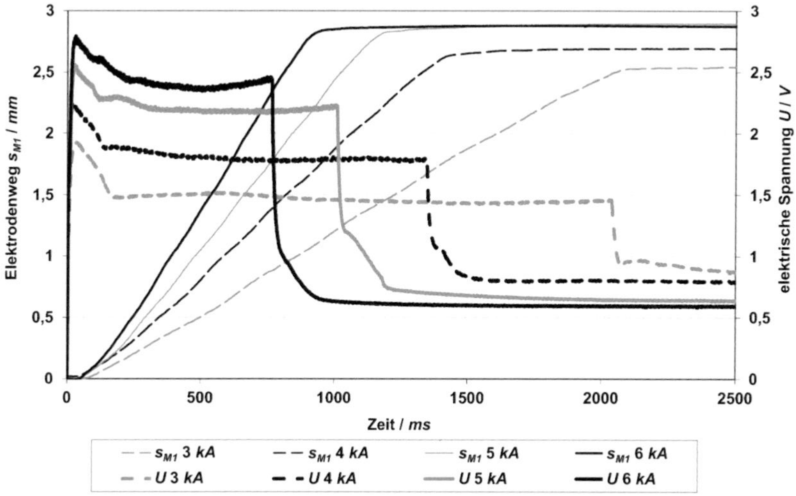

Abbildung 78: Einfluss der Stromstärke auf das Warmbeulen beispielhaft für 22MnB5 +AS150 t_M = 1,5 *mm*, $F`_2$ = 1 *kN*, *Z* = 5 *mm*

Die Abbildung 78 zeigt den Verlauf der Schweißelektrodeposition s_{M1} und der elektrischen Spannung *U* über den Zeit für verschiedene Stromstärken am Beispiel des höchstfesten 22MnB5 +AS150 in 1,5 *mm* Materialstärke. Mit der Erhöhung der Stromstärke sank der E-Modul erwartungsgemäß aufgrund der eingebrachten thermischen Energie. Der Ursprung des Diagramms markierte den Anfang der Warmbeulung. Daher wird der Beulweg im kalten Zustand von ca. 0,5 *mm* nicht dargestellt. Beim Kontaktieren beider Bleche wurde der eingestellte Nebenschluss mit dem direkten Strompfad parallel überbrückt, wodurch die elektrische Spannung bekanntermaßen sank. Es war aus den Wegkurven zu erkennen, dass bei einem gleichbleibenden Spalt der zurückgelegte Beulweg mit der Stromstärke stieg. Der Grund war das tiefere Einsinken der Schweißelektrodenkappe in den geschmolzenen Grundwerkstoff. Obwohl bereits ab 5 *kA* leichte Schweißspritzer auftraten, konnten stabile Kraftregler eine kontinuierliche Kontaktierung der Bleche weiterhin gewährleisten. Aufgrund der Drehzahlbegrenzung war ein leichter stromstärkeabhängiger Elektrodenkrafteinbruch nicht zu vermeiden, vergleiche Kapitel 9.2.2 und 9.2.3.

In Anlehnung an die Verläufe der elektrischen Spannung kann der dynamische Widerstand über den Stoffwiderstand und Übergangswiderstand beschrieben werden, vergleiche Abbildung 24. Durch die Abhängigkeit der einzelnen Widerstände von der Temperatur entwickelt sich der charakteristische Widerstandsverlauf, der dem während der Schweißlinsenbildung beim einstufigen Schweißvorgang ähnelt. Der Stoffwiderstand berechnet sich unter Berücksichtigung der Werkstofftemperatur im eindimensionalen Stromleiter der Länge *l* und der senkrecht projizierten Kontaktfläche *A* aus der Formel für einen zylindrischen Leitungswiderstand [189].

$$R_S = \frac{1}{A}\int_{l_0}^{l} \rho(T)dl$$ **Formel 37**

wobei $\rho(T) = \rho(T_0)\cdot(1+\alpha_T\cdot(T-T_0))$ **Formel 38**

Der Übergangswiderstand beschreibt die Zusammenhänge zwischen der Kontaktfläche und der Elektrodenkraft und besteht aus dem Kontaktwiderstand R_K und dem Bahnwiderstand R_B, der durch eine parallele Schaltung von vielen kleinen Widerständen entsteht [143].

$$R_Ü = R_B + R_K$$ **Formel 39**

$$\frac{1}{R_B} = \sum_i \frac{1}{R_{Bi}}$$ **Formel 40**

Der Kontaktwiderstand setzt sich bekanntlich aus dem Fremdschichtwiderstand R_F und Engewiderstand R_E zusammen.

$$R_K = R_F + R_E$$ **Formel 41**

Mit dem Engewiderstand wird die Veränderung des elektrischen Widerstandes in den stromleitenden Kontaktbereichen bei hohen Stromstärken definiert. Der Engewiderstand wird während des Beulvorganges infolge der Flanschdeformation und der Schwankung der Elektrodenkraft über den Kontaktradius *a* beeinflusst.

$$R_E = \frac{\rho}{2\sum_i a_i}$$ **Formel 42**

Da der Fremdschichtwiderstand die Kontaktsituation der metallischen Kontaktfläche darstellt, ist er eine Funktion des Grundwerkstoffes und Zustandes der Werkstoffoberfläche. Der Fremdschichtwiderstand lässt sich nach [190] berechnen.

$$R_F = \frac{\rho}{\pi\sum_i a_i}\cdots\frac{\rho}{4\sum_i a_i}$$ **Formel 43**

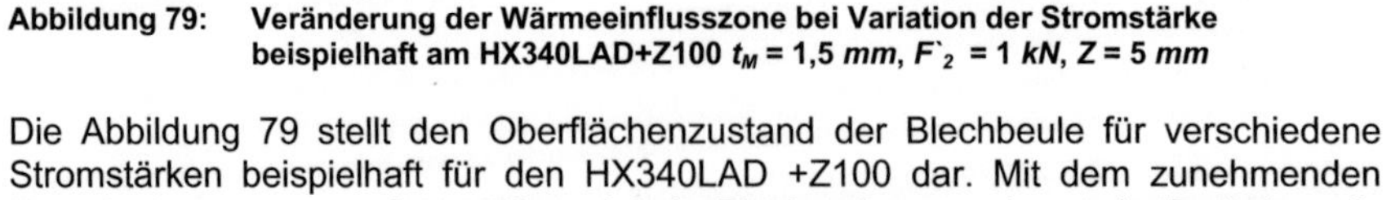

Abbildung 79: Veränderung der Wärmeeinflusszone bei Variation der Stromstärke beispielhaft am HX340LAD+Z100 t_M = 1,5 *mm*, F'_2 = 1 *kN*, *Z* = 5 *mm*

Die Abbildung 79 stellt den Oberflächenzustand der Blechbeule für verschiedene Stromstärken beispielhaft für den HX340LAD +Z100 dar. Mit dem zunehmenden Energieeintrag waren eine stärkere lokale Blechverformung bzw. ein Buckel sowie eine größere Wärmeeinflusszone bzw. die geschmolzene Zinkschicht zu beobachten. Ab 5 *kA* traten vermehrt die Schweißspritzer und ein schnelles Anlegieren von Schweißelektroden auf. Hierbei war auf Versuchsblechen deutlich eine Messingbildung zu erkennen. Das Verhalten weiterer Materialgüte bei unterschiedlichen thermischen Belastungen wird später bei der Parameteroptimierung im Kapitel 9.3.5 näher betrachtet.

Im Weiteren unterschied sich der Warmbeulweg aller untersuchten Werkstoffe bei der Variation der Stromstärke erheblich voreinander. Bei 3 kA Beulstromstärke waren Gesamtbeulwege aller Materialen fast gleich und mit der Zunahme der eingebrachten Energie ordneten sich analog dem Versuch mit verschiedenen Stromstärken gestaffelt nach der Streckgrenze des jeweiligen Werkstoffes an (siehe Tabelle 4-1). Der Sachverhalt wird später im Kapitel 9.3.5 näher betrachtet und anhand von Schliffbilder darlegt. Der Einfluss der werkstofflichen Eigenschaften war ebenso an der Beulgeschwindigkeit zu erkennen, vergleiche Abbildung 80. Demzufolge konnte nach einer vergleichbaren Beulzeit der Spalt am HX340LAD +Z100 und HDT780C +ZE75/75 bei verschiedenen Elektrodenwegen in der Stromphase überbrückt werden. Zusammenfassend lässt sich feststellen, dass die notwendige Leistung während der Warmbeulung wie beim einstufigen Widerstandspunktschweißen eine Funktion des Werkstoffes ist.

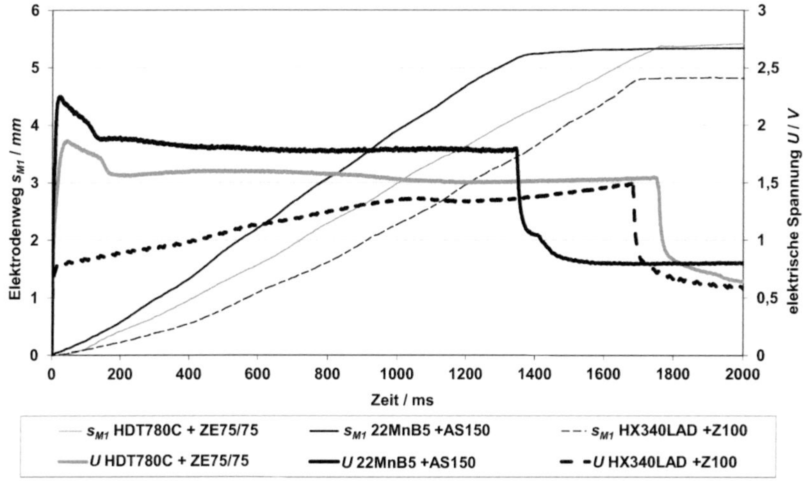

Abbildung 80: **Warmbeulen ausgewählter Werkstoffe t_M = 1,5 *mm*, $F`_2$ = 1 *kN*, *Z* = 5 *mm*, I_1 = 4 *kA***

9.3.4 Analytische Betrachtung

In diesem Kapitel wurden die Widerstandskurven aus dem quasistatischen Druckversuch im Kapitel 5 zur Bestimmung von optimalen Kraft- und Stromwerten für den Beulvorgang herangezogen und den praktischen aus den Beulversuchen gegenüber gestellt. Die zwischen den Schweißelektroden entstehende Wärmemenge ergibt sich bekanntlich aus dem Gesamtwiderstand, der sich durch das Zusammenwirken temperaturabhängiger Stoff- und Übergangswiderstände ergibt. Dieser komplexe Zusammenhang determinierte den dynamischen Widerstandsverlauf während des Warmbeulens (Abbildung 81). Im Allgemeinen hatten die aufgezeichneten Widerstandsverläufe während der Warmbeulung eine ähnliche Form wie beim einstufigen Widerstandspunktschweißen. Der hohe Übergangwiderstand brach innerhalb von wenigen Millisekunden sofort zusammen. Der herrschende Anfangswiderstand sank im weiteren Prozessverlauf auf ein niedrigeres und weitgehend konstantes Niveau zusammen, vergleiche Abbildung 78 und Abbildung 80.

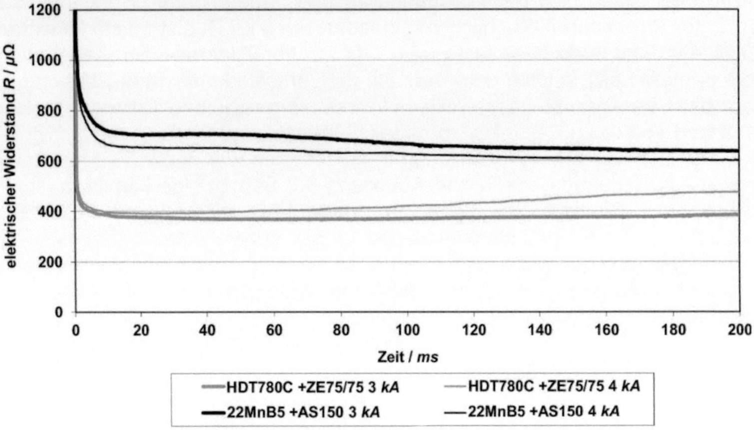

Abbildung 81: Dynamischer Widerstandsverlauf (Ausschnitt) beim Warmbeulen mit 2 *kN* beispielhaft für HDT780C +ZE75/75 und 22MnB5 +AS150 in 1,5 *mm* Materialstärke

Unabhängig von absoluten Widerstandswerten konnten zwei verschiedene Arten von Verläufen festgestellt werden. In der dynamischen Widerstandskurve beim Feinkornbaustahl lässt sich ähnlich der Schweißlinsenbildung beim herkömmlichen Schweißprozess der Gesamtwiderstandsabfall und -anstieg erkennen. Der Widerstandsverlauf des höchstfesten 22MnB5 +AS150 blieb bei der Veränderung der Elektrodenkraft weitgehend unverändert. Auch während des gesamten Beulvorganges änderte er sich nur geringfügig. Sobald jedoch ein gewisser Energieeintrag im unteren Kraftbereich überschritten wurde, traten bei diesem Werkstoff auf Grund des Materialverlustes vermehrt Einbrüche im Widerstandsverlauf auf. Bei allen untersuchten Werkstoffen konnte wie beim herkömmlichen Schweißvorgang eine Entstehung eines kleinen lokalen Widerstandsmaximums festgestellt werde. Dieses wurde mit der zunehmenden Stromstärke stärker ausgeprägt und trat bei der Elektrodenkrafterhöhung später auf. Im Weiteren haben die Versuche gezeigt, dass der dynamische Widerstandsverlauf mit der Flanschtemperatur um die Elektrodenkappe und damit mit der Qualität der Spaltüberbrückung korreliert. Damit kann der elektrische Widerstand von Qualitätssicherungssystemen auch in der Beulphase überwacht und entsprechend geregelt werden. An der Stelle sind weitere Untersuchungen notwendig.

Zum Vergleich des Gesamtwiderstandes während des Warmbeulens mit dem aus den Druckversuchen wurde bei der entsprechenden Elektrodenkraft das lokale Minimum während der Stromphase herangezogen. Die Ergebnisse sind in der Abbildung 82 dargestellt. Es war zu erkennen, dass die Widerstandswerte während des Warmbeulens im Gegenteil zum quasistatischen Druckversuch mit der Elektrodenkraft nur geringfügig verändert wurden, was die Kraftsituation am toleranzbehafteten Schweißflansch aus der Abbildung 28 wieder spiegelt. Dieser Effekt nahm mit der Werkstofffestigkeit zu. Darüber hinaus kann vor dem Blechkontakt in der Beulphase der elektrische Widerstand nur geringfügig angepasst werden. Bei der Kraftanpassung findet die Veränderung der Beulzeit überwiegend über die Flanschdeformation statt, was bereits die FEM-Simulation im Kapitel 7.3.2 zeigte.

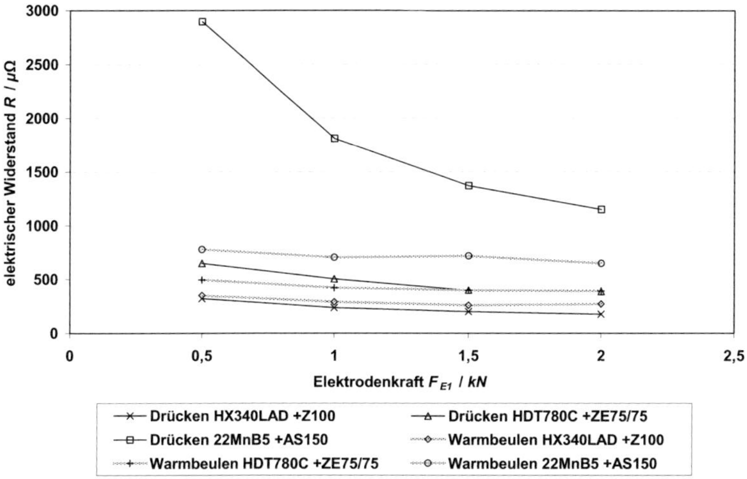

Abbildung 82: Elektrischer Widerstand am toleranzbehafteten Flansch beim quasistatischen Druckversuch und Warmbeulen für verschiedene Werkstoffe in 1,5 *mm* Materialstärke

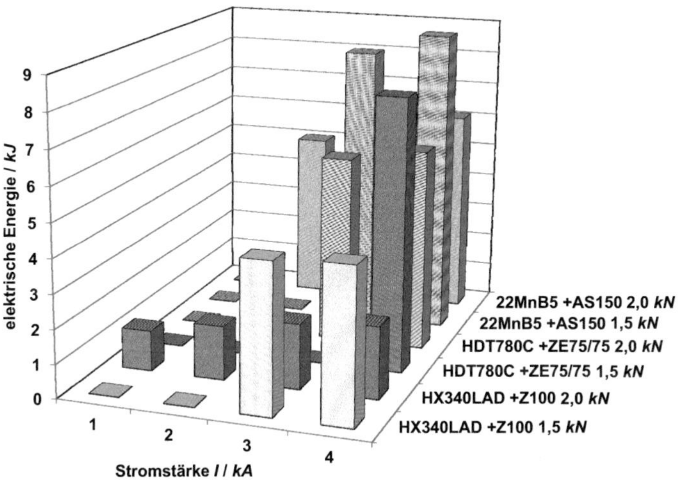

Abbildung 83: Zugeführte Energie zur Überbrückung von 5 *mm* Spalt für verschiedene Werkstoffe in 1,5 *mm* Materialstärke

Aufgrund temperaturabhängiger Wärmetransportmechanismen aus der Schweißlinse während des Widerstandspunktschweißens wurden zur Überbrückung vom 5 *mm* Spalt trotz der gleichbleibenden Elektrodenkraft unterschiedliche elektrische Energien benötigt, wie in der Abbildung 83 beispielhaft für untersuchte Stähle in 1,5 *mm*

Materialstärke dargestellt. Durch die Betrachtung der Widerstandswerte am Anfang des Beulvorganges (vergleiche Abbildung 82) und verschiedener Elektrodenkräfte konnte bei der gleichbleibenden Beulstromstärke der notwendige Energieeintrag relativ zu vorherigen unter Berücksichtigung der Flanschdeformation im kalten Zustand mit einer Toleranz von ca. 15 % bestimmt werden. Dabei konnte keine Aussage über die Beulzeit bis zum Blechkontakt getroffen werden.

9.3.5 Bestimmen von Prozessparametern

In diesem Kapitel wird die Warmbeulung optimiert und unter Berücksichtigung aktueller Normen und Richtlinien beurteilt, vergleiche Kapitel 2.1.2. Der Spalt lag unverändert bei 5 *mm*. Die maximale Beulzeit wurde für die gewählte Passungssituation anhand der Analyse der praxisnahen Mehrimpulsschweißung auf 1000 *ms* begrenzt.

Einleitend wurde der Abgleich der Simulation am Beispiel des HX340 LAD in 1,0 *mm* Materialstärke bei der Elektrodenkraft $F_{E1,\,2}$ von 1 *kN* durchgeführt. Aus den vorherigen Druckversuchen (Kapitel 5) war bereits bekannt, dass diese Elektrodenkraft eine gesamte Verformung des Schweißflansches im kalten Zustand von jeweils 2,05 *mm* pro Blech verursachte, wobei eine Krafterhöhung um 0,3 *kN* bereits zum Blechkontakt führen würde. Aufgrund bisheriger Erfahrungen wurden für die Untersuchung die Stromstärken von 2, 3 und 4 *kA* ausgewählt.

Beim Versuch mit der niedrigsten Stromstärke wurde zum Warmbeulen 690 *ms* benötigt, wobei die Gesamtverformung des Schweißflansches nur bei 2,2 *mm* lag. Durch die Erhöhung der Stromstärke um 1 *kA* wurde die erforderliche Beulzeit halbiert und die lokale Flanschdeformation verdoppelt. Da der globale Verformungsanteil über 50 % ergab, wurde im Weiteren die Elektrodenkraft auf 0,5 *kN* reduziert. Die Flanschverformung infolge der mechanischen Belastung konnte dadurch auf 0,81 *mm* pro Flansch verringert werden. Trotz eines höheren Übergangswiderstandes und dadurch einer stärkeren Erwärmung resultierte innerhalb der vorausgesetzten Zeit kein Blechkontakt. Hierbei waren in der Stromphase zwischen den Blechen Funken zu beobachten. An den Elektrodenkappen und Blechoberflächen im Bereich der Kontaktfläche Elektrode-Blech $A_{E\text{-}B}$ erschienen starke Schweißverschmutzungen. Weiterhin zeigte die Messung von Übergangswiderständen, dass die Prozesssicherheit wegen einer wesentlich höheren Messwertestreuung sank. Mit 0,7 *kN* und 3 *kA* wurde ein Blechkontakt schon nach 970 *ms* erreicht, wobei die Flanschverformung im kalten Zustand bei insgesamt 2,5 *mm* lag. Abschließend wurde die Warmbeulung mit 4 *kA* Beulstromstärke durchgeführt. Die entstehende Leistung war viel zu hoch, wodurch die Werkstoffoberfläche auf der Buckelseite beschädigt wurde. Darüber hinaus kam es sofort nach dem Blechkontakt zum Schmelzen des Werkstoffes und einer Schweißlinsenbildung. Die elliptische Wärmeeinflusszone hatte in diesem Fall im Durchschnitt 22 *mm*.

Das experimentelle Verhalten stimmte mit dem numerischen Simulationsmodell in SORPAS überein (Abbildung 84). Trotz einer Beaufschlagung beider Bleche mit der gleichen Elektrodenkraft fand keine synchrone Elektrodenbewegung in der Stromphase statt. Die im Wegverlauf entstandenen Stufen konnten auf die Reibung und Totzone des Kraftreglers zurückgeführt werden, vergleiche Abbildung 66 und Abbildung 70. Demzufolge brach wegen einer Verringerung des E-Modules während der Stromphase die Elektrodenkraft in beiden Fällen um ca. 300 *N* ein (Abbildung 84). Dieser Sachverhalt legte die untere Grenze für die Elektrodenkraft der Versuchsanlage fest, um ein prozesssicheres Warmbeulen zu gewährleisten.

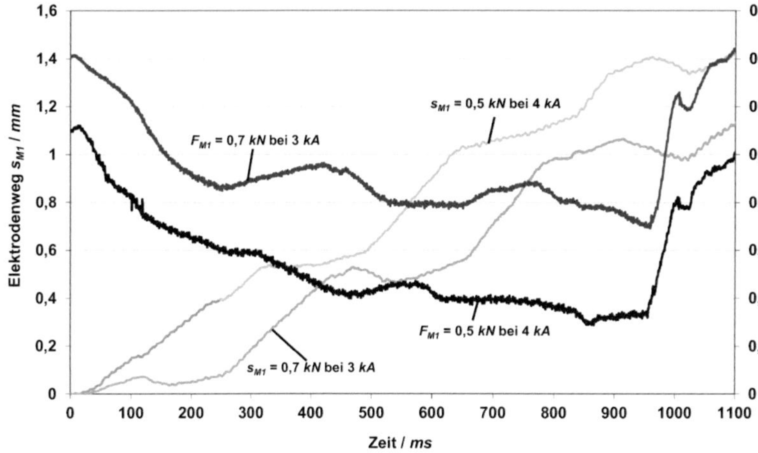

Abbildung 84: Elektrodenkraft- und Wegverläufe beispielhaft für zwei Beulparameter

Die Tabelle 9-2 stellt den Oberflächenzustand des HX340LAD +Z100 in 1,0 *mm* Materialstärke nach dem Warmbeulen für ausgewählte Parametersätze dar. Die verwendete Bezeichnung von Konturänderungen wurde aus [144] übernommen. Während der Versuche mit dem HX340LAD +Z100MB konnten keine Materialverluste durch Schweißspritzer festgestellt werden. Bei 0,5 *kN* war die buckelseitige Blechoberfläche fast auf der gesamten Blechbreite durch das verbrennte Zink verschmutzt. Mit der Elektrodenkraft nahmen die Oberflächenverschmutzung und Wärmeeinflusszone ab. Die erwärmte Zinkschicht wurde bei 1,0 *kN* im flüssigen Zustand aus der Kontaktzone der Beule zum Elektrodenkappenrand nur weggedrückt. Der Durchmesser der Wärmeeinflusszone lag für 2 *kA* bei 6 *mm* und 3 *kA* bei 9 *mm*.

Tabelle 9-2: Blechoberflächen nach dem Warmbeulen des HX340LAD +Z100 t_M = 1,0 *mm*, *Z* = 5 *mm* beispielhaft für ausgewählte Parameter

Parameter	0,5 *kN*; 3,0 *kA*	0,5 *kN*; 4,0 *kA*	0,7 *kN*; 3,0 *kA*	1,0 *kN*; 2,0 *kA*	1,0 *kN*; 3,0 *kA*
Beule	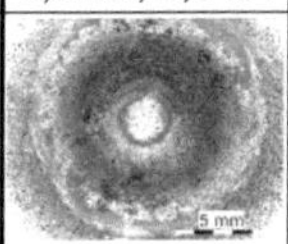	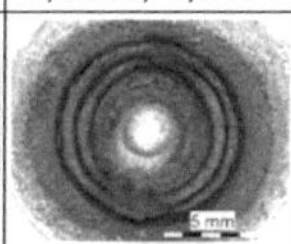	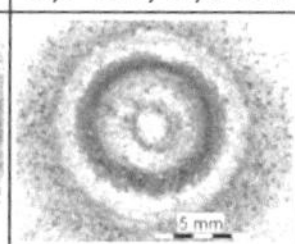	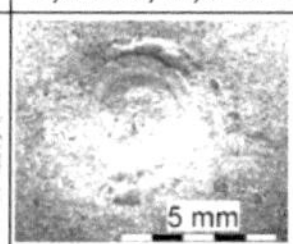	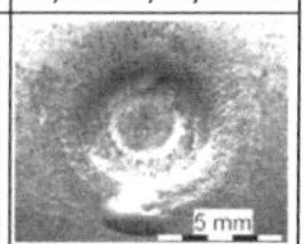
Buckel	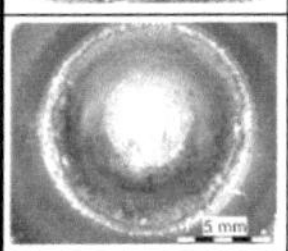	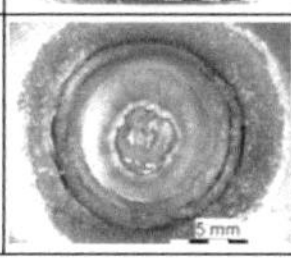	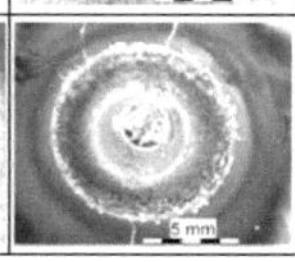	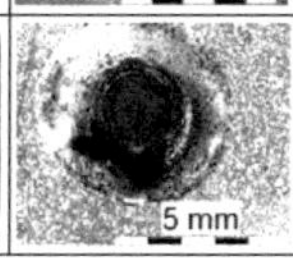	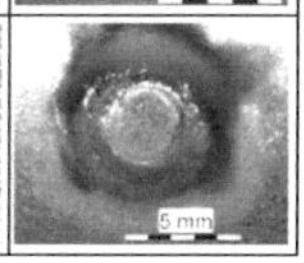

Die Beaufschlagung des Schweißflansches mit 2,4 *kN*, was der Schweißkraft entspricht, verursachte nach der Abbildung 85 eine plastische Flanschverformung von 3,7 *mm*. Die Differenz von 1,3 *mm* entsprach dem elastischen Bereich aus dem quasistatischen Druckversuch. Durch eine Erhöhung der Stromstärke während der Warmbeulung wurde die Fließgrenze herabgesetzt und der plastische Anteil vergrößert. Hierzu nahm gleichzeitig der lokale Verformungsanteil zu. Dieser Sachverhalt wurde erwartungsgemäß durch die Verringerung der Elektrodenkraft unterstützt. Nach der Beurteilung des Oberflächenzustandes und der Warmbeulung wurden trotz der leicht beschädigten Zinkschickt die besten Ergebnisse bei 0,7 *kN* und 3 *kA* erreicht, vergleiche Tabelle 9-2 und Abbildung 85.

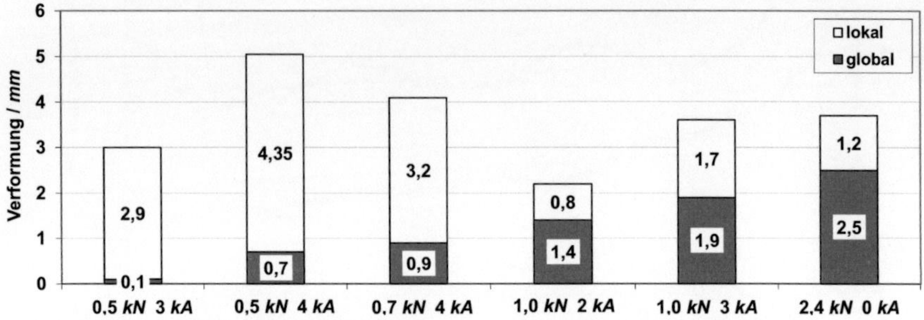

Abbildung 85: Verformungsanteile nach dem Warmbeulen beispielhaft für HX340LAD +Z100 t_M = 1,0 *mm*, Z = 5 *mm* für ausgewählte Parameter im Vergleich zum quasistatischen Druckversuch

Trotz einer Differenz der Warmbeulzeit bis zum Kontaktieren beider Bleche von 23 % wurde eine gute Übereinstimmung der erzeugten Flanschgeometrie des Schliffbildes aus experimentellen Versuchen mit der numerischen Simulation ersichtlich (Abbildung 86). Dabei wurden fast gleiche Kontaktflächen der Elektrodenkappe mit dem Flanschblech $A_{E\text{-}B}$ gemessen.

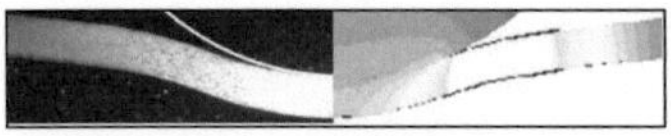

Abbildung 86: Vergleich des Warmbeulen mit 0,7 *kN* bei 3 *kA* mit der numerischen Simulation in SORPAS am Beispiel des HX340LAD +Z100 t_M = 1,0 *mm*

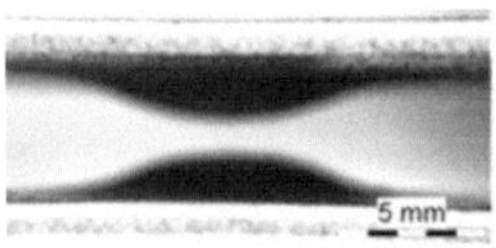

Abbildung 87: Schweißflanschgeometrie nach dem Warmbeulen mit 3 *kA* und 0,7 *kN* über 970 *ms* beispielhaft für HX340LAD +Z100 in 1,0 *mm* Materialstärke

Zusammenfassend kann festgestellt werden, dass mit dem Warmbeulen alle Anforderungen bezüglich der Schweißmöglichkeit bei der Spaltüberbrückung erfüllt wurden. Es trat keine unzulässige Blecheinschnürung der Wanddicke auf. Trotz einer Parameteroptimierung an die Werkstofffestigkeit und Materialstärke war sogar beim HX340LAD +Z100 in 1,0 *mm* Materialstärke nur ein schmales Prozessfenster vorhanden. Im Gegenteil zu der Stromstärke veränderte eine Elektrodenkrafterhöhung beim Warmbeulen nur geringfügig die gesamte Flanschverformung, vergleiche Abbildung 82. Der Unterschied war insbesondere bei lokalen und globalen Verformungsanteilen und der Prozesszeit zu erkennen. Die Abbildung 87 zeigt die Geometrie des Schweißflansches für optimierte Beulparameter nach der ersten Prozessstufe im entlasteten Zustand.

Es ist aus den Versuchen im Kapitel 9.3.1 bekannt, dass das Prozessfenster des Warmbeulens beim HDT780C +ZE75/75 wegen des Bake-Hardening-Effektes wesentlich schmaler als beim hochfesten Stahl ist. Demzufolge war eine höhere Elektrodenkraft erforderlich, um den Schweißflansch mehr im kalten Zustand zu verformen. Bei 1,5 *mm* Materialstärke konnte erst nach der Warmbeulung mit 2 *kN* Elektrodenkraft und 4,5 *kA* Stromstärke innerhalb der definierten Zeit der Spalt von 5 *mm* überbrückt werden. Nach einer weiteren Erhöhung der Elektrodenkraft konnte die Warmbeulung verkürzt werden. Hierbei war die zugeführte Leistung so hoch, dass es sofort nach dem Blechkontakt zu einer Schweißlinsenbildung kam (Tabelle 9-3). Nach dem Kontakt von 100 *ms* wurde der Schmelzedurchmesser bei der Erwärmung mit der Beulstromstärke von 5 *kA* von ca. 4,6 *mm* gemessen. Die Analyse der Flanschverformung beim Warmbeulen mit den Parametern aus der Tabelle 9-3 ist in der Abbildung 88 dargestellt.

Tabelle 9-3: Blechoberflächen nach dem Warmbeulen des HDT780C +ZE75/75 t_M = 1,5 *mm*, *Z* = 5 *mm* beispielhaft für ausgewählte Parameter

Parameter	1,0 *kN*; 3,0 *kA*	1,0 *kN*; 4,0 *kA*	2,0 *kN*; 4,0 *kA*	2,0 *kN*; 4,5 *kA*	2,0 *kN*; 5,0 *kA*
Beule	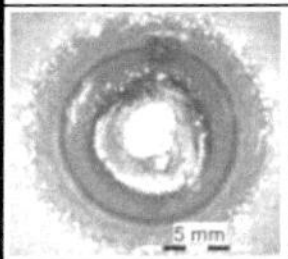	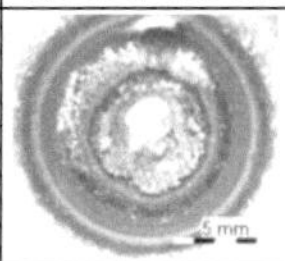	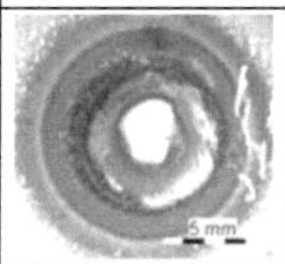	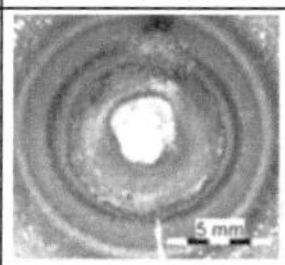	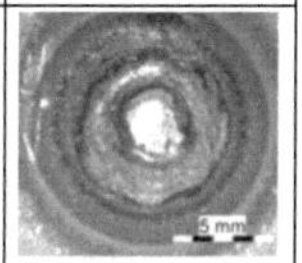
Buckel	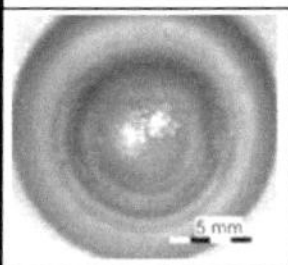	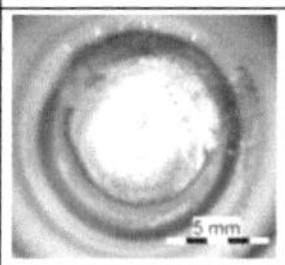		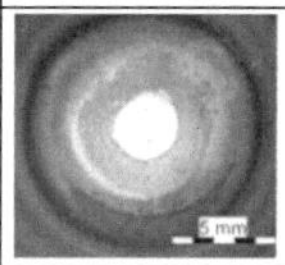	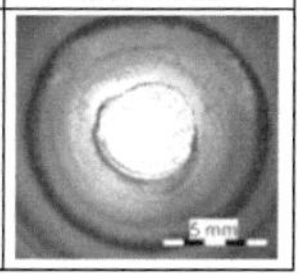

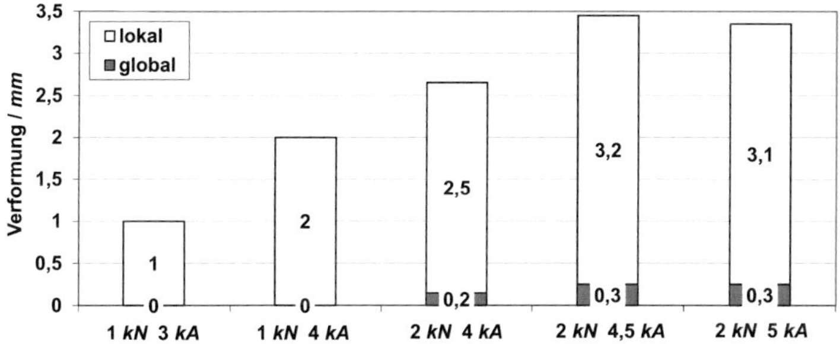

Abbildung 88: Verformungsanteile nach dem Warmbeulen am Beispiel des HDT780C +ZE75/75 t_M = 1,5 *mm*, *Z* = 5 *mm* für ausgewählte Parameter

Unerwartet nahm mit der Erhöhung der Stromstärke von 4,5 auf 5 *kA* der lokale Verformungsanteil geringfügig ab. Die Ursache lag in einer größeren Wärmeeinflusszone, wodurch auch der Bereich außerhalb des als lokal betrachteten stark erwärmt und verformt wurde. Der verbliebene Spalt konnte trotzdem anschließend durch Anlegen einer Elektrodenkraft von 0,5 *kN* prozesssicher überbrückt werden.

Unter Berücksichtigung der Druckversuche im Kapitel 5 sowie Versuchsergebnisse beim Warmbeulen des HX340LAD +Z100 in 1,0 *mm* Materialstärke wurde für die ersten Versuche am 22MnB5 +AS150 mit derselben Materialdicke die Elektrodenkraft von 1 *kN* eingestellt. Der Blechkontakt konnte bei der Stromstärke von 3 *kA* bereits nach 560 *ms* erreicht werden. Für 2,5 *kA* und 2,0 *kA* Stromstärke waren entsprechend 660 *ms* und 950 *ms* zum Blechkontakt erforderlich. Es traten bei allen Stromstärken kurz vor der Spaltüberbrückung Funken zwischen den Blechen auf der Buckelseite auf, die mit der Stromstärke zunahmen. Obwohl während der Warmbeulung keine Schweißspritzer entstanden, wurde die buckelseitige Flanschoberfläche durch das Verdrängen des flüssigen Werkstoffs aus der Fügezone beschädigt (Tabelle 9-4). Die Stromstärke von 4,0 *kA* führte schon zu einer zu starken Erwärmung des Grundwerkstoffs, wodurch ein unzulässiger Verlust des flüssigen Werkstoffs und Risse im Grundwerkstoff erschienen. Durch eine Elektrodenkrafterhöhung wurde das Prozessfenster nicht vergrößert.

Tabelle 9-4: Blechoberflächen nach dem Warmbeulen beispielhaft für ausgewählte Parameter des 22MnB5 +AS150 t_M = 1,0 *mm*, *Z* = 5 *mm*

Parameter	0,5 *kN*; 2,0 *kA*	1,0 *kN*; 2,5 *kA*	1,0 *kN*; 3,0 *kA*	1,0 *kN*; 4,0 *kA*
Beule	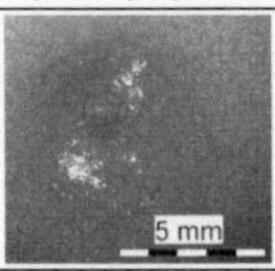	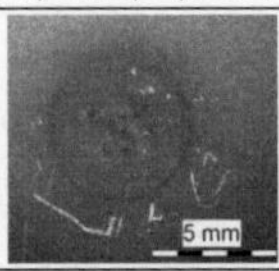	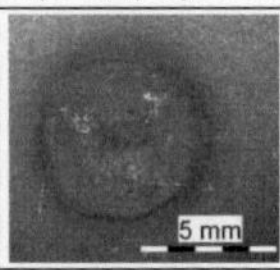	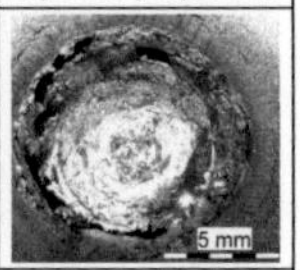
Buckel	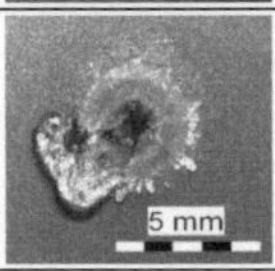	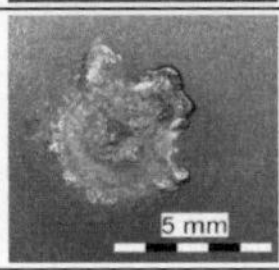	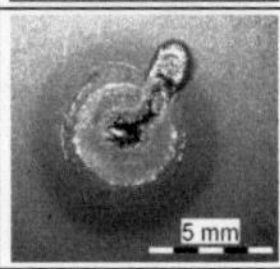	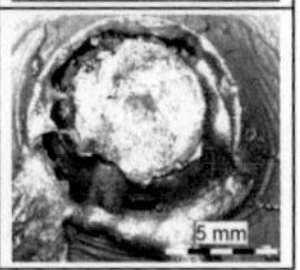

Am höchstfesten 22MnB5 +AS150 in 1,5 *mm* Materialstärke wurde bei Warmbeulen mit der Elektrodenkraft von 1 *kN* und Stromstärke von 3 *kA* nur eine geringere Blechverformung erzeugt und der Spalt nicht innerhalb der definierten Zeit überbrückt. Bereits nach einer Erhöhung der Beulstromstärke um 1 *kA* traten massive Verluste des flüssigen Werkstoffes auf der ungestützten Buckelseite auf. Ebenso bei 1,5 *kN* Elektrodenkraft und 4 *kA* konnte in der vorausgesetzten Beulzeit kein Blechkontakt sichergestellt werden. Nach einer Leistungserhöhung wurde das Blechmaterial zu stark erwärmt, was zu einem großen Loch im Grundmaterial wegen Materialverluste führte (Tabelle 9-5). Durch die Elektrodenkrafterhöhung in der Beulphase auf 2 *kN* konnte in Begleitung des Beulstromes von 4 *kA* nach 950 *ms* ohne Materialverlust ein Blechkontakt prozesssicher hergestellt werden. Höhere Stromstärken beschleunigten zwar den Beulvorgang, jedoch lösten kurz davor und unmittelbar nach der Spaltüberbrückung vermehrt Materialverluste auf der Buckelseite aus. Bei 3 *kN* nahm die Blechverformung im kalten Zustand erheblich zu. Es blieb ein Spalt von nur 3,2 *mm*, der auch bei der Stromstärke von 4 kA ohne Risse überbrücken wurde.

Die Werkstoffoberfläche des formgehärteten AlSi-schmelztauchveredelten Bleches mit ca. 60 HV Harte blieb bis zur Zerstörung des Grundwerkstoffes unverändert. Auf Grund der geringen globalen Verformung lag der Unterschied lediglich in der Tiefe der lokal ausgeformten Beule. Hierbei wurde ein Elektrodenkraftabfall im Bereich der Empfindlichkeit der Elektrodenkraftregler gemessen. Darüber hinaus ist eine Bewertung der thermischen Belastung anhand des Zustandes von der Oberfläche nur begrenzt möglich.

Tabelle 9-5: Blechoberflächen nach dem Warmbeulen beispielhaft für ausgewählte Parameter des 22MnB5 +AS150 t_M = 1,5 *mm*, *Z* = 5 *mm*

Parameter	1,5 *kN*; 4,0 *kA*	1,5 *kN*; 4,5 *kA*	2,0 *kN*; 4,0 *kA*	2,0 *kN*; 4,5 *kA*	3,0 *kN*; 4,0 *kA*
Beule	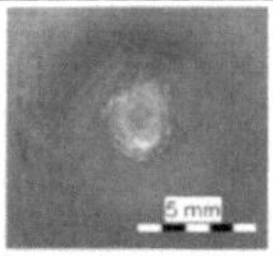	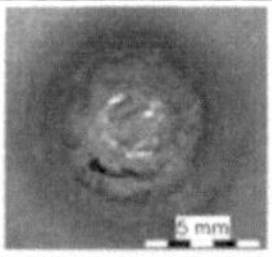	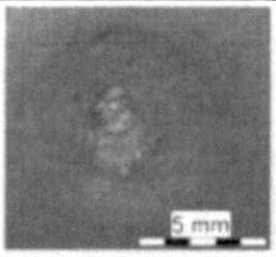	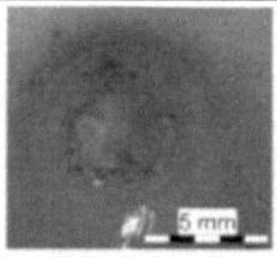	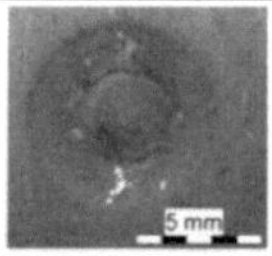
Buckel	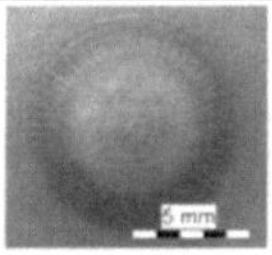	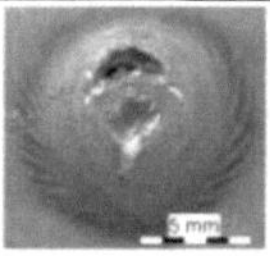	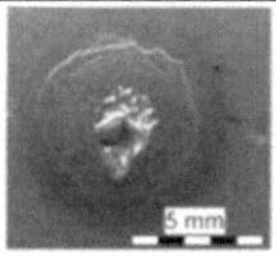	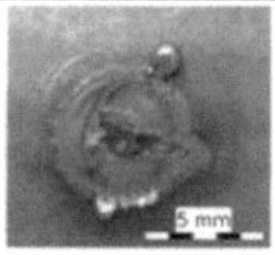	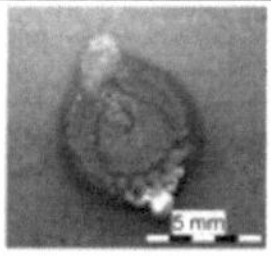

Die Abbildung 89 und Abbildung 90 stellen entsprechend die Verformungsanteile des höchstfesten 22MnB5 +AS150 beim Warmbeulen mit den Parameter aus der Tabelle 9-4 und Tabelle 9-5 dar. Erwartungsgemäß nahmen bei der Stromstärkeerhöhung lokale Verformungsanteile zu. Auf Grund einer sehr hohen Steifigkeit des stärkeren Flansches wurde nur eine lokale Verformung gemessen. Erst bei der Elektrodenkraft von 3 *kN* und Stromstärke von 4 *kA* wurde eine geringe globale Flanschverformung festgestellt. [185], [186]

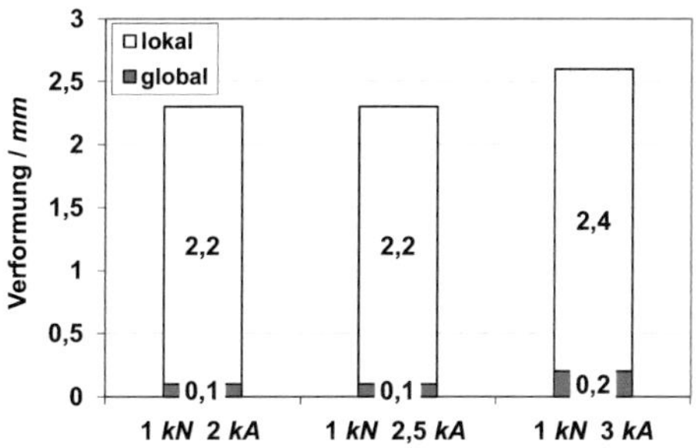

Abbildung 89: Verformungsanteile nach dem Warmbeulen am Beispiel des 22MnB5 +AS150 t_M = 1,0 *mm*, *Z* = 5 *mm* für ausgewählte Parameter

Unter Berücksichtigung seriennaher Randbedingungen und Bewertungskriterien aus [158], [159] und [171] wurden nach dieser experimentellen Untersuchung für die weitere Analyse des zweistufigen Schweißprozesses während der ersten Prozessphase beim 22MnB5 +AS150 in 1,0 *mm* Materialstärke die Stromstärke von 3 *kA* und Elektrodenkraft von 1 *kN* sowie 1,5 *mm* Materialstärke mit entsprechend 4 *kA* und 2 *kN* gewählt. Die Abbildung 91 stellt die Flanschgeometrie nach dem Beulvorgang beider Materialstärken mit diesen Parametern anhand eines Querschliffes dar. [185], [186]

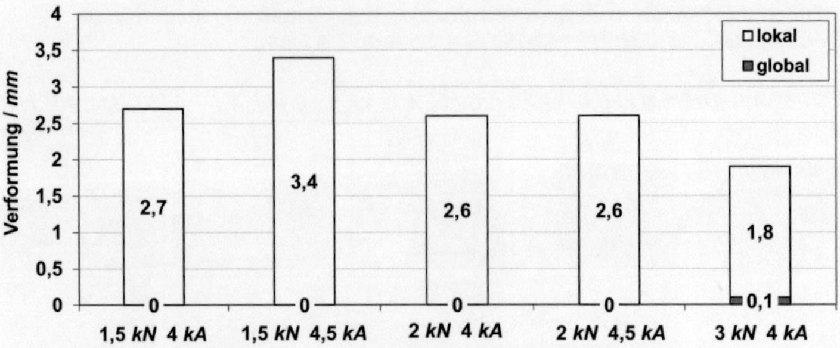

Abbildung 90: Verformungsanteile nach dem Warmbeulen am Beispiel des 22MnB5 +AS150 t_M = 1,5 *mm*, Z = 5 *mm* für ausgewählte Parameter [185], [186]

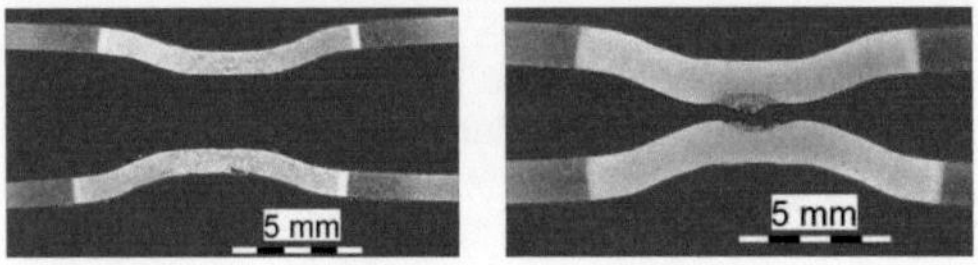

Abbildung 91: Geometrie des Schweißflansches nach dem optimierten Warmbeulen des 22MnB5 +AS150 in 1,0 *mm* (links) und 1,5 *mm* (rechts) Materialstärke [185], [186]

9.4 Untersuchung der Wärmeausgleichzeit

Ausgehend vom Konzept des zweistufigen Prozesses nach dem Kapitel 6 wird die stromlose Wärmeausgleichzeit zwischen der ersten und zweiten Prozessphase benötigt, um die höhere Schweißkraft sicher herzustellen. Im Weiteren kommt es in dieser Zeit zu einem Rückkühlen der Schweißelektroden und der Fügestelle, wodurch die thermische Belastung der Schweißeinrichtung und des Bauteils infolge der langen Beulzeit reduziert wird, siehe Kapitel 9.3.5. Da der dynamische Widerstandsverlauf bei konstanten Prozessparameter während der Schweißlinsenbildung im Wesentlichen über die thermische Veränderung des Werkstoffwiderstandes determiniert wird, ist daher eine Anpassung von Schweißparameter an die Wärmeausgleichzeit und die bereits eingebrachte Energie erforderlich. Zur optimalen Prozessführung sollte die Wärmeausgleichzeit möglichst kurz bleiben.

Bei allen Schweißversuchen im Rahmen dieser Untersuchung wurde in der ersten Prozessphase der Spalt von 5 *mm* bei gleichen optimierten Beulparametern am 22MnB5 +AS150 in 1,5 *mm* Materialstärke überbrückt. Um eine Vergleichbarkeit der Ergebnisse sicherzustellen, wurde ausschließlich die Schweißstromstärke während der Schweißlinsenbildung bei der unveränderten Schweißkraft und -zeit an die unterschiedliche Wärmeausgleichzeit angepasst. Das Bewertungskriterium war der minimale Punktdurchmesser nach [27] und [145]. Weiterhin wurde als Referenz die Schweißung ohne Spalt herangezogen. Die Abbildung 92 stellt für ausgewählte Wärmeausgleichzeiten die relative Anpassung der Schweißstromstärke beim zweistufigen Prozess in Bezug auf den Stromwert beim Nullspalt dar. Dabei wurden die Elektroden so verfahren, dass die Elektrodenkraft konstant über die gesamte Wärmeausgleichzeit blieb und erst anschließend auf die Schweißkraft erhöht wurde. Es ist dabei zu beachten, dass dieser Kraftanstieg nach der Beendigung des Warmbeulens mindestens 40 *ms* dauerte.

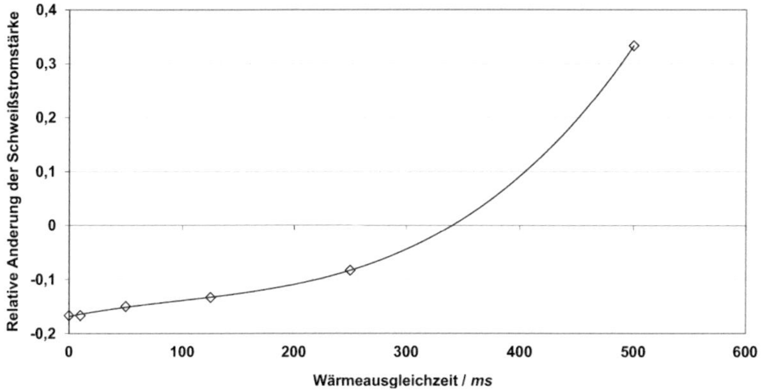

Abbildung 92: Relative Änderung der Schweißstromstärke zur Sicherstellung des gleichbleibenden Schweißpunktdurchmessers am Beispiel 22MnB5 +AS150 t_M = 1,5 *mm*, Z = 5 *mm*

Durch eine stark lokale Verformung der Bleche entstand nach dem Warmbeulen eine geringe Kontaktfläche in der Fügezone mit einem definierten Übergangswiderstand für eine beherrschbare und prozesssichere Schweißlinsenbildung im zweiten Prozessschritt. Zur Veranschaulichung der Kontaktsituation während der Schweißlinsenbildung wurden dynamische Widerstandsverläufe bei verschiedenen Wärmeausgleichzeiten zusätzlich aufgenommen. Die Abbildung 93 stellt die Widerstandsverläufe der zweiten Prozessphase am Beispiel 22MnB5 +AS150 in 1,5 *mm* Materialstärke bei verschiedenen Wärmeausgleichzeiten dar. Als Referenz wurde ebenso der einstufige Schweißvorgang bei idealer Passungssituation herangezogen.

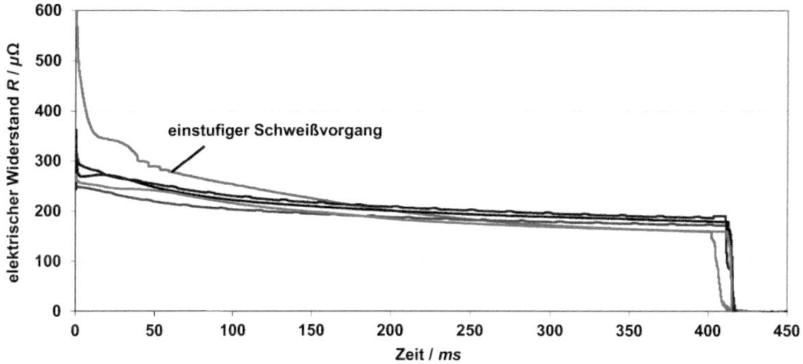

Abbildung 93: Einfluss der Wärmeausgleichzeit von 0 bis 250 *ms* auf den elektrischen Widerstand bei der Schweißlinsenbildung des zweistufigen Prozesses am Beispiel 22MnB5 +AS150 t_M = 1,5 *mm*, Z = 5 *mm* im Vergleich zum einstufigen Schweißvorgang ohne Spalt

Die Verläufe zeigten, dass der Widerstand nach dem Warmbeulen weitgehend von der Wärmeausgleichzeit unabhängig bleibt. Die Wärmeausgleichzeit beeinflusste lediglich den Zeitpunkt des lokalen Widerstandsmaximums. [153] Die geringeren Widerstandswerte am Prozessanfang sind auf bessere Kontaktbedingungen zurück zu führen. Das Warmbeulen erhöhte ähnlich einem Vorimpuls die Widerstandsreproduzierbarkeit. Im Allgemeinen musste mit der zunehmenden Ausgleichzeit für den gleichen Schweißpunktdurchmesser auf Grund der Wärmeverluste mehr Energie zugeführt werden, Tabelle 9-6. Damit nahm auch die Ausprägung des lokalen Widerstandsmaximums in der Abbildung 93 ab. Anhand von Schliffbildern konnte kein wesentlicher Unterschied von Größen der Wärmeeinflusszone festgestellt werden. Im Weiteren wurden die äußeren und inneren Bewertungskriterien der Schweißlinse nicht beeinträchtigt. Der Energieeintrag des einstufigen Schweißvorganges bei einer vergleichbaren Schweißlinse lag mit den Schweißparametern 16 % über dem benötigten Energieeintrag bei 250 *ms* Wärmeausgleichzeit.

Tabelle 9-6: Benötigte Energie zum Ausbilden von einer normgerechten Schweißlinse für verschiedene Wärmeausgleichzeiten

WAZ / *ms*	0	10	50	125	250
Energie / *kJs*	2,091	2,088	2,019	2,328	2,467

Zusammenfassend lässt sich feststellen, dass beim zweistufigen Schweißprozess eine kurze, stromlose Wärmeausgleichzeit beide Prozessschritte voneinander trennen sollte. Diese Zeit wird durch die Trägheit der Kraftaufbaustufe bestimmt und ist anlagenspezifisch auszulegen. Bei den Schweißversuchen in [23] wurde die Pausenzeit bei der Mehrimpulsschweißung zwischen den Schweißimpulsen von 40 bis 60 *ms* eingestellt. Weiterhin wird durch die quasi stromlose Zeit das lokale Widerstandsmaximum stärker ausgeprägt, was bereits bei einigen adaptiven Reglern zur Bewertung der Verbindungsqualität angewandt wird [96]. Da die Dauer des Beulvorganges durch den Spalt und die dabei verwendete Stromstärke in Funktion der Werkstoffeigenschaften determiniert werden, wurden sie bei diesen Versuchen außer Acht gelassen. Bekanntlich können diese Prozessparameter sowohl die Höhe als auch den Zeitpunkt des lokalen Widerstandsmaximums beeinflussen.

9.5 Optimierung Schweißparameter

Allgemeine Empfehlungen zur Einstellung von Schweißparameter in [145], [169] berücksichtigen nicht die große Anzahl von aufgabenspezifischen Einflussfaktoren wie Elektrodengeometrie, Werkstoffe und müssen im Einzelfall experimentell angepasst werden. Als grobe Richtwerte der einzustellenden Schweißparameter dienten die in der Automobilindustrie bewährten Startparameter für gefräste Elektrodenkappen Typ F16-6 nach [124]. Diese Anhaltwerte gelten beim Widerstandspunktschweißen zwei passungsgenau überlappender Bleche derselben Materialstärke und -güte. Verwendete Elektrodenkappen verfügen über eine geringere Kontaktfläche mit dem zu schweißenden Blech im Vergleich zu gefrästen, wodurch die Stromdichte im Kontaktbereich zunimmt. Eine Schweißung bei unveränderten Schweißparametern würde zu vermehrten Schweißspritzern und demzufolge Schweißfehler führen. Um die Elektrodenkontaktfläche bzw. Elektrodeneindringtiefe möglichst gering zu halten und die Elektrodenkappen vor einer starken Erwärmung zu schützen, wird es für diese Elektrodenkappengeometrie eine Kurzzeitschweißung empfohlen.

Bei der Optimierung der Schweißparameter wurde ausschließlich die Stromstärke bzw. Stromdichte angepasst und weitere Schweißparameter wie die Stromflusszeit sowie Elektrodenkraft unverändert übernommen. Erwartungsgemäß lagen die Schweißpunktdurchmesser d_P bei unveränderten Schweißparametern deutlich über den normgerechten Werten d_{Pmin} [145]. Die Ausnahme war der höchstfeste 22MnB5

+AS150 in 1,5 *mm* Materialstärke, für den nach der Berechnungsformel der erforderliche Mindestpunktdurchmesser nicht erreicht wurde. Die Versuche haben gezeigt, dass die Wachstumskurven mit der zunehmenden Werkstofffestigkeit begleitet von der Elektrodenkraftzunahme zu größeren Stromstärken verschoben werden. Die Materialstärke floss zusätzlich in die Steigerung ermittelter Kurven ein. Leichte Oberflächenspritzer waren beim höchstfesten Werkstoff selbst im unteren Strombereich nicht zu vermeiden.

In der Tabelle 9-7 sind die optimierten Schweißparameter für passungsgenaue Schweißflansche mit entsprechenden Schweißpunktdurchmessern zusammengefasst. Diese wurde als Referenz zum zweistufigen Schweißprozess im Rahmen dieser Arbeit anwendet.

Tabelle 9-7: Optimierte Schweißparameter für die Elektrodenkappe Typ F nach [124]

Werkstoff	Materialstärke *mm*	Stromstärke *kA*	Elektrodenkraft *kN*	Schweißzeit *ms*	d_{Pmin}/d_P *mm*
HX340LAD +Z100	1,0	5,8	2,4	300	4,0/4,5
22MnB5 +AS150	1,0	6,7	2,9	300	4,0/4,5
	1,5	9,0	3,9	400	4,9/5,5

9.6 Maßnahmen zur Prozessoptimierung

Bei der Optimierung der Parameter für die Warmbeulung im Kapitel 9.3.5 wurde ein konstanter Parametersatz über diese Prozessphase vorausgesetzt. Im Rahmen dieser Versuchsreihe wurde zusätzlich die Möglichkeit zur Verkürzung des ersten Prozessschrittes durch eine um Δt versetzte Elektrodenkrafterhöhung ΔF untersucht (Abbildung 94). Um den entstehenden Abfall des elektrischen Widerstandes bzw. der eingebrachten Leistung zu kompensieren, wurde gleichzeitig entsprechend die elektrische Stromstärke ΔI synchron angepasst. Ausgehend von der ursprünglichen Zeit des Warmbeulens wurde eine Anpassung nach 50, 150 und 300 *ms* vom Beginn des Stromflusses betrachtet.

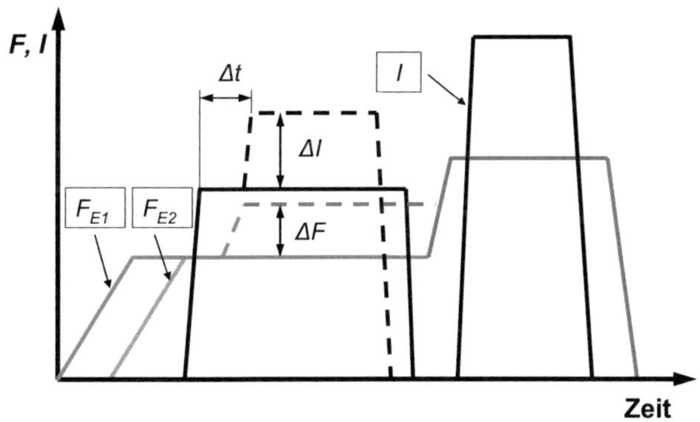

Abbildung 94: Möglichkeiten zur Verkürzung des zweistufigen Schweißprozesses

Wie bereits im Kapitel 9.3.4 gezeigt, veränderte eine Erhöhung der Elektrodenkraft nur geringfügig den elektrischen Gesamtwiderstand bzw. die entstehende Leistung. Damit wurde durch eine zusätzliche Kraftstufe der lokale Anteil an Flanschverformungen bei einer nur geringfügigen Verringerung der Prozesssicherheit infolge Schweißspritzer von der Blechoberfläche verringert. Erwartungsgemäß waren elektrodenseitige Blechoberflächen auf Grund der bestehenden Stütze für den flüssigen Werkstoff nicht beschädigt. Im Gegenteil zur Stromstärke wirkte sich eine Veränderung der Elektrodenkraft fast kaum auf die Schweißspritzerentstehung in der Fügeebene aus. Weiterhin nahm das Prozessfenster mit der Werkstofffestigkeit und dem Vorziehen der Parameteranpassung ab, so dass beim höchstfesten 22MnB5 +AS150 in 1,5 *mm* Materialstärke mit der zusätzlichen Stufe die geforderten Qualitätskriterien nicht erreicht wurden.

Zusammenfassend war es nicht möglich die Stromphase des Umformprozesses durch zusätzliche Kraft-Strom-Programmen zu verkürzen. Auf Grund der fehlenden beidseitigen Stütze für das flüssige Material darf ein Schwellwert der eingebrachten Leistung nicht überschritten werden. Mit der Elektrodenkrafterhöhung kann ausschließlich die elektrodenseitige Materialoberfläche geschützt werden.

9.7 Schweißlinsenbildung nach dem Warmbeulen

Es wurde bereits im Kapitel 9.3.1 gezeigt, dass die Schweißlinse nach dem zweistufigen Schweißvorgang genauso wie nach dem einstufigen eine ovale Form hat. Im Rahmen dieser Untersuchung sollte die Schweißlinsenentstehung und Flanschgeometrie nach dem zweistufigen Schweißprozess im Vergleich zum herkömmlichen näher betrachtet werden. Die Schweißergebnisse vom hochfesten HX340LAD +Z100 in 1,0 *mm* Materialstärke wurden zusätzlich mit der Schweißsimulation in SORPAS verglichen. Um den Einfluss unterschiedlicher Schweißparameter beim zweistufigen Prozess analysieren und beide Schweißvorgänge besser miteinander vergleichen zu können, wurde die Wärmeausgleichzeit nach Ergebnissen im Kapitel 9.4 auf 500 *ms* gesetzt. In Anlehnung an dieses Kapitel fand die Anpassung der Schweißparameter ebenso ausschließlich über die Schweißstromstärke statt.

Die Abbildung 95 stellt die Verformungsanteile des HX340LAD +Z100 nach dem zweistufigen und einstufigen Widerstandsschweißprozesses beim Spalt von 5 *mm* gegenüber. Die gesamte Flanschdeformation war in beiden Fällen durch das Einsinken von Elektrodenkappen in das flüssige Material größer als der eingestellte Spalt. Trotz einer geringen Werkstofffestigkeit wurde ein lokaler Verformungsanteil von ca. 60 *%* mit den optimierten Beulparameter gegenüber 35 *%* beim einstufigen Schweißprozess erreicht. Hierbei wurde die lokale Deformation des Schweißflansches von der ersten Prozessstufe bei der darauffolgenden Schweißphase nicht beeinträchtigt. Nach dem Warmbeulen mit 1 *kN* wurden bei beiden Prozessen vergleichbare Deformationen ermittelt.

Bei beiden Prozessen traten während der Schweißlinsenbildung keine Schweißspritzer oder Materialverluste auf und der Grundwerkstoff stülpte auf der Elektrodenseite nicht auf. Die Wärmeeinflusszone nach dem Warmbeulen wurde infolge des zweiten Prozessschrittes nicht vergrößert. In der Abbildung 96 sind die Seitenansichten des Schweißflansches sowie gebildete Wärmeeinflusszonen gegenüber gestellt.

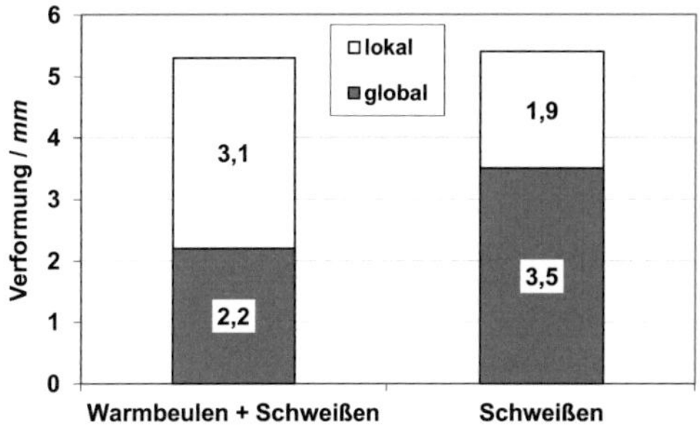

Abbildung 95: Verformungsanteile nach der Parameteroptimierung des zweistufigen und einstufigen Schweißprozesses am Beispiel HX340LAD +Z100 t_M = 1,0 *mm*, *Z* = 5 *mm*

Prozess	Blechoberfläche	Seitenansicht
Warmbeulen + Schweißung	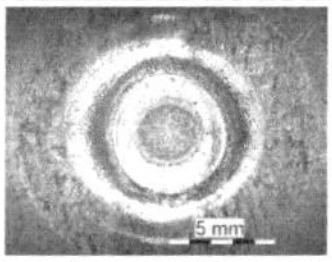	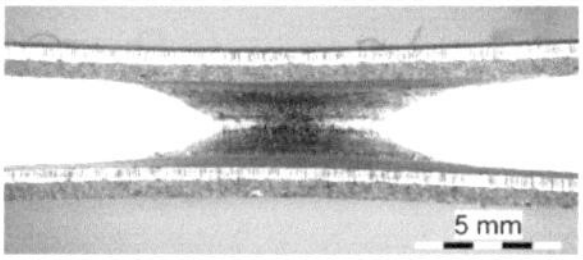
Schweißung	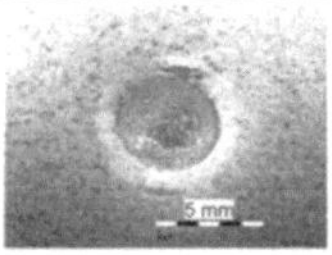	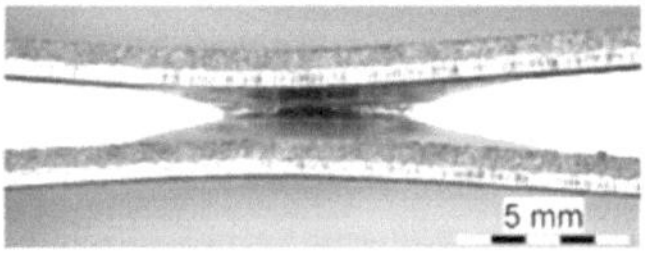

Abbildung 96: Blechoberfläche und Seitenansicht des Schweißflansches beider Prozessführungen am Beispiel HX340LAD +Z100 t_M = 1,0 *mm* *Z* = 5 *mm* [185], [186]

Nach der einstufigen Schweißung mit Schweißparametern aus der Tabelle 9-7 wurde trotz einer viel schlechteren Passungssituation beim Spalt von 5 *mm* der Schweißlinsendurchmesser von 2,5 *mm* erreicht. Die Schweißzeit war deutlich zu kurz, um eine normgerechte Verbindung nach der unkontrollierten Beulung mit dem Schweißstrom herzustellen. Erwartungsgemäß war dieser Strom ebenso für den zweistufigen Schweißprozess mit der geänderten Geometrie der Fügestelle nicht ausreichend, um eine normgerechte Schweißlinse zu bilden. Die Ergebnisse der zerstörenden Meißelprüfung beider Prozessführungen sind in der Abbildung 97 dargestellt. [185], [186]

Abbildung 97: Bruchbilder des zweistufigen (links) und einstufigen (rechts) Prozesses am Beispiel HX340LAD +Z100 t_M = 1,0 *mm* *Z* = 5 *mm*

In der Abbildung 98 sind erzeugte Flanschgeometrien beider Schweißvorgänge aus der Abbildung 95 mit den Schliffbildern dargelegt. Auf dem linken Schliff in der Abbildung 98 war am Rand der Fügeebene der Beginn der Schweißlinsenbildung zu erkennen, vergleiche die Stromdichteverteilung in der Abbildung 52. Wie bereits erwähnt, wurde der Flansch infolge der Warmbeulung ohne Materialeinschnürung in Form eines Buckels an die Elektrodenkappengeometrie angepasst. Demzufolge ergab eine Konturmessung nach dem zweistufigen Prozess 2,8-fache Vergrößerung der Kontaktfläche Elektrodenkappe-Blech im Vergleich zum einstufigen Prozess bei einer vergleichbaren Schweißlinse. Das indirekte Ergebnis war eine Verringerung der Kontaktfläche beider Versuchsbleche in der Fügeebene nach dem einstufigen Prozess von 22,9 auf 16,6 mm^2. Dementsprechend steigerte die eingebrachte Leistung bei gleichbleibenden Schweißparametern um ca. 10 %. Gleichzeitig nahm geringfügig der Elektrodenkappeneindruck im Grundwerkstoff beim zweistufigen Prozess ab (Abbildung 95).

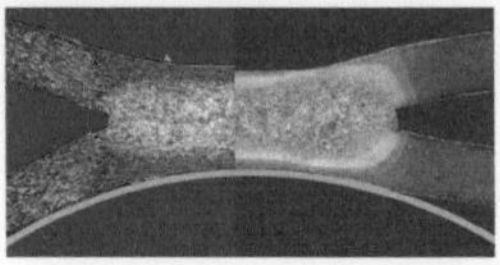

Abbildung 98: Flanschgeometrie des zweistufigen (links $A_{E\text{-}B}$ = 288 mm^2) und einstufigen (rechts $A_{E\text{-}B}$ = 102 mm^2) Prozesses am Beispiel HX340LAD +Z100 t_M = 1,0 mm, Z = 5 mm

Zur Herstellung einer normgerechten Schweißverbindung beim zweistufigen Schweißvorgang wurde die Schweißstromstärke um 1 *kA* erhöht. Der Schweißlinsendurchmesser erfüllte mit 5,95 *mm* die Norm [145] und Richtlinie [27]. Da die eingestellte Schweißkraft ausreichend war, um den Spalt noch im kalten Zustand zu überbrücken, steigerte der Schweißlinsendurchmesser bereits bei dieser Stromerhöhung auch nach der normalen Prozessführung auf 5,8 *mm*. Trotz einer Vergrößerung der Kontaktfläche Elektrode-Blech bei der zweistufigen Prozessführung um 70 % reichte eine Stromerhöhung um 17 % aus. Daraus lässt sich erkennen, dass die Auswirkung der Elektrodenkappe auf die Energieverluste nachließ, vergleiche Kapitel 2.5.

In der Abbildung 99 sind die Flanschgeometrien beider Schweißvorgänge mit normgerechten Schweißlinsen verglichen. Die Analyse der Verformungsanteile, Elektrodenkappeneindrücke und Kontaktfläche ergab nur unbedeutende Veränderungen beim zweistufigen Prozess, die im Bereich der Wertestreuung lagen. Die Referenzschweißung mit einem Stromimpuls ergab eine Zunahme der Kontaktfläche Elektrode-Blech von ca. 40 %.

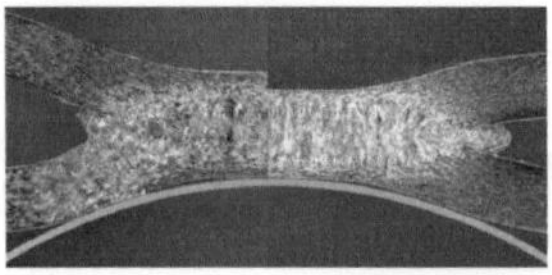

Abbildung 99: Flanschgeometrie und Schweißlinse des zweistufigen (links) und einstufigen (rechts) Prozesses nach Parameteranpassung an die Passungssituation am Beispiel HX340LAD +Z100 t_M = 1,0 mm, Z = 5 mm

Die Abbildung 100 stellt praktische Schweißversuche mit dem einstufigen Schweißvorgang der Simulation in Sorpas gegenüber. Mit dem Simulationsmodell konnte bereits bei der Stromstärke von 5,8 *kA* der Werkstoff geschmolzen und eine Schweißlinse mit 3,2 *mm* Durchmesser gebildet werden. Der Unterschied der Schweißlinsengröße war auf die Genauigkeit des Werkstoffmodells (Kontaktfläche) zurück zu führen. Trotz einer stärkeren lokalen Flanschverformung und demzufolge größerer Kontaktfläche der Elektrodenkappe mit dem Versuchsblech war der Kontaktradius in der Verbindungsebene (1,94 *mm*) deutlich kleiner als bei realen Schweißversuchen (2,7 *mm*). Dadurch wurde über die Stromdichte in der Verbindungsebene die zugeführte Energie verändert. Ähnlich den realen Schweißversuchen nahm der Kontaktradius am Simulationsmodell mit der Stromstärke nur gering zu. Diese Differenz entsprach genau der Vergrößerung der Schweißlinse.

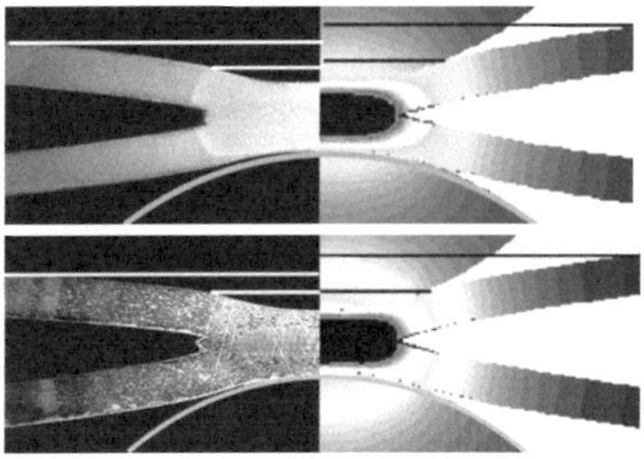

Abbildung 100: Geschweißte und simulierte Flanschgeometrie beim einstufigen Schweißen mit der Stromstärke von 5,8 *kA* (oben) und 6,8 *kA* (unten) am Beispiel HX340LAD +Z 100 t_M = 1,0 *mm*, *Z* = 5 *mm*

Die Analyse der Schweißlinsenbildung des zweistufigen Prozesses am Simulationsmodell lieferte bereits ab der Stromstärke von 3 *kA* eine normgerechte Schweißlinse. Die Ursache lag in der viel langsameren Abkühlung des Flanschwerkstoffes nach dem Warmbeulen. Eine Stromerhöhung veränderte die Flanschgeometrie nur gering. Dabei waren gemessene Kontaktradien nur unbedeutend kleiner als am realen Schweißflansch (Abbildung 101). Trotz der Ungenauigkeit des thermischen Werkstoffmodells konnte wahrheitsgemäß die Schweißflanschgeometrie simuliert werden.

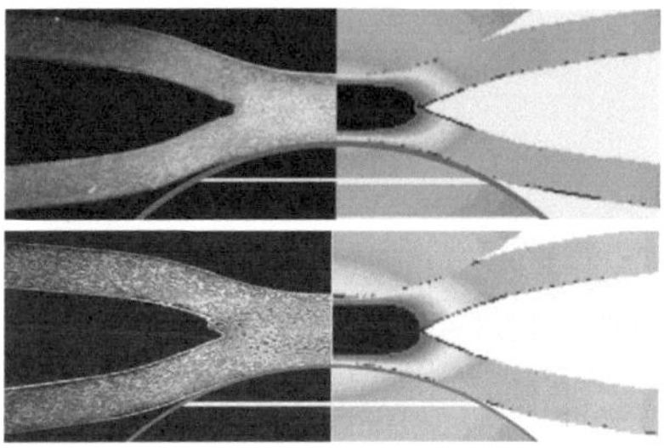

Abbildung 101: Geschweißte und simulierte Flanschgeometrie beim zweistufigen Schweißvorgang mit der Stromstärke von 5,8 *kA* (oben) und 6,8 *kA* (unten) am Beispiel HX340LAD +Z 100 t_M = 1,0 *mm*, *Z* = 5 *mm*

Für den 22MnB5 +AS150 ist nur mit dem zweistufigen Schweißvorgang eine prozesssichere Überbrückung größerer Spalte möglich. Nach der Parameteroptimierung trat kein Materialverlust in Form von Schweißspritzer während des gesamten Schweißvorganges (Warmbeulen und Schweißlinsenbildung) auf (Abbildung 102). Rund um die Kontaktfläche in der Verbindungsebene erschien leichte Werkstoffauspressung, die nach Normen und Richtlinien in dieser Form zulässig sind. Die Blechoberfläche an der Kontaktstelle zu der Schweißelektrode wurde nicht beschädigt. Erwartungsgemäß wurde wegen der unkontrollierten Spaltüberbrückung und

Schweißlinsenbildung beim einstufigen Schweißvorgang die Werkstoffoberfläche beschädigt und in der Verbindungsebene der Grundwerkstoff ausgepresst (Abbildung 102).

Prozess	Blechoberfläche	Seitenansicht
Warmbeulen + Schweißung	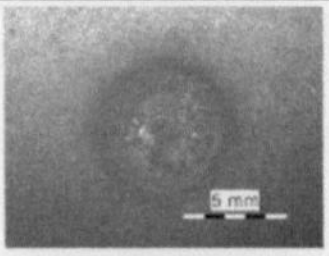	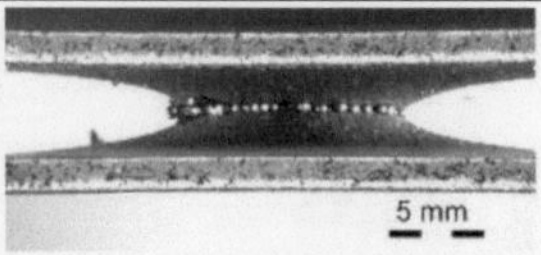
Schweißung	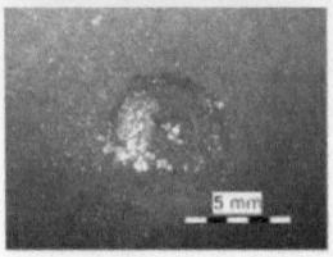	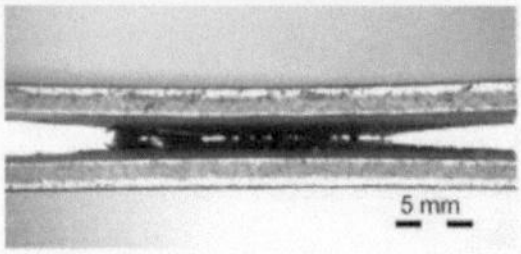

Abbildung 102: Blechoberfläche und Seitenansicht des Schweißflansches beider Schweißvorgänge am Beispiel 22MnB5 +AS150 t_M = 1,0 *mm*, *Z* = 5 *mm*

Die Messung der verbliebenen Restwandstärke ergab 1,24 *mm* beim herkömmlichen und 1,3 *mm* beim zweistufigen Schweißvorgang. Damit wurde die in Normen zulässige Eindringtiefe der Elektrodenkappe im Versuchsblech deutlich überschritten. Es fand aber keine Blecheinschnürung im Bereich der Wärmeinflusszone statt. Abweichend vom HX340LAD +Z100 in 1,0 *mm* Materialstärken war die Differenz Kontaktfläche der Elektrodenkappe mit dem Versuchsblech beider Prozesse nicht so groß. Darüber hinaus war die eingebrachte Energie für beide Schweißvorgänge ausreichend, um den geforderten Mindestlinsendurchmesser sogar beim Materialverlust zu erreichen (Abbildung 103).

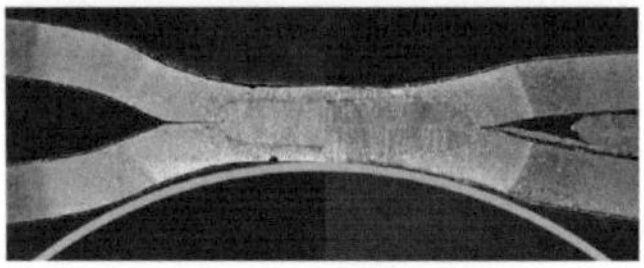

Abbildung 103: Flanschgeometrie und Schweißlinse des zweistufigen (links $A_{E\text{-}B}$ = 74 mm^2) und einstufigen (rechts $A_{E\text{-}B}$ = 50 mm^2) Prozesses beispielhaft für 22MnB5 +AS150 t_M = 1,0 *mm*, *Z* = 5 *mm*

Trotz eines zweistufigen Prozesses wurde wegen einer höheren Elektrodenkraft beim 22MnB5 +AS150 in 1,0 *mm* Materialstärke ein geringerer Anteil an der lokalen Deformation als am hochfesten Stahl erreicht, vergleiche Abbildung 32. Die ermittelte Verformungskomponente sind für die Schweißparameter aus der Tabelle 9-7 in der Abbildung 104 dargestellt.

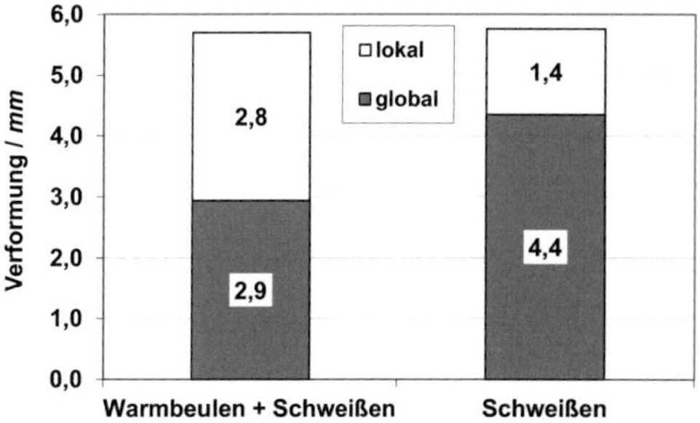

Abbildung 104: Verformungsanteile nach dem zweistufigen und einstufigen Schweißprozesses beispielhaft für 22MnB5 +AS150 t_M = 1,0 *mm*, *Z* = 5 *mm*

Mit der zunehmenden Materialstärke traten beim 22MnB5 +AS150 während des einstufigen Schweißvorganges vermehrt Schweißspritzer und Funken zwischen den zu fügenden Blechen auf. Es entstand eine unzulässige Einschnürung der Fügestelle. Die Messung der Restwandstärke zwischen den Elektrodenkappen ergab lediglich 0,32 *mm* (Abbildung 105). Im Weiteren wurde der flüssige Werkstoff in der Verbindungsebene ausgepresst, wodurch der lokale Anteil an der Flanschverformung stark zunahm. Darüber hinaus entstanden an dieser Stelle Risse und Löcher wegen einer zu hohen thermischen und mechanischen Beanspruchung. Mit einem Schweißimpuls konnte unter diesen Randbedingungen keine normgerechte Schweißverbindung hergestellt werden. [185], [186]

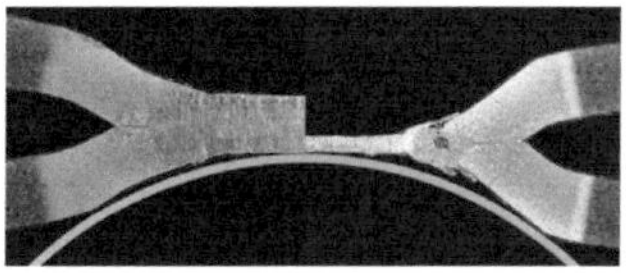

Abbildung 105: Flanschgeometrie und Schweißlinse des zweistufigen (links) und einstufigen (rechts) Prozesses am Beispiel 22MnB5 +AS150 t_M = 1,5 *mm*, *Z* = 5 *mm* [185], [186]

Während der Schweißlinsenbildung konnte trotz der zweistufigen Prozessführung geringe Werkstoffauspressungen in der Fügeebene nicht verhindert werden. Hierbei wurde der Schutzüberzug in der Beule nur leicht beschädigt und durch hohe Stromstärke mit der Schweißelektrode anlegiert (Abbildung 106). Die Ergebnisse der Geometriemessung am Schweißflansch sind in der Abbildung 107 gezeigt.

Prozess	Blechoberfläche	Seitenansicht
Warmbeulen + Schweißung	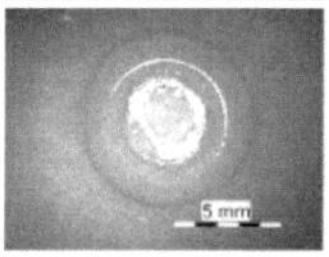	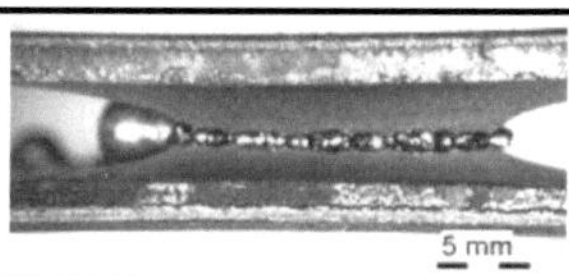

Abbildung 106: Blechoberfläche und Seitenansicht des zweistufigen Schweißvorganges am Beispiel 22MnB5 +AS150 t_M = 1,5 *mm*, *Z* = 5 *mm* [185], [186]

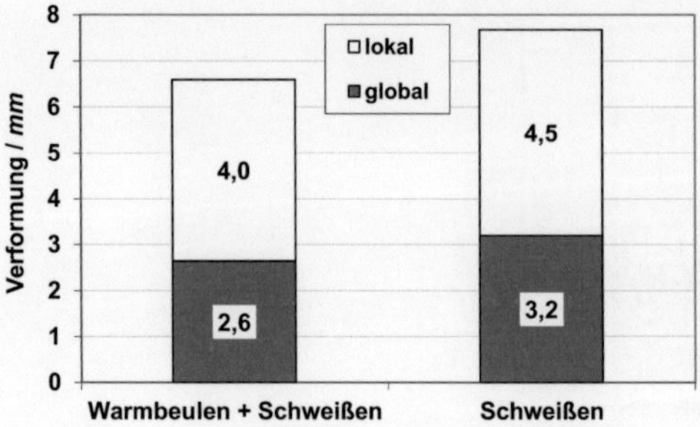

Abbildung 107: Verformungsanteile nach dem zweistufigen und einstufigen Schweißprozesses beispielhaft für 22MnB5 +AS150 t_M = 1,5 *mm*, *Z* = 5 *mm*

Wie bereits experimentell bewiesen, war eine Anpassung der Stromstärke notwendig, um den geforderten Mindestlinsendurchmesser nach gültigen Normen und Richtlinien zu erreichen, vergleiche Abbildung 92. In Anlehnung an die Ergebnisse im Kapitel 9.4 musste nach dem Warmbeulen die Stromstärke bei der gleichbleibenden Schweißzeit und der Schweißkraft auf 11 *kA* erhöht werden, um den Schweißlinsendurchmesser von 6,3 *mm* beim 22MnB5 +AS150 in 1,5 *mm* Materialstärke zu bilden.

9.8 Schweißbereich des zweistufigen Schweißprozesses

Die Ergebnisse im Abschnitt 9.7 zeigten, dass eine schlechte Passungssituation trotz des zweistufigen Schweißprozesse die Energiebilanz und demzufolge die erforderliche Stromstärke zur normgerechten Schweißlinsenbildung veränderte. Die Analyse ergab erwartungsgemäß eine horizontale Verschiebung von Wachstumskurven zu höheren Strömen. Dabei wurde die Steigerung unwesentlich verändert. Die Abbildung 108 stellt am Beispiel des HDT780C +ZE75/75 den Einfluss des Spaltes auf die Wachstumskurven bei der Schweißzeit von 400 *ms* dar.

Ferner wurde bei der Variation von Zwischenlagenabständen eine Tendenz zur Veränderung des Bruchverhaltens festgestellt. Durch die Vergrößerung des Zwischenlagenabstandes nahm mit dem Wärmeintrag auf Grund des erhöhten Kontaktwiderstandes in der Verbindungsebene gleichzeitig die Kühlwirkung der Elektrodenkappe an der buckelförmigen Schweißstelle zu. Die schnelle Abkühlung führte zur Verringerung der Ziehfähigkeit des Werkstoffes an dieser Stelle und dadurch Erhöhung des Scherbruchanteils, vergleiche Kapitel 2.5. Eine Ausnahme war der hochfeste Werkstoff, bei dem sich ausschließlich der Butzendurchmesser veränderte. Die Schweißverbindung des HDT780C +ZE75/75 versagte bei geringen Stromstärken als ein Scherbruch und änderte sich mit der Wachstumskurve über den Mischbruch zu dem Ausknöpfbruch (Abbildung 109). In Anlehnung an [39] wirkten sich beide Prozessphasen wie ein einstufiger Schweißvorgang mit einer Nachwärmzeit auf die Werkstoffeigenschaften aus. Die Bruchart des warm umgeformten 22MnB5 +AS150 schwankte direkt unterhalb der Schweißspritzergrenze wegen einer erhöhten Spritzerneigung zwischen dem Ausknöpfbruch und dem Scherbruch.

Im Weiteren wurde der Einfluss schlechter Passung auf die Schweißbarkeit mit dem zweistufigen Schweißprozess anhand der Schweißstrom-Zeit-Diagramme nach [75] geprüft. Die untere Schweißbereichsgrenze legte der Schweißpunktdurchmesser nach [145] aus dem Abrollversuch gemäß [172] fest. Die obere Grenze richtete sich nach der Schweißspritzergrenze. Die Abbildung 110 zeigt das Ergebnis für zwei Spaltsituationen und Elektrodenkräfte beispielhaft am HDT780C +ZE75/75 in 1,5 *mm* Materialstärke.

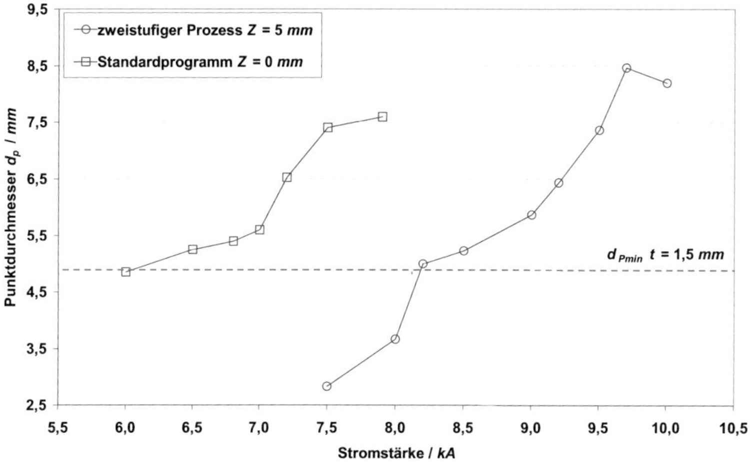

Abbildung 108: Wachstumskurven des einstufigen und zweistufigen Schweißvorganges am Beispiel des HDT780C +ZE75/75 in 1,5 *mm* Materialstärke

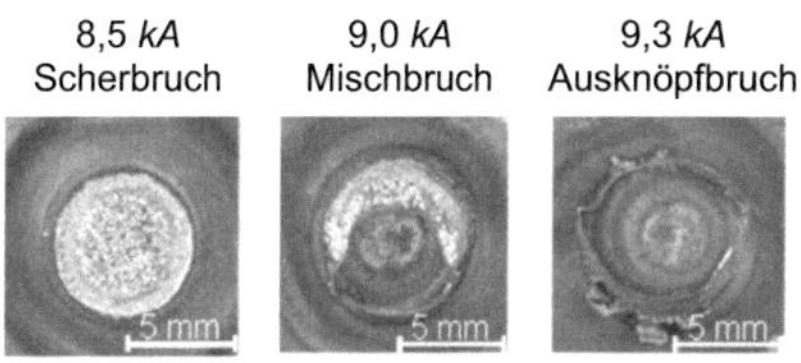

Abbildung 109: Brucharten des HDT780C +ZE75/75 in 1,5 *mm* Materialstärke beim zweistufigen Schweißprozess für verschiedene Stromstärken

Mit dem zunehmenden Zwischenlagenabstand und der Werkstofffestigkeit wurde der Schweißbereich schmaler. Gleichzeitig verschob sich bei allen untersuchten Werkstoffen die untere Grenze in Richtung höherer Stromstärke und die obere umgekehrt. Beim Zwischenlagenabstand von 5 *mm* konnte der Schweißbereich bei Schweißzeiten über 400 *ms* nur geringfügig vergrößert werden. Erst nach einer Elektrodenkrafterhöhung um 0,5 *kN* wurde der Schweißbereich bei längeren Prozesszeiten auf ca. 1 *kA* verbreitet.

Nach Untersuchungen in [173] verschiebt eine Erhöhung der Elektrodenkraft während der Stromphase das Schweißbereichsdiagramm des einstufigen Schweißprozesses zu höheren Stromstärken und gleichzeitig vermindert das Prozessfenster. Mit einer geringeren Kraft am Prozessanfang und einer darauf abgestimmten Parameteranpassung kann dieses vergrößert werden. Ein ähnliches Verhalten konnte auch beim zweistufigen Schweißvorgang beobachtet werden.

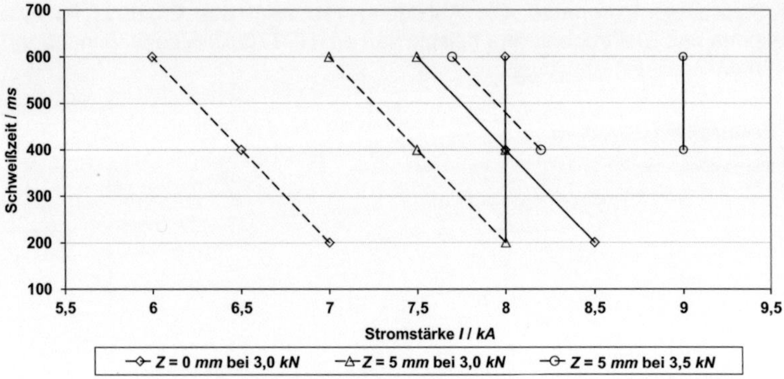

Abbildung 110: Schweißstrom-Zeit-Diagramm des zweistufigen Prozesses am toleranzbehafteten Flansch und des einstufigen am passungsgenauen Flansch beispielhaft für den HDT780C +ZE75/75 in 1,5 *mm* Materialstärke

9.9 Bestimmung mechanischer Schweißpunkteigenschaften

Die Abbildung 111 zeigt die Ergebnisse der Zugprüfung des zweistufigen Schweißprozesses am Beispiel des höchstfesten 22MnB5 +AS150 für unterschiedliche Zwischenlagenabstände. Die Versuche wurden mit 1,5 *mm* starken Blechen durchgeführt. Die ermittelten Scherzugkräfte korrelierten bei allen Versuchswerkstoffen sehr gut mit dem Schweißpunktdurchmesser, was mit dem einstufigen Schweißvorgang am passungsgenauen Schweißflansch übereinstimmt. Damit wurde bestätigt, dass auch beim zweistufigen Schweißvorgang der Linsendurchmesser und nicht die Fügestellegeometrie maßgebend für die zu erwartende Scherzugkräfte ist.

Es ist bekannt, dass eine längere Stromzeit durch die Veränderung der Gefügebestandteile zur Aufhärtung der Wärmeeinflusszone und der Schweißlinse selbst führen kann, wodurch die mechanischen Werkstoffeigenschaften beeinflusst werden, vergleiche Kapitel 7.3.1. Aufgezeichnete Härteverläufe nach Vickers HV1 vom Grundwerkstoff über die Wärmeeinflusszone bis zur Schweißlinse zeigten erwartungsgemäß beim höchstfesten Stahl eine Entfestigung im Bereich der Wärmeeinflusszone als Folge der eingebrachten Wärme (Abbildung 112), vergleiche Kapitel 2.1.1 und 4.4. Dieses Verhalten ist auf die chemische Zusammensetzung des Werkstoffes zurück zu führen. Unabhängig von der Prozessführung entstand bei beiden Schweißprozessführungen eine Absenkung der Härtewerte um 200 *HV*. Der einzige Unterschied lag in der Breite dieses Bereiches, ein Ergebnis der Warmbeulung. Die Vergrößerung der Wärmeeinflusszone nach dem zweistufigen Prozess hatte keine negative Auswirkung auf die Scherzugkraft (Abbildung 111), womit die Schweißverbindung mit der veränderten Flanschgeometrie weiterhin die Norm [113] erfüllte. Beim HDT780C +ZE75/75 steigerte die Härte bekanntlich beim einstufigen Schweißprogramm vom Grundwerkstoff bis zur Schweißlinsenmitte hin [39]. Der Härteabfall im Bereich der WEZ beim diesen Werkstoff trat infolge der langen Erwärmung des martensitischen Gefüge während der Warmbeulung auf. Darüber hinaus konnte auch in diesem Fall kein negativer Einfluss auf die Zugfestigkeit der Schweißverbindung festgestellt werden.

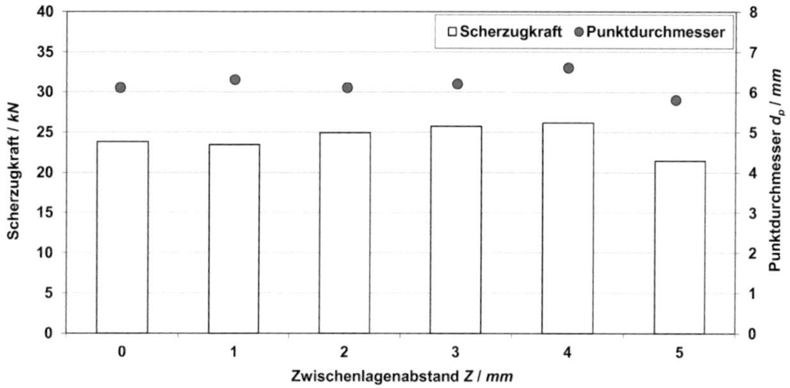

Abbildung 111: Quasi-statische Scherzugkraft und Schweißpunktdurchmesser nach dem zweistufigen Schweißvorgang am Beispiel des 22MnB5 +AS150 in 1,5 *mm* Materialstärke für verschiedene Zwischenlagenabstände

Bei allen Proben aus der Abbildung 112 wurde die interne Norm [145] in Bezug auf den Härtesteigerungsfaktor erfüllt. Darüber hinaus wurde die maximale Härte der Schweißlinse nach [187] nicht überschritten.

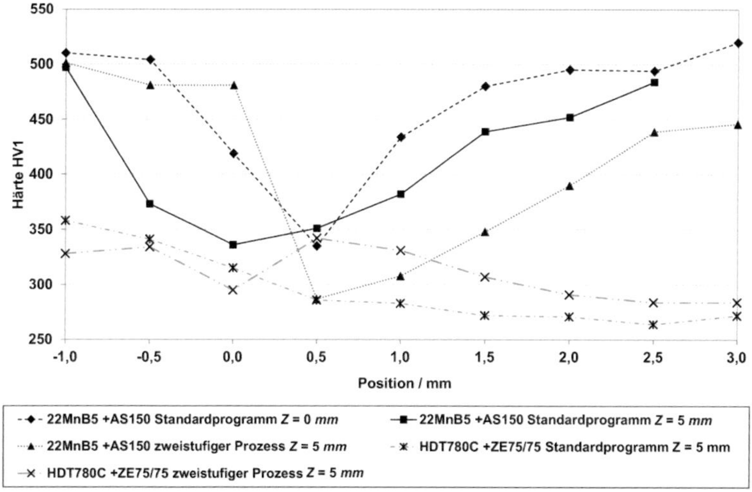

Abbildung 112: Härteverlauf nach HV1 über den Schweißflansch verschiedener Werkstoffe in 1,5 *mm* Materialstärke

Für hoch- und höherfeste Werkstoffe mit der zweistufigen Prozessführung konnten vergleichbare oder bessere Festigkeitsergebnisse beim Zugversuch als nach dem einstufigen Schweißprozess ohne Spalt erreicht werden. Der Vorteil des Warmbeulens wurde erst beim höchstfesten 22MnB5 +AS150 in 1,5 *mm* Materialstärke offensichtlich. Nur mit Hilfe des Umformprogramms konnte bei größeren Spalten prozesssicher eine normgerechte Schweißverbindung hergestellt werden.

10 Zusammenfassung

Aufgrund einer dynamischen Entwicklung der Automobilindustrie entstanden in den letzten Jahren neue Anforderungen an die Fertigungsprozesse insbesondere durch den Einsatz moderner Werkstoffe. Eine ganzheitliche Betrachtung der Widerstandspunktschweißbarkeit hilft bereits während der Konstruktionsphase den Einfluss der Widerstandspunktschweißeignung und -sicherheit auf den Fertigungsprozess zu berücksichtigen. Wie die Literaturrecherche gezeigt hat, stellt die Spaltproblematik besonders bei höchstfesten Werkstoffen im Hinblick auf die erforderliche Elektrodenkraft zur Erzeugung eines Gegendruckes während der Schweißlinsenbildung heutzutage die größte Herausforderung für die Einrichtungen zum Widerstandspunktschweißen dar. Trotz adaptiver Regelungen, die Prozessparameter einzeln für jeden Schweißpunkt schon während der Schweißung anpassen, sind modernste Schweißeinrichtungen nicht in der Lage bei einem größeren Spalt eine normgerechte Schweißverbindung herzustellen.

Für die Grundlagenuntersuchung zur Kraftsituation am Schweißflansch mit einem Spalt wurde ein vereinfachtes Modell zur Nachbildung von den in der Automobilindustrie vertretenden Flanscharten aufgestellt. Anhand der analytischen und experimentellen Betrachtung der konstruktiven Flanschgestaltung konnten Anlagen- und Prozessgrenzen gefunden werden, welche als Entscheidungsalgorithmen bei der Verbesserung der Schweißmöglichkeit dienten. Dabei wurde geometriebedingt ein großer Wert auf die Veränderung der Übergangswiderstände als Funktion der Elektrodenkraft gelegt. Es wurde festgestellt, dass die Widerstandspunktschweißmöglichkeit bei einem großen Spalt nur bei einer mindestens zweiseitigen Einspannung der Versuchsbleche gegeben war.

Mit der verwendeten Methodik zur Spaltanalyse wurde während quasistatischer Druckversuche beim Nebenschluss eine sehr starke Abhängigkeit des Gesamtwiderstandes von der Werkstofffestigkeit bestätigt. Nach dem Übergang von der elastischen in die plastische Flanschbeanspruchung stieg der elektrische Widerstand wegen der abfallenden Bauteilsteifigkeit langsamer als bei den passungsgenauen Schweißflanschen. Trotz der Spaltüberbrückung mittels der Elektrodenkraft blieb diese Differenz weiterhin erhalten. Eine weitere Krafterhöhung war erforderlich, um den gleichen Widerstandswert wie bei der passungsgenauen Situation zu erzielen.

In der vorliegenden Arbeit wurde zur Erhöhung der Widerstandspunktschweißmöglichkeit eine neuartige zweistufige Prozessführung zum Widerstandspunktschweißen von Bauteilen mit Maßabweichungen vorgestellt. Bei diesem Regelkonzept werden im Fall einer Verbindungsstelle mit einem Spalt zwischen den zu fügenden Bauteilen die Elektrodenkraft und die Schweißstromstärke in einem synchronen Kraft- und Stromprogramm verändert. Über eine geregelte Krafteinstellung kann weitgehend unabhängig von konstruktiven Anlagenparameter durch den elektrischen Übergangswiderstand der Energieeintrag und somit der dynamische Erholungs- und Rekristallisationsprozess beeinflusst werden. Damit sinkt in diesem Bereich die Fließspannung bei einer konstanten Umformgeschwindigkeit und nimmt der Verfestigungsanstieg der Fließkurve ab. Das Formgebungsvermögen von höchstfesten Werkstoffen wird dadurch verbessert. Darüber hinaus wird während der Beulphase der Werkstoff lokal um die Elektrodenkappe weicher und kann mit einer geringen Elektrodenkraft lokal so verformt werden, dass auch große Toleranzen auf diese

Weise überbrückt werden können. Es entsteht ein lokal ausgeprägter Buckel (Abbildung 34). Der Stromfluss in dieser Prozessphase erfolgt durch Nebenschluss über bereits vorhandene Schweißpunkte oder angrenzende Bauteile. Der ursprüngliche Schweißvorgang mit der Schweißlinsenbildung findet erst unmittelbar nach dem Warmbeulen unter einer konstanten Ausgangssituation d.h. beim Blechkontakt statt. Das Ergebnis ist ein lagegenauer und annähernd spannungsfreier Schweißflansch mit einer überwiegend lokalen Flanschdeformation. Ein weiterer Vorteil der zweistufigen Prozessführung besteht darin, dass auch größere Spalte mit geringen Kräften überbrückt werden können.

Durch die Anwendung des mathematischen Simulationsmodells konnte die Grundlagenuntersuchung zum Flanschverhalten beim Spalt unter Berücksichtigung der thermischen, metallurgischen und mechanischen Werkstoffeigenschaften während des Warmbeulens und der anschließenden Schweißlinsenbildung durchgeführt werden. Beim Modellieren wurde die verfügbare Datenbank mit den Werkstoffen verwendet. Zur Validierung des FEM-Modells mit realen Randbedingungen wurde eine Versuchsanlage auf Basis einer herkömmlichen Roboterschweißzange aufgebaut. Die Übereinstimmung mit der Realität war nur beim HX340LAD +Z100 gegeben, deswegen wurde die Simulation nur mit diesem Werkstoff durchgeführt. Bei der Beurteilung des dynamischen Verhaltens wurden der zeitliche Verlauf der Flanschdeformation bzw. Elektrodenbewegung und der Elektrodenkraft zu Grunde gelegt. Die berechneten und experimentellen Parameter stimmten quantitativ und qualitativ relativ gut überein. Ein wichtiges Ergebnis der Simulation war die Feststellung, dass die Kontaktfläche Elektrode-Blech mit dem Spalt zunimmt. Bisher wurde in der Literatur nur das Ergebnis der Schweißung von Bauteilen mit Maßabweichungen bewertet, ohne dabei auf die Beulphase während des Stromflusses genauer einzugehen.

Die nummerische Analyse der Temperaturverteilung beim Warmbeulen im Fall des Nebenschlusses und Spaltes zeigte, dass die höchste Temperatur am Prozessanfang in der Kontaktzone Elektrode-Blech herrschte. Mit der zunehmenden Prozesszeit und Kontaktfläche blieb der Bereich der höchsten Temperatur bzw. Stromdichte im Randbereich der Kontaktfläche. Darüber hinaus erzeugte jede Kappengeometrie eine für sich charakteristische Buckelform. Wegen einer kleineren Stromdichte wurde nur eine geringe Temperaturerhöhung in weit von der Kontaktstelle entfernten Bereichen des Schweißflansches festgestellt. Im Gegensatz zu den bisherigen Veröffentlichungen wurde am Simulationsmodell bewiesen, dass die Prozesssicherheit durch eine zielgerechte Nutzung des Nebenschlusses über bestehende Schweißpunkte oder Schweißvorrichtungen beim zweistufigen Schweißvorgang sogar erhöht wird. Beim direkten Blechkontakt nach dem Warmbeulen fand analog dem einstufigen Schweißvorgang eine sprunghafte Änderung des Stromflusses nach dem Prinzip des geringsten elektrischen Widerstandes auf den direkten Weg statt.

Weiterhin zeigte die Simulation, dass die einstufige Kurzzeitschweißung wegen einer vergrößerten Kontaktfläche beim Spalt besonders kritisch ist. Obwohl der Schweißbereich beim hochfesten Werkstoff breiter wurde, lag er bei viel höheren Stromstärken. Das Schweißlinsenwachstum verlief beim zweistufigen Schweißprozess analog dem einstufigen Schweißvorgang. Es entstand bei der vierseitigen Blecheinspannung eine ovalförmige Schweißlinse. Ferner konnte mit dem Warmbeulen die mechanische Spannung am Schweißflansch und die globale Deformation deutlich reduziert werden.

Zur Durchführung der Schweißversuche wurde eine herkömmliche Mittelfrequenzschweißsteuerung mit einer servomotorischen C-Roboterschweißzange um neue

Sensorik zur synchronen Erfassung der Elektroden- und Zangenkraft auf Basis der Piezotechnik sowie einen Servoantrieb zum geregelten Ausgleich der Zangenposition erweitert. Um die Forschungstätigkeiten von der Hardwareentwicklung zu entkoppeln, wurden ein neues Kommunikationsprotokoll und eine veränderte Steuerung der Prozessabläufe für die Schweißsteuerung programmiert. Hiermit konnte die Kraftregelung und die Ablaufsteuerung auf einen externen übergeordneten Rechner übergeben werden.

Der Entwurf des Reglers für die veränderte Zangenkraftregelstrecke wurde aufgrund der Komplexität unter Berücksichtigung nichtlinearer Regelstreckenkomponente sowie Störgrößen zuerst analytisch durchgeführt und anschließend experimentell überprüft. Das Verhalten des verlagerten Kraftreglers für den Hauptantrieb wurde ausschließlich empirisch überprüft, da kein Eingriff in die Mechanik des Regelkreises notwendig war und damit die sehr geringe Trägheit beweglicher Teile gewährleistet blieb.

Die Parametrierung komplexer Zusammenhänge erfolgte mittels einer graphischen Programmiersprache. Die Routinen der erstellten Prozessleitsoftware gliederten sich in die Ablaufsteuerung und unterschiedliche Regelstufen zur Erfassung, Analyse sowie Ausgabe der Prozessparameter. Durch die entsprechende Zeitsteuerung bzw. Phasenumschalter konnte die zweistufige Prozessführung realisiert werden.

Praktische Versuche haben das theoretische Fließverhalten und damit die Vorteile der zweistufigen Prozessführung bestätigt. Ferner haben die Beulversuche zur Grundlagenuntersuchung an repräsentativen Schweißflanschen mit einem Spalt unter anderem zu folgenden Erkenntnissen geführt:

- Eine unsymmetrische Blecheinspannung zeigte eine geringere Strombelastbarkeit während der Warmbeulung, da die einseitig höhere Werkstofftemperatur in Verbindung mit einer Biegespannung zu Rissen oder Löchern führt.
- Das Prozessfenster bei Werkstoffen mit einer Streckgrenzensteigerung infolge einer Wärmebehandlung wie z.B. Bake-Hardening-Effekt beim HDT780C war wesentlich kleiner.
- Da der Beulstrom ausschließlich in die Randbereiche über den Nebenschluss geleitet wurde, nahmen elektrische und thermische Werkstoffeigenschaften bei der Entstehung der Wärmeeinflusszone an Bedeutung zu. Das gleiche betraf den lokalen Anteil an Schweißflanschdeformation. Ferner legten diese Werkstoffeigenschaften bei der unveränderten Beulkraft über den erzeugten elektrischen Widerstand die Beulzeit fest.
- Die Beulparameter waren wegen der geringen Elektrodenkraft ungeeignet für die Schweißlinsenbildung und führten beim Aufschmelzen des Grundwerkstoffes zu Poren.
- Über die Stromstärke konnte die Beulgeschwindigkeit und der lokale Anteil der Flanschdeformation erhöht werden. Die obere Grenze wurde dabei durch die maximale thermische Belastbarkeit festgelegt, die jedoch wegen der einseitigen Stütze geringer als am passungsgenauen Schweißflansch während der Schweißlinsenbildung war.
- Ähnlich dem quasistatischen Druckversuch wurde der elektrische Widerstand während der Warmbeulung mit der Elektrodenkraft nur sehr geringfügig verändert. Bei einer zu hohen Leistung kam es in der Stromphase zum starken Elektrodenkrafteinbruch. Somit konnte über eine Elektrodenkrafterhöhung das

Prozessfenster insbesondere beim 22MnB5 +AS150 nur unwesentlich vergrößert werden.
- Eine Verkürzung der Beulzeit durch eine gezielte Erhöhung der Elektrodenkraft und/oder Stromstärke während des Beulvorganges war wegen der fehlenden Stütze für das flüssige Material nicht möglich.
- Alle aufgezeichneten Widerstandsverläufe hatten während der Warmbeulung eine ähnliche Form wie beim einstufigen Widerstandspunktschweißen des entsprechenden Werkstoffes.
- Wegen stromstärkeabhängiger Wärmeverluste kam es bei der Variation der Stromstärke trotz eines gleichbleibenden Energieeintrags und Elektrodenkraftwertes zur Überbrückung vom gleichen Spalt zu unterschiedlichen Zeitpunkten. Die Korrelation fiel deutlich besser beim Vergleich der Widerstandswerte infolge der Elektrodenkraftanpassung.
- Im Allgemeinen erhöhte die Warmbeulung unabhängig von der Wärmeausgleichzeit ähnlich einem Vorimpuls die Widerstandsreproduzierbarkeit. Die Länge der stromlosen Pause verschob lediglich den Zeitpunkt und Höhe des Widerstandsmaximums während der Schweißlinsenbildung. Die erforderliche Energiemenge zur Bildung einer normgerechten Schweißlinse lag sogar bei 250 ms Wärmeausgleichzeit weiterhin 16 % unter dem einstufigen und passungsgenauen Schweißvorgang.

Mit dem zweistufigen Schweißprozess konnte sogar bei Werkstoffen mit einer geringen Festigkeit der lokale Verformungsanteil im Vergleich zum einstufigen Prozess ohne Materialverlust oder Schweißspritzer erhöht werden. Es trat dabei eine normzulässige Blecheinschnürung im Bereich der Wärmeeinflusszone auf. Nach der zweiten Prozessstufe wurde wegen einer kurzen Stromflusszeit die Wärmeeinflusszone nicht zusätzlich vergrößert. Eine Konturmessung zeigte nach dem zweistufigen Prozess eine nicht normgerechte Restwandstärke im Bereich der Schweißlinse. Diese Eindringtiefe der Elektrodenkappe war erforderlich, um notwendige Kontaktfläche zur Schweißlinsenbildung in der Fügezone sicherzustellen.

Der Vorteil des zweistufigen Schweißprozesses wurde bei allen untersuchten Werkstoffen und Materialstärken aufgezeigt. Beim einstufigen Schweißvorgang konnte bei größeren Spalten zwischen den Blechen 22MnB5 +AS150 keine normgerechte Schweißlinse erzeugt werden. Nur mit dem zweistufigen Schweißvorgang konnten die Risse und Löcher im Bereich der Fügestelle aufgrund der verringerten Zugbelastung im teigigen Zustand verhindert werden.

Wegen einer stark veränderten Schweißflanschgeometrie wurde beim zweistufigen Schweißprozess die Energiebilanz verändert. Die Wirkung der Elektrodenkappenkühlung nahm ab und gewann die Wärmestrahlung an Bedeutung. Die Untersuchung zeigte eine Verschiebung von Wachstumskurven zu höheren Stromstärken, ohne dabei erheblich deren Steigerung zu verändern. Darüber hinaus wurde der Schweißbereich mit dem zunehmenden Zwischenlagenabstand und der Werkstofffestigkeit auch beim zweistufigen Schweißprozess schmaler. Durch eine Elektrodenkrafterhöhung während der zweiten Prozessphase konnte das Prozessfenster zur Schweißlinsenbildung zusätzlich verbreitert werden.

Die Scherzugprüfung des zweistufigen Widerstandsschweißprozesses wies trotz einer veränderten Schweißflanschgeometrie und einer größeren Ent- oder Verfestigung im Bereich der Wärmeeinflusszone eine sehr gute Korrelation mit dem Schweißpunktdurchmesser auf. Es wurden vergleichbare Verbindungsfestigkeiten wie nach dem einstufigen Schweißvorgang am passungsgenauen Schweißflansch festgestellt. Aufgezeichnete Härteverläufe lagen unter den durch Normen und Richtlinien definierten Grenzwerten.

Das zweistufige Widerstandspunktschweißen wurde erfolgreich im Prototypenbau an Fahrzeugkarosserien mit Untergruppen aus höchstfesten Werkstoffen umgesetzt. Die Anforderung an eine kurze Herstellungszeit und geringe Prozesskosten für meist kleine Stückzahlen kann oft nur durch eine manuelle statt automatisierte Blechbearbeitung zu Bauteilen erfüllt werden. Hiermit sinkt die Maßhaltigkeit der Bauteile. Mit dem neuen Regelkonzept könnten normgerechte Schweißpunkte auch bei größeren Spalten erreicht werden. Die hergestellten Schweißverbindungen waren reproduzierbar und wiesen die geforderte Festigkeit auf. Die Ergebnisse aus dieser Dissertation bilden eine Grundlage zur Bewertung von Fügestellen mit einer stark veränderten Flanschgeometrie und können zur Bearbeitung der gültigen Normen in Bezug auf die lokale Veränderung der Flanschgeometrie herangezogen werden. Es sind für den zweistufigen Schweißprozess natürlich auch weitere Anwendungen im Dünnblechbereich denkbar, bei denen ein großer Abstand zwischen den zu fügenden Blechen vorhanden ist und zusätzlich ein lokaler Bauteilkontakt durch Blechumformen im Presswerkzeug erzeugt wird, wie z.B. bei Wärmetauschern.

Diese Dissertation zeigte ein neuartiges Regelkonzept für das Widerstandspunktschweißen von Karosseriebauteilen mit Maßabweichungen. Mit der zweistufigen Prozessführung war eine prozesssichere Überbrückung von Spalten insbesondere bei höher- und höchstfesten Werkstoffen mit einer geringen Elektrodenkraft möglich. Die globale elastische Schweißflanschdeformation wurde dabei deutlich reduziert, wodurch die Maßhaltigkeit komplexer Bauteile steigerte.

Literaturverzeichnis

[1] N. N.: Projekt- und Produktbeschreibung ULSAB

[2] N.N.: Projekt- und Produktbeschreibung ULSAB AVC

[3] Müller, S.: Fügetechnologien im Karosseriebau – Status und Trends. 1. Internationale Konferenz Automobilbau – Trends in der Füge- und Werkstofftechnik. Sattledt, 2008

[4] DIN 8528-1: Schweißbarkeit; metallische Werkstoffe, Begriffe. Stand 1973

[5] Dilthey, U.: Schweißtechnische Fertigungsverfahren 2, Verhalten Werkstoffe beim Schweißen, 3., bearbeitete Auflage. Springer-Verlag Berlin Heidelberg, Berlin / Heidelberg, 2006

[6] DVS 2902-1: Widerstandspunktschweißen von Stählen bis 3 mm Einzeldicke – Punktschweißeignung. Stand 2001

[7] Füssel, U.: Fügbarkeit. Systemlösungen bei Mischbauweisen. Tagungsband: 9. Dresdner Leichtbausymposium 2005: Systemleichtbau in Mischbauweise, TU Dresden, 2005

[8] Füssel, U.: Fügetechnik und Montage – Einheit von Konstruktion, Werkstoff und Prozess. Tagungsband: Fachkolloquium Fügetechnik und Montage, TU Dresden, 2001

[9] Füssel, U.; Johne, V.; Pejko, M.: Fügetechnik an Tieftemperaturbehältern. Forschungsbericht, TU Dresden, Fügetechnik und Montage, 2006

[10] Pejko, M.; Füssel, U.; Johne, V.: Development of a Tank for Transportation and Storage of Liquid Gass. Tagungsband 14., International Scientific Conference COMAT-TECH, Trnava, 2006

[11] Schulze, G.; Fritz, H., F.: Fertigungstechnik. 7., neu bearbeitete Auflage, Springer-Verlag Berlin Heidelberg, Berlin / Heidelberg, 2006

[12] Poznanski-Eisenschmidt, M.: Faszination Karosserie. 4. Braunschweiger Symposium, TU Braunschweig, 25./26. März 2009

[13] Huchi, W.-H.: Space Frame - am besten mit Stahl. Automobil Revue Nr. 17, 24. April 2003

[14] Lakata, W.: Maßgeschneiderte Werkstoffe aus Stahl für die Automobilindustrie. Neue Verarbeitungstechnologien für die Werkstoffe der Zukunft, Linz, 4. Mai 2006

[15] Engel, B.: Einsatz hochfester Bleche: Potential und Probleme. Dialog im Region, 27. April 2004

[16] Hoffmann, O.: Karosserie-Leichtbau in Stahl als Beitrag zur Energieeinsparung. Division Auto Steel in motion, Bonn, 15 April 2005

[17] Michniacki, M.: Zukünftige Herausforderungen im Karosseriebau CO2 – Minimierung vs. Fahrzeugsicherheit. 3. Braunschweiger Symposium, TU Braunschweig, 6. und 7. Februar 2007

[18] Franke, H.-J.; u.a.: Innovative Leichtbaukonzepte – Ermittlung weiterführender Ansätze für zukünftige Karosseriekonzepte. VDI-Tagung Leichtbaukonzepte, Hamburg, 2004

[19] N.N.: Abschlussbericht: Ultraleichte Stahlkarosserie

[20] Freytag, P., u.a.: Atlas – Spaceframe - Neue Potenziale für den automobilen Leichtbau in Stahl. 12. Aachener Kolloquium Fahrzeug- und Motorentechnik, Oktober 2003

[21] Drewes, E.-J., u.a.: Höherfeste Stähle – heute und morgen. In: Stahl und Eisen 119 (1999), Nr. 5, S. 115-122

[22] Rudolf, H.; Rose, S.: Methoden zur Schweißlinsenverschiebung bei Mehrblechverbindungen. 21. DVS-Sondertagung Widerstandsschweißen 2010, Duisburg, 5. Mai 2010

[23] N.N.: Untersuchung zum Widerstandspunktschweißen von Feinblechen aus neuentwickelten höher- und höchstfesten Stahlwerkstoffen. Abschlussbericht AiF-Nr. 12.618N, Schweißtechnische Lehr- und Versuchsanstalt SLV Duisburg, Institut für Schweißtechnik und Trennende Fertigungsverfahren ISAF TU Clausthal, Duisburg/Clausthal 2002

[24] Woestmann, H.: Moderne Stahlfeinbleche für den Automobilleichtbau. Erfahrungsaustauschgruppe PZS-Werkzeuge; ThyssenKrupp Stahl AG, 2005

[25] Sierlinger, R.; Szinyur, J, u.a.: Optimierung der Gebrauchseigenschaften von punktgeschweißten Verbindungen an höherfesten Multiphasenstählen. Treffpunkt Widerstandsschweißen. Duisburg: SLV Duisburg Niederlassung der GSI mbH, 2004

[26] Pasic, H; Neges, J.: Serienerfahrungen beim Schweißen von hochfestem Stahl TRIP 700 (H400TD+Z100). Treffpunkt Widerstandsschweißen. Duisburg: SLV Duisburg Niederlassung der GSI mbH, 2004

[27] DVS 2902 – 1: Widerstandspunktschweißen von Stählen bis 3mm Einzeldicke – Übersicht. Stand 1987

[28] DVS 2907: Empfehlung für die Auswahl und das Vergleichen von Widerstandspunkt-, Buckel- und Nahtschweißeinrichtungen sowie Widerstandspunkt- und Nahtschweißgeräten. Stand März 1991

[29] Krause, M.: Widerstandspressschweißen, Grundlagen – Verfahren – Anwendungen. DVS – Verlag, Düsseldorf, 1993

[30] Pöll, K.: Rechnergestützte Prozessdatenerfassung zur Anlagenüberwachung beim Widerstandspunktschweißen. Aachen, Verlag Shaker, Dissertation, 1993

[31] Schmiedgen, D.: Schweißlinsenbildung beim Widerstands-Punktschweißen und deren Beeinflussung durch den Kontaktwiderstand. Technische Universität, Dresden, Dissertation, 1968

[32] Hamedi, M., u.a.: Optimizing spot welding parameters in a sheet metal assembly by neural networks and genetic algorithm. Proc IMechE Vol. 221 Part B: J. Engineering Manufacture, 2007

[33] Internationaler Schweißfachingenieurlehrgang: GSI 2007

[34] DIN EN ISO 17659: Schweißen – Mehrsprachige Benennung für Schweißverbindungen mit bildlichen Darstellung. Stand September 2005

[35] Leichtle, K.: Prozessanalyse und Prozessführung beim robotergeführten Punktschweißen verzinkter Stahlbleche. München, Technische Universität, Dissertation, 1994

[36] Heller, T., u.a.: Innovative Werkstoffentwicklungen als Grundlage für den modernen Automobilbau. VDI Berichte, Nr. 1398, 1998

[37] Schulz-Beenken, A.: Entstehung der Werkstoffeigenschaften und deren Auswirkungen für den Anwender. Dünnblechverarbeitung, Fügetechniken im Dialog. SLV München Niederlassung der GSI mbH, München, 2005

[38] Heller, T., u.a.: Neue Stähle für moderne Fahrzeugkarosserien, Thyssenkrupp Stahl AG, Duisburg, 2009

[39] Wesling, V., u.a.: Widerstandspunktschweißen moderner Mehrphasenstähle. TU Contact Nr. 16, Mai 2005

[40] Mimer, M., u.a.: Verbesserte Brucheigenschaften widerstandspunktgeschweißter extra- und ultrahochfester Stähle durch fortgeschrittene Steuerung des Schweißprozesses. Treffpunkt Widerstandsschweißen, SLV Duisburg Niederlassung der GSI mbH, Duisburg, 2004

[41] Sierlinger, R.; Szinyur, J, u.a.: Optimierung der Gebrauchseigenschaften von punktgeschweißten Verbindungen an höherfesten Multiphasenstählen. Treffpunkt Widerstandsschweißen, SLV Duisburg Niederlassung der GSI mbH, Duisburg, 2004

[42] Kern, H.: Beitrag zum dynamischen Tragverhalten punktgeschweißter Aluminiumlegierungen. Dissertation, Universität Dortmund, Dortmund, 1983

[43] Eichhorn, F., u.a.: Erste Erfahrungen beim Widerstandspunktschweißen mit Elektroden ringförmiger Arbeitsfläche. Schweißen und Schneiden 26 (1974), Nr.1, S. 11-13

[44] Weber, G.; Göklü, S, u.a.: Widerstandsschweißen hochfester Mehrphasenstähle für den Karosserie- Leichtbau: Schweißbereiche – Prozesssicherheit – Aufhärtung – Festigkeit. Treffpunkt Widerstandsschweißen, SLV Duisburg Niederlassung der GSI mbH, Duisburg, 2004

[45] DIN EN 10152: Elektrolytisch verzinkte kaltgewalzte Flacherzeugnisse aus Stahl zum Kaltumformen. Stand 2003

[46] VW 50060-3: Kaltgewalzte Komplexphasenstähle, Werkstoffanforderungen. Stand Mai 2010

[47] Köhler, K.-U.: Hochfeste Stähle für crashrelevante Bauteile. Stahl und Eisen Nr. 7 (2001), S. 34

[48] Birkel, E.: Untersuchung der Einflussgrößen beim Widerstandspunktschweißen. Technische Hochschule, Stuttgart, Dissertation 1964

[49] Meyer, R.; Jüttner, S; Füssel, U.: Influence of Body in White Tolerances on the Joining Process. Zwischensitzung IIW SC Automotive and Road Transport, Berlin, 19.-20. März 2008

[50] Pfeifer L.: Fachkunde des Widerstandsschweißens. Girardet Verlag, Essen, 1969

[51] Papkala, H.: Zgrzewanie oporowe metali. KaBe, Krosno, 2003

[52] DVS 2904: Steuerungen für Punkt-, Buckel- und Rollennahtschweißeinrichtungen. Stand August 1995

[53] Kletsko, I: Simulationsmodell für die Untersuchung der mechanischen Eigenschaften von Widerstandsschweißmaschinen. Shaker Verlag, Aachen, Dissertation, 2006

[54] Favre-Bulle, B.: Automatisierung komplexer Industrieprozesse, Systeme, Verfahren und Informationsmanagement. Springer-Verlag, Wien, 2004

[55] Dorn, L.: Stand und Entwicklungstendenzen der Verfahrensüberwachung und Verfahrensregelung beim Widerstandspunktschweißen. Schweißen und Schneiden 29 (1977), Nr. 1, S. 9-12

[56] DVS 2902-3: Widerstandspunktschweißen von Stählen bis 3 mm Einzeldicke. Konstruktion und Berechnung. Februar 1991

[57] Gödert, H.: Kombinierte Lage- / Kraftregelung an einer pneumatischen Punktschweißzange. Ölhydraulik und Pneumatik 36 (1992), Nr. 8, S. 509-511

[58] www.harms-wende.de, Stand 20.12.2006

[59] N. N.: iBox Schweißprozesssteuerung. Firmenschrift, AroControls, 2005

[60] Tang, H., u.a.: Influence of welding machine mechanical charakteristics on the resistance spot welding process and weld quality. Welding journal, May 2003, S. 116-124

[61] Dorn, L.: Grenzpunkt- und Zielpunktregelung – Fortschritte in der Gütesicherung beim Widerstandsschweißen. DVS-Berichte 35 (1975), S. 24–35.

[62] Zeichen, G.; Fürst K.: Automatisierte Industrieprozesse. Springer-Verlag, Wien, 2000

[63] Schmidt, C.; Diercks, S.: Düring - Panther Servozange: Systemschulung

[64] Dobaj, E.: Maszyny i urzadzenia spawalnicze. WNT, Warszawa, 1998

[65] Zach, F.: Leistungselektronik: Bauelemente, Leistungskreise, Steuerungskreise, Beeinflussungen. Springer Verlag, Wien, 1988

[66] VDE-Richtlinie 0545 Teil 10: Widerstandsschweißeinrichtungen - Transformatoren. Allgemeine Anforderungen

[67] DVS 2801-Teil 1: Widerstandschweißen in Elektronik und Feinwerktechnik. Übersicht und Grundlagen. Stand April 1996

[68] DIN ISO 669: Kenngrößen für Widerstandsschweißmaschinen. Stand September 1996

[69] Matthes, K.-J.: Schweißtechnik : Schweißen von metallischen Konstruktionswerkstoffen - 2., verb. Aufl. Carl-Hanser-Verl., München [u.a.], 2003

[70] Dorn, L.; Xu, P.: Influence of the mechanical properties of resistance welding machines on the quality of spot welding. Welding and Cutting No. 1 (1993), S. 12-16

[71] Krause, H.-J.; Lehmkuhl, B.: Vergleich der dynamischen mechanischen Punktschweißmaschinen. Schweißen und Schneiden 37 (1985) Heft 1, S. 18-22

[72] Krause, H.-J.; Römer, M.: Mechanische Maschineneigenschaften und ihr Einfluss auf die Qualität von Punktschweißungen. DVS-Bericht 96 (1989), S. 98-106

[73] Krause, H.-J.; Lehmkuhl, B.: Messgrößen, Messverfahren und erste Messergebnisse für die dynamischen mechanischen Eigenschaften von Punkt- und Buckelschweißmaschinen. Schweißen und Schneiden 36 (1984), Heft 1, S. 18-23

[74] Dorn, L; Xu, P.: Untersuchungen zum Einfluss der mechanischen Maschineneigenschaften beim Widerstandsschweißen mit Hilfe einer Simulationseinrichtung. Schweißen und Schneiden 42 (1990), Heft 1, S. 40-44

[75] ISO 14327: Resistance welding - Procedures for determining the weldability lobe for resistance spot, projection and seam welding. Stand 2004

[76] DVS 2915-1: Gütesicherung beim Punkt-, Buckel- und Rollennahtschweißen; Grundlagen. Stand 1979

[77] Uran, M.: Qualitätsüberwachung beim Widerstandspunktschweißen mittels mehrparametrischer Analyse. Technische Universität, Berlin, Dissertation, 2004

[78] Dilthey, U.: Weiterentwicklung eines Qualitätssicherungssystems auf Basis Neuronaler Netze für den praxisgerechten Einsatz. Forschungsbericht, Aachen, Mai 2002

[79] N. N.: Entwicklung eines Qualitätssicherungs(QS)-Systems für das Ultraschallschweißen auf Basis Neuronaler Netze unter Nutzung der von der Maschine zur Verfügung gestellten Messwerte. Universität Stuttgart, Institut für Materialprüfung, Werkstoffkunde und Festigkeitslehre (IMWF), Forschungsbericht, Stuttgart, 2004

[80] EP 1 428 608 B1: Verfahren zum Steuern einer Werkzeug-Anpresskraft bei Fügevorrichtungen und entsprechende Fügevorrichtung. 16.06.2004

[81] WO 03 / 008146 A1: Resistance welding device and control method. 30.01.2003

[82] DE 103 28 593 A1: Verfahren zur Steuerung und/oder Regelung einer Schweißzangenbewegung. 20.01.2005

[83] DE 199 55 691 A1: Verfahren und Vorrichtung zum Widerstandsschweißen. 13.06.2001

[84] Ostermann, F.: Anwendungstechnologie Aluminium. Springer-Verlag, Heidelberg / Berlin, 2007

[85] EP 1 145 795 b1: Welding joining equipment for resistance welding. 28.03.2001

[86] N.N.: Prüfung von Schweißsteuerungen zum Widerstandsschweißen mit adaptiven Regelungen. Verband der Automobilindustrie E.V., Frankfurt, 2006

[87] N. N.: Untersuchung innovativer Geräte zur Qualitätssicherung beim Widerstandspunktschweißen. Abschlußbericht AiF-Nr. 13.568N, SLV München, München 2005

[88] Dorn, L.; Jüch, A.: Prozessanalyse des Widerstandspunktschweißens – Verfahren und Erkenntnisse. Schweißen und Schneiden 32 (1980), Nr.1, S. 20-24

[89] Vogt, G.: Spotline-Ultraschallprüfung von widerstandsgeschweißten Punkten während des Schweißvorganges. Qualitätssicherung durch Werkstoffprüfung 6. Kolloquium, Zwickau, 2001

[90] Straube, A.: Fuzzy-basierende Überwachungssysteme für Punkt- und Buckelschweißanwendungen: Möglichkeiten und praktische Anwendungen. DVS-Bericht Band 213, Düsseldorf, 2001

[91] N. N.: Ergebnisse zur Untersuchung RPÜ: Überwachungsgeräte für das Widerstandspunktschweißen. Forschungsbericht, SLV Duisburg NI der GSI mbH, Duisburg, 2004

[92] N. N.: PQS RES - Prüfen ohne Prüfschrott. Firmenkatalog, Harms+Wende QST GmbH, Lüneburg, 2008

[93] Müller, F.; Holweg, J.-T.: Handbuch Fuzzy-Technik. Volkswagen AG, Wolfsburg, 2003

[94] Müller, H. U.; Waschkies, E.: Sicherung der Schweißpunktqualität online im Karosseriebau mit Ultraschall. DGFfP – Jahrestagung: ZfP in Anwendung, Entwicklung und Forschung, 2002

[95] EN ISO 9000: Qualitätsmanagementsysteme - Grundlagen und Begriffe. Stand 2005

[96] N. N.: RPstar: Steuerungen mit adaptiver Regelung für das Widerstandspunktschweißen. Forschungsbericht, SLV Duisburg NI der GSI mbH, Duisburg, 2004

[97] www.harms-wende.de, Stand 08.05.2010

[98] Schnur, F.: Handbuch Inbetriebnahme / Konstruktion: Servo- pneumatische Antriebe für Schweißzangen. Handbuch, Norgren GmbH, 2006

[99] Nagel, K.; Laumann, T.: Quo vadis Roboterzange? – Anforderungen an Roboterpunktschweißzangen heute und in Zukunft. 21. DVS-Sondertagung Widerstandsschweißen 2010, Duisburg, 5. Mai 2010

[100] EP 1 584 403 A1: Kraftübertragungseinrichtung, insbesondere für den Zangenausgleich einer Schweißzange. 12.10.2005

[101] N.N.: Servopositionierregler ARS 2302, 2305, 2310. Metronix, Produkthandbuch, Taunusstein, 2006

[102] ISO 11898-1: Road vehicles Controller area network (CAN). Part 1: Data link layer and physical signalling, Stand 2003

[103] DIN EN 50325-4: Industrielles Kommunikationssubsystem basierend auf ISO 11898 (CAN) - Teil 4: CANopen. Stand 2003

[104] N.N.: CANopen Handbuch - Servopositionierregler ARS 2000. Metronix Messgeräte und Elektronik GmbH, 2005

[105] N.N.: DAQCardTM E Series User Manual. National Instruments Corporation, 2002

[106] N.N.: DAQ SCB-68 User Manual for Advanced Functions. National Instruments Corporation, 2009

[107] Jansen, Th.: Genius - Externer übergeordneter Regler. Harms und Wende, Spezifikation, Hamburg, 2008

[108] EN 50173: Information technology - Generic cabling systems. Stand 1995

[109] ISO/IEC 11801: Information technology - Generic cabling for customer premises. Stand 2002

[110] http://www.bs-multidata.com, Stand 18.07.2010

[111] Bockting, W.: Schweißstrommessung beim Widerstandsschweißen, vergleichbare Effektivwerte nur bei der „richtigen" Zeitwahl? 21. DVS-Sondertagung Widerstandsschweißen 2010, Duisburg, 5. Mai 2010

[112] DIN EN 10346: Kontinuierlich schmelztauchveredelte Flacherzeugnisse aus Stahl - Technische Lieferbedingungen. Stand 2009

[113] TL 4225: Legierter Vergütungsstahl 22MnB5 unbeschichtet oder vorbeschichtet - Werkstoffanforderungen an Halbzeuge und Bauteile. Stand 2006

[114] N. N.: Steuerung für Servozangen IQServo. Firmenkatalog, Harms & Wende GmbH & Co KG, Hamburg, 2005

[115] www.weldtechcorp.com, Stand: 06.05.2010

[116] www.matuschek.de, Stand: 06.05.2010

[117] www.elmatech.de, Stand: 06.05.2010

[118] Puschner, P.; Kölzer, G.; Geisel, F.: Neuartige Schweißsysteme für eine flexible Fertigung. 21. DVS-Sondertagung Widerstandsschweißen 2010, Duisburg, 5. Mai 2010

[119] Kuchling, H.: Taschenbuch der Physik. Verlag Harry Deutsch, Thun und Frankfurt/Main, 1986

[120] Micro-Epsilon Messtechnik: optoNCDT1700. Ortenburg – Betriebsanleitung

[121] Patzelt, R.: Elektrische Messtechnik. Springer-Lehrbuch-Technik, Wien, 1996

[122] Kemmann, B.; Ruge, J.: Entwicklung eines Kraftaufnehmers für das Widerstandspunktschweißen mit hohen Schweißströmen. Schweißen und Schneiden 35 (Heft 1), 1983

[123] Roos, E.: Grundlegende Untersuchung zur Kontaktsituation beim Widerstandspunktschweißen. Abschlussbericht AiF-Nr. 12.617N, DVS-Nr. 4.023, Staatliche Materialprüfungsanstalt (MPA) Universität Stuttgart, März 2003

[124] DIN ISO 5821: Punktschweiß-Elektrodenkappen. Stand: Juli 2007

[125] Kiencke, U.; Eger, R.: Messtechnik: Systemtheorie für Elektrotechniker. Springer-Verlag, Berlin Heidelberg, 2005

[126] DIN EN ISO 18594: Widerstandspunkt-, Buckel- und Rollennahtschweißen – Verfahren für das Bestimmen des Übergangswiderstands von Aluminium- und Stahlwerkstoffen. Stand: Juni 2007

[127] Dorn, L.; Linder, K.: Widerstands-, Strom-, Spannungs- und Leistungsmessung als Mittel zur Gütesicherung. Deutscher Verlag für Schweißtechnik GmbH, Fachbuchreihe Schweißtechnik, Bd. 62, Düsseldorf, 1973

[128] www.aronet.com, Stand 07.05.2010

[129] N. N.: iBox: Kraft und Strom, Den Schweißprozess beherrschen. Firmenschrift, 2004

[130] Konzernlastenheft: Roboterschweißzangen. Volkswagen AG, Stand 22.05.2005

[131] Konzernlastenheft: Schweißsteuerung für das Widerstandspunktschweißen. Volkswagen AG, Stand 24.02.2004

[132] Kußmaul, K.; Blind, D.; u.a.: Numerische Prozesssimulation von Widerstandsbuckelschweißungen. DVS-Bericht 142, DVS Verlag, Düsseldorf, 1991, S. 143-150

[133] Zirn, O.: Modellbildung und Simulation mechatronischer Systeme: mit Beispielsimulationen und Modellen in MATLAB/Simulink auf CD. Expert-Verlag, 2002

[134] Vichniakov, A.: FEM-Werkzeug für Widerstandsbuckelschweißen von Kupferlegierungen. Dissertation, Shaker Verlag, Aachen, 2004

[135] Römer, M.; Preß, H.; Krause, H.-J.: Mechanische Eigenschaften von Widerstandspunktschweißmaschinen und ihre mathematische Erfassung. Schweißen und Schneiden 41, H.5, 1989, S. 17-22

[136] Unbehauen, H.: Regelungstechnik 1. Klassische Verfahren zur Analyse und Synthese linearer kontinuierlicher Regelsysteme. 9. durchgearbeitete Auflage, Verlag Vieweg, Braunschweig / Wiesbaden, 1997

[137] Weinmann, A.: Regelungen. Analyse und technischer Entwurf. Springer-Verlag, Wien, 1988

[138] Dapper, M.: Kraftsensorlose Manipulator Kraftsteuerung zur Abtastung unbekannter, harter Oberflächen. Dissertation, Rheinischen Friedrich-Wilhelms-Universität Bonn, 2003

[139] DIN EN 8584-3: Fertigungsverfahren Zugdruckumformung. Teil 3 Tiefziehen, Einordnung, Unterteilung, Begriffe. Stand September 2003

[140] Di Cello, J. A.; George, R. A.: Design criteria for the dent resistance of auto body panels. SAE Technical Paper 740081, 1974

[141] Donhauser, C.: Dynamisches Beulen. Technische Universität München, Dissertation, 1999

[142] Yutori, Y; u.a.: Studies on the static dent resistance. Proceedings of 11th IDDRG, Les Memories Scientifiques Revue Metallurgie, 1980, S. 561-659

[143] Rudolf, H.: Widerstandspunktschweißen von Blech-Hohlprofil-Verbindungen an verzinkten Stahlblechen. TUDpress, Dresden, Dissertation, 2007

[144] Rose, S.: Verschiebung der Schweißlinse beim Widerstandspunktschweißen durch latente Beeinflussung der Übergangswiderstände. TU Dresden, Dresden, Diplomarbeit, 2007

[145] VW 01105-1: Widerstandspunktschweißen, Konstruktion, Berechnung. Stand 2010

[146] Lechler, J.: Beschreibung und Modellierung des Werkstoffverhaltens von presshärtbaren Bor-Manganstählen. Meisenbach Verlag, Bamberg, Dissertation, 2009

[147] Klocke, F.; König, W.: Fertigungsverfahren 4, Umformen. Springer-Verlag, Berlin Heidelberg, 2006

[148] Dieter, G.; Bacon, D.: Mechanical Metallurgy. McGraw-Hill Book Company, London, 1988

[149] Gottstein, G.: Physikalische Grundlagen der Materialkunde. Springer Verlag, Berlin, 1998

[150] Wellinger, K.: Möglichkeiten des Abbaus von Schweißeigenspannungen. Schweißen und Schneiden 5, 1953, S. 157-162

[151] DE 10 2007 062 375.7: Verfahren und Anlage zur Regelung einer Widerstandsschweißmaschine. 22.12.2007

[152] Parkus, H.: Mechanik der festen Körper. Springer Verlag, Wien, 1966

[153] Baryliszyn P., Jüttner S., Füssel U.: Neuartiges Regelsystem zum Widerstandspunktschweißen von Karosseriebauteilen mit Maßabweichungen. Große Schweißtechnische Tagung, Essen, 15. September 2009

[154] DE 101 37 977 C1: Punktschweiß-Steuervorrichtung. 17.04.2003

[155] Baryliszyn P., Füssel U., u.a.: Erweiterung der Schweißzangenregelung auf Basis der Elektrodenreferenzkraft. 21. DVS-Sondertagung Widerstandsschweißen 2010, Duisburg, 5. Mai 2010

[156] DIN 8524-2: Fehler an Schweißverbindungen aus metallischen Werkstoffen - Pressschweißverbindungen - Einteilung, Benennungen, Erklärungen. März 1979

[157] DIN EN ISO 6520-2: Einteilung von geometrischen Unregelmäßigkeiten an Metallen - Pressschweißungen. April 2002

[158] DVS 2916-1: Prüfen von Widerstandspressschweißverbindungen - Zerstörende Prüfung, quasistatisch. Januar 2009

[159] DIN EN ISO 14329: Zerstörende Prüfung von Schweißverbindungen. Brucharten und geometrische Messgrößen für Widerstandspunkt-, Rollnaht- und Buckelschweißungen. Stand 2003

[160] Young-Hyun, L.: Anwendung der Fuzzy Control in der Umformtechnik. Verlag Stahleisen, Düsseldorf, Dissertation, 1996

[161] DVS 2902-4: Widerstandspunktschweißen von Stählen bis 3 mm Einzeldicke - Grundlagen, Vorbereitung und Durchführung. Oktober 2001

[162] N. N.: Manual User SORPAS Version. Swantec, März 2008

[163] Rudolf, H.; u. a.: Verfahrensoptimierung und Verfahrensentwicklung beim Widerstandspunktschweißen durch Prozesssimulation. 19. DVS-Sondertagung Widerstandsschweißen 2004, Duisburg, 26/27 Mai 2004

[164] Füssel, U.; Graul, M.: Simulation innovativer Widerstandsschweißverfahren. Dresdner Fügetechnisches Kolloquium 2003, Dresden, 18 März 2003

[165] Schuler, H.: Prozessführung – Prozessleittechnik – Prozessautomatisierung. Automatisierungstechnische Praxis 37, H. 10 (1995), S. 86 – 92

[166] Krause, H.-J.; Preß, H.: Literaturrecherche und Literaturauswertung (Teil 1) zum Thema: Rechnergestütztes Qualitätssicherungssystem zum Punktschweißen. Bericht der BAM, Berlin, 1987

[167] Strohrmann, G.: Automatisierung verfahrenstechnischer Prozesse. Eine Einführung für Techniker und Ingenieure. Oldenburg-Industrieverlag, München, 2002

[168] Gengenbach, O.: Untersuchungen über die Stromverteilung, den Wärmefluss und die Temperaturverteilung in der Umgebung von Widerstandsschweißpunkten. Schweißtechnik, Band 45, Düsseldorf, 1965

[169] Internationaler Schweißfachingenieurlehrgang. Gesellschaft für Schweißtechnik International mbH, 2008

[170] Piwowar, S.: Spawanie i zgrzewanie elektryczne. Wydawnictwa Szkolne i Pedagogiczne, Warszawa, 1979

[171] PV 6702: Punktschweißen von Karosseriebaugruppen - Beurteilung der Widerstandspunktschweißverbindung. Juni 2007

[172] DIN ISO 10447: Abroll- und Meißelprüfung von Widerstandspunkt-, -buckel und -rollennahtschweißungen. November 1994

[173] Tang, H.; u.a.: Forging force in resistance spot welding. Proc Instn Mech Engers Vol 216 Part B: J Engineering Manufacture, 2002

[174] Jordan, S.: Geregelte elektrische Antriebe für die Fertigungsautomation. Einsatz, Anforderungen, Realisierung. Verlag moderne Industrie, Landsberg/Lech, 1991

[175] Greitman, M.-J.: Untersuchungen zum Nachsetzverhalten von Elektrodenkraftsystemen beim Widerstandspunktschweißen. Schweißen und Schneiden 47, Heft 8, 1995

[176] Palis, F.; Schallschmidt, Th.; Förster, N.: Erweiterung und Optimierung der Regelung für einen zweistufigen Widerstandsschweißprozess. Abschlussbericht, Universität Magdeburg, 2010

[177] Emirsajlow, Z.: Teoria ukladow sterowania. Czesc I: Uklady liniowe z czasem ciągłym. Wydawnictwo Uczelniane Politechniki Szczecinskiej, Szczecin, 2000

[178] Krause, H.-J.: Elektrodenstandzeitprobleme beim Punktschweißen – Gütesicherung, Wirtschaftlichkeit. Mitteilung aus der Fachgruppe Fügetechnik der Bundesanstalt für Materialprüfung, Berlin 1981

[179] Winkler, R.; Schreiber, S.: Erarbeitung einer Technologie zum Herstellen von 2-schnittigen Punktschweißverbindungen (3-Blechschweißung). Abschlussbericht zum Forschungsvorhaben AiF 11.373.N, Duisburg, 2000

[180] Zacher, S.; Reuter, M.: Regelungstechnik für Ingenieure. Anaylse, Simulation und Entwurf von Regelkreisen. Vieweg Teubner Verlag, Wiesbaden, 2011

[181] Rudolf, H.; Klawitter, G.: Neue Herausforderung an die Widerstandspunktschweißtechnik. 12. Kolloquium Widerstandsschweißen und alternative Verfahren, Halle (Saale), 2010

[182] Isermann, R.: Mechatronische Systeme - Grundlagen. Springer - Verlag Berlin Heidelberg, 2008

[183] Schröder, D.: Elektrische Antriebe - Regelung von Antriebssystemen. Springer - Verlag Berlin Heidelber, 2009

[184] Weinmann, A.: Test- und Prüfungsaufgaben Regelungstechnik. Springer - Verlag Wien, 1997

[185] N.N.: Verfahren zum Widerstandspunktschweißen von Bauteilen. 25.06.2009

[186] Baryliszyn, P.; u.a. : Neuartiges Konzept zur Schweißparameterregelung beim Widerstandspunktschweißen. Przeglad Spawalnictwa, 11/2011

[187] DVS 2905: Buckelschweißen von Stählen. Mai 2001

[188] Engl, B.: Ausnutzung des Bake-Hardening-Effektes zur Verbesserung von Beul- und Crashverhalten. Metallkonstruktionen und Leichtbau – Möglichkeiten und Grenzen, DVM-Tag, Berlin 1981

[189] Brust, W.: Das elektrische Widerstandsschweißen. Springer Verlag, Berlin, 1952

[190] Greitmann, M, u.a.: Grundlegende Untersuchung zur Kontaktsituation beim Widerstandspunktschweißen. AiF-Vorhaben 12.617N, Staatliche Materialprüfanstalt, Stuttgart, 2002

[191] Doege, E; Behrens, B.-A.: Handbuch Umformtechnik. Springer Verlag, Berlin Heidelberg, 2007

[192] Richter, A.: Entwicklung und Umsetzung eines Kennzahlensystems zur Leistungsmessung im Karosseriebau. Fakultät Maschinenwesen der Technischen Universität Dresden, Dissertation, 2007

[193] DIN 8580: Fertigungsverfahren. Begriffe, Einteilung. September 2003

[194] N.N.: Abschlussbericht. Volkswagen Konzernforschung

Abbildungsverzeichnis

Abb.1: Verteilung verschiedener Fügeverfahren im Karosseriebau am Beispiel Audi A4 und A6 ... 1

Abb. 2: Volle Integration Prozessparameter zur Erhöhung von Prozesssicherheit bei modernen Werkstoffen ... 2

Abb. 3: Definition der Widerstandspunktschweißbarkeit eines Bauteils ... 3

Abbi. 4: Systematik unterschiedlicher Spann- und Gestaltungsvarianten 2-Blechpressschweißverbindungen im Automobilbau ... 9

Abb. 5: Einfluss Passungsprobleme auf den Schweißlinsendurchmesser beispielhaft für HX340LAD +Z100 t = 3,0 *mm* ... 10

Abb. 6: Schweißflanschdeformation bei der Spaltüberbrückung mit herkömmlichen Qualitätssicherungssystemen ... 10

Abb. 7: Definition der lokalen und globalen Verformung ... 11

Abb. 8: Verformungsanteile bei Spaltüberbrückung mittels Elektrodenkrafterhöhung HDT780C +ZE75/75 t_M = 1,5 *mm* ... 12

Abb. 9: Baugruppen einer servomotorischen Roboterschweißzange mit einer gesteuerten Kraftausgleicheinheit und einem Mittelfrequenzinverter ... 15

Abb. 10: Schematische Darstellung der Funktion des Zangenausgleichs am Beispiel einer C-Roboterschweißzange ... 18

Abb. 11: Integrationsstufen der Qualitätssicherung beim Widerstandspunktschweißen ... 19

Abb. 12: Ermittlung des USP-Punktes ... 22

Abb. 13: Einordnung Qualitätsregelungssysteme nach Regelgrößen $y(t)$ ... 23

Abb. 14: Einfluss des Einspannabstandes auf den Punktdurchmesser bei verschiedenen Werkstofffestigkeiten ... 27

Abb. 15: Änderung des Punktdurchmessers beim Schweißen mit Qualitätsregelsystemen über den Nebenschluss wegen einer schlechten Passung ... 27

Abb. 16: Ersatzsystem des Widerstandsbuckelschweißens ... 29

Abb. 17: Einfluss des Dämpfungsgrades der PT_2-Strecke auf die Sprungantwort ... 30

Abb. 18: Typische Antwort eines Regelkreises auf sprunghafte Änderung der Führungsgröße ... 30

Abb. 19: Wärmeverluste an der Fügestelle beim Widerstandspunktschweißen ... 31

Abb. 20: Übersicht der Vorgehensweise mit Bezug zu den Teilaufgaben ... 37

Abb. 21: Spannvorrichtung für die ein-, doppelseitige (links) und vierseitige (rechts) Blecheinspannung ... 38

Abb. 22: Integration von Kraftmessdosen in die Universalprüfmaschine ... 39

Abb. 23: Messschritte zur Ermittlung von Übergangswiderstände toleranzbehafteter Schweißflansche ... 40

Abb. 24: Ermittlung vom Übergangswiderstand zwischen der oberen Elektrode und dem Blech sowie der Spaltüberbrückung an der Universalprüfmaschine ... 40

Abb. 25: Beanspruchungen beim quasi-statischen Beulvorgang und Differenzierung in Steifigkeitsbereiche ... 43

Abb. 26: Beanspruchungen beim quasistatischen Druckversuch einer Doppelflanschverbindung ... 45

Abb. 27: Einfluss des Zwischenlagenwerkstoffes auf den Gesamtwiderstand beispielhaft für 22MnB5 +AS150 in 1,5 *mm* Materialstärke ... 46

Abb. 28: Gesamtwiderstand und Kraftverhältnis am Flansch beim quasistatischen Druckversuch mit und ohne Spalt ... 47

Abb. 29: Kraft-Weg-Verlauf mit der Kennzeichnung von Steifigkeitsbereichen am Beispiel eines doppelseitig eingespannten Schweißflansches HX340LAD +Z100 t_M = 1,5 *mm* ... 49

Abb. 30: Kraft-Weg-Verlauf mit der Kennzeichnung von Steifigkeitsbereichen am Beispiel eines einseitig eingespannten Schweißflansches HX340LAD +Z100 t_M = 1,5 *mm* ... 50

Abb. 31: Vergleich des Elektrodeneindrucks für einseitige und doppelseitige Blecheinspannung am Beispiel HX340LAD +Z100 t_M = 1,5 *mm* mit 5 *mm* Zwischenlage ... 50

Abb. 32: Kraft-Weg-Verläufe von Blechen mit unterschiedlicher Werkstofffestigkeit beispielhaft dargestellt für die Elektrodenkraft F_{M1} bei der doppelseitigen Blecheinspannung mit Z = 2 *mm* ... 51

Abb. 33: Einfluss von Umformtemperatur und -geschwindigkeit auf den Verlauf der Fließkurve ... 54

Abb. 34: Zweistufiger Widerstandspunktschweißprozess ... 55

Abb. 35: Zeit-Strom-Kraft-Diagramm der veränderten Prozessführung des zweistufigen Widerstandspunktschweißprozesses ... 56

Abb. 36: Fließkurven in Abhängigkeit der Temperatur für den höchstfesten 22MnB5 +AS150 t_M = 1,5 *mm* ... 57

Abb. 37: Randbedingungen des FEM-Modells in SORPAS ... 59

Abb. 38: Simulierte Probeneinspannungsmodelle ... 60

Abb. 39: Vergleich elektrischer Spannung für verschiedene Einspannungsarten am Beispiel HX340LAD +Z100 ... 61

Abb. 40: Entstehung unsymmetrischer Temperaturverteilung bei der festen Einspannungsvorrichtung am Beispiel HX340LAD +Z100 t_M = 1,5 *mm*. 62

Abb. 41: Verformung des Simulationsmodells bei einer Beaufschlagung mit verschiedenen Elektrodenkräften am Beispiel HX340LAD +Z100 t_M = 1,0 *mm* ... 63

Abb. 42: Elektrische Spannung des numerischen Modells in Funktion des Interface-Faktors am Beispiel HX340LAD +Z100 t_M = 1 *mm*, $F`_2$ = 1 *kN*, I_1 = 4 *kA* ... 65

Abb. 43: Veränderung der Kontaktfläche bei der Spaltvariation nach der Vorhaltezeit ... 66

Abb. 44: Veränderung des elektrischen Widerstandes für verschiedene Spalte beispielhaft für HX340LAD +Z100 t_M = 1 *mm*, $F`_2$ = 2,4 *kN*, I_1 = 5 *kA* ... 66

Abb. 45: Temperaturverteilung des Simulationsmodells nach definierten Zeitintervallen für HX340LAD +Z100 t_M = 1,5 *mm*, $F`_2$ = 1 *kN*, I_1 = 4 *kA* ... 67

Abb. 46: Einfluss der Stromstärke auf die mechanische Spannung nach 700 *ms* Beulzeit für HX340LAD +Z100 t_M = 2,0 *mm*, $F`_2$ = 1 *kN* ... 68

Abb. 47: Verlauf der elektrischen Spannung und des Beulwegs für verschiedene Elektrodenkräfte für HX340LAD +Z100 t_M = 1,5 *mm*, I_1 = 4 *kA* ... 69

Abb. 48: Darstellung Temperaturfelder während der Warmbeulung für HX340LAD +Z100 t_M = 1,5 *mm*, I_1 = 4 *kA* ... 70

Abb. 49: Temperaturfelder während der Schweißlinsenbildung beim einstufigen Schweißprozess für HX340LAD + Z100 t_M = 1 *mm*, $F`_3$ = 2,4 *kN*, I = 6,8 *kA* ... 71

Abb. 50: Entstehung zwei achssymmetrische Schmelzbereiche beim zweistufigen Schweißprozess ... 72

Abb. 51: Temperaturfelder während der Schweißlinsenbildung der zweistufigen Schweißprozesses HX340LAD +Z100 t_M = 1,0 *mm*, $F`_3$ = 2,4 *kN*, I = 6,8 *kA* ... 72

Abb. 52: Veränderung der Stromdichte bei einer Spaltüberbrückung ... 73

Abb. 53: Schweißstrom-Zeit-Bereiche des HX340LAD +Z100 t_M = 1 *mm*, $F`_3$ = 2,4 *kN* beim Zwischenlagenabstand von 0 mm (oben) und 5 mm (unten) ... 74

Abb. 54: Blockschaltbild des verwendeten Mess- und Versuchsaufbaus ... 75

Abb. 55: Anbindung eines übergeordneten Reglers an vorhandene Regelsysteme der Schweißsteuerung und der Schweißzange über neue Schnittstellen ... 76

Abb. 56: Wichtigste Komponenten der modifizierte Versuchseinrichtung ... 76

Abb. 57: Ersetzte Messbrücke mit dem Dehnungsaufnehmer und der deaktivierte Drehstrommotor zum Zangenausgleich ... 78

Abb. 58: Protokollrahmen des Genius Protokolls ... 81

Abb. 59: Kommunikationsablauf mit dem Genius-Protokoll ... 81

Abb. 60: Sensorik zur Prozessanalyse (1-Lasersensor zur Erfassung des Elektrodenweges, 2-Spannungsabnehmer, 3-Lasersensor zur Erfassung des Zangenweges, 4-Kraftsensor der Arbeitselektrode, 5-Dehnungsaufnehmer der Zangenkraft) ... 83

Abb. 61: Messkette der elektrischen Spannung (oben) und Stromstärke (unten) 84

Abb. 62: Messkette zur Erfassung der Elektroden- oder Zangenkraft (oben) und des Elektroden- oder Zangenweges (unten) ... 85

Abb. 63: Simulationsergebnis der Zangendeformation in Ansys bei -3 *kN* Belastung in x-Richtung ... 86

Abb. 64: Verläufe aller gemessenen Prozessgrößen während des zweistufigen Widerstandsschweißprozesses für HX340LAD +Z100 t_M = 1,0 *mm* ... 87

Abb. 65: Kraftregelkreis mit Kaskadenstruktur für die Kraftaufbaueinheit und den Zangenausgleich ... 89

Abb. 66: Empirischer Entwurf des Kraftreglers für den Hauptantrieb ... 92

Abb. 67: Drehmomentgeregelter Betrieb mit der Drehzahlbegrenzung des Zangen-ausgleichsumrichters ARS 2100 ... 93

Abb. 68: Sprungantworten identifizierter Regelstrecken ... 94

Abb. 69: Simulation der Sprungantwort entworfener Kraftregler für $G_2(s)$ ... 95

Abb. 70: Sprungantwort des Regelkreises ... 95

Abb. 71: Struktur der Prozessleitsoftware in LabView ... 96

Abb. 72: Werkstoffoberfläche nach dem Warmbeulen des Einzelflansches beispielhaft für 22MnB5 +AS150 t_M = 1,5 *mm*, $F`_2$ = 1 *kN* nach 3000 *ms* ... 97

Abb. 73: Elektroden-, Zangenweg und elektrische Spannung beim Warmbeulen am einseitig (EF) und doppelseitig (DF) eingespannten Schweißflansch beispielhaft für 22MnB5 +AS150 t_M = 1,5 *mm*, I_1 = 3 *kA*, $F`_2$ = 1 *kN* ... 97

Abb. 74: Einfluss der Blecheinspannung auf die Flanschgeometrie des zweistufigen Schweißprozesses am Beispiel HX340LAD +Z100 in t_M = 1,5 *mm* bei Z = 5 *mm* ... 98

Abb. 75: Einfluss vom Nebenschluss auf den dynamischen Widerstandsverlauf des einstufigen Schweißprozesses beispielhaft für HX340LAD +Z100 t_M = 3 *mm*, $F`_3$ = 3,5 *kN*, I_2 = 10 *kA* ... 99

Abb. 76: Flanschgeometrie nach dem Warmbeulen am Doppelflansch beispielhaft für verschiedene Werkstoffe t_M = 1,5 *mm* und 5 *mm* Zwischenlagen-abstand ... 100

Abb. 77: Flanschgeometrie nach dem Warmbeulen am Doppelflansch beispielhaft für verschiedene Werkstoffe t_M = 1,5 *mm* bei 1 *mm* Zwischenlagen-abstand ... 100

Abb. 78: Einfluss der Stromstärke auf das Warmbeulen beispielhaft für 22MnB5 +AS150 t_M = 1,5 *mm*, $F`_2$ = 1 *kN*, Z = 5 *mm* ... 101

Abb. 79: Veränderung der Wärmeeinflusszone bei Variation der Stromstärke beispielhaft am HX340LAD+Z100 t_M = 1,5 *mm*, $F`_2$ = 1 *kN*, Z = 5 *mm* 102

Abb. 80: Warmbeulen ausgewählter Werkstoffe t_M = 1,5 *mm*, $F`_2$ = 1 *kN*, Z = 5 *mm*, I_1 = 4 *kA* ... 103

Abb. 81: Dynamischer Widerstandsverlauf (Ausschnitt) beim Warmbeulen mit 2 *kN* beispielhaft für HDT780C +ZE75/75 und 22MnB5 +AS150 in 1,5 *mm* Materialstärke ... 104

Abb. 82: Elektrischer Widerstand am toleranzbehafteten Flansch beim quasistatischen Druckversuch und Warmbeulen für verschiedene Werkstoffe in 1,5 *mm* Materialstärke ... 105

Abb. 83: Zugeführte Energie zur Überbrückung von 5 *mm* Spalt für verschiedene Werkstoffe in 1,5 *mm* Materialstärke ... 105

Abb. 84: Elektrodenkraft- und Wegverläufe beispielhaft für zwei Beulparameter107

Abb. 85: Verformungsanteile nach dem Warmbeulen beispielhaft für HX340LAD +Z100 t_M = 1,0 *mm*, *Z* = 5 *mm* für ausgewählte Parameter im Vergleich zum quasistatischen Druckversuch ... 108

Abb. 86: Vergleich des Warmbeulen mit 0,7 *kN* bei 3 *kA* mit der numerischen Simulation in SORPAS am Beispiel des HX340LAD +Z100 t_M = 1,0 *mm* ... 108

Abb. 87: Schweißflanschgeometrie nach dem Warmbeulen mit 3 *kA* und 0,7 *kN* über 970 *ms* beispielhaft für HX340LAD +Z100 in 1,0 *mm* Materialstärke ... 108

Abb. 88: Verformungsanteile nach dem Warmbeulen am Beispiel des HDT780C +ZE75/75 t_M = 1,5 *mm*, *Z* = 5 *mm* für ausgewählte Parameter ... 109

Abb. 89: Verformungsanteile nach dem Warmbeulen am Beispiel des 22MnB5 +AS150 t_M = 1,0 *mm*, *Z* = 5 *mm* für ausgewählte Parameter. 111

Abb. 90: Verformungsanteile nach dem Warmbeulen am Beispiel des 22MnB5 +AS150 t_M = 1,5 *mm*, *Z* = 5 *mm* für ausgewählte Parameter. 112

Abb. 91: Geometrie des Schweißflansches nach dem optimierten Warmbeulen des 22MnB5 +AS150 in 1,0 *mm* (links) und 1,5 *mm* (rechts) ... 112

Abb. 92: Relative Änderung der Schweißstromstärke zur Sicherstellung des gleichbleibenden Schweißpunktdurchmessers am Beispiel 22MnB5 +AS150 t_M = 1,5 *mm*, *Z* = 5 *mm* ... 113

Abb. 93: Einfluss der Wärmeausgleichzeit von 0 bis 250 *ms* auf den elektrischen Widerstand bei der Schweißlinsenbildung des zweistufigen Prozesses am Beispiel 22MnB5 +AS150 t_M = 1,5 *mm*, Z = 5 *mm* im Vergleich zum einstufigen Schweißvorgang ohne Spalt ... 113

Abb. 94: Möglichkeiten zur Verkürzung des zweistufigen Schweißprozesses ... 115

Abb. 95: Verformungsanteile nach der Parameteroptimierung des zweistufigen und einstufigen Schweißprozesses am Beispiel HX340LAD +Z100 t_M = 1,0 *mm*, *Z* = 5 *mm* ... 117

Abb. 96: Blechoberfläche und Seitenansicht des Schweißflansches beider Prozessführungen am Beispiel HX340LAD +Z100 t_M = 1,0 *mm* *Z* = 5 *mm* ... 117

Abb. 97: Bruchbilder des zweistufigen (links) und einstufigen (rechts) Prozesses am Beispiel HX340LAD +Z100 t_M = 1,0 *mm* *Z* = 5 *mm* ... 117

Abb. 98: Flanschgeometrie des zweistufigen (links A_{E-B} = 288 mm^2) und einstufigen (rechts A_{E-B} = 102 mm^2) Prozesses am Beispiel HX340LAD +Z100 t_M = 1,0 *mm*, *Z* = 5 *mm* ... 118

Abb. 99: Flanschgeometrie und Schweißlinse des zweistufigen (links) und einstufigen (rechts) Prozesses nach Parameteranpassung an die Passungssituation am Beispiel HX340LAD +Z100 t_M = 1,0 *mm*, Z = 5 *mm* ... 118

Abb. 100: Geschweißte und simulierte Flanschgeometrie beim einstufigen Schweißen mit der Stromstärke von 5,8 *kA* (oben) und 6,8 *kA* (unten) am Beispiel HX340LAD +Z 100 t_M = 1,0 *mm*, Z = 5 *mm* ... 119

Abb. 101: Geschweißte und simulierte Flanschgeometrie beim zweistufigen Schweißvorgang mit der Stromstärke von 5,8 *kA* (oben) und 6,8 *kA* (unten) am Beispiel HX340LAD +Z 100 t_M = 1,0 *mm*, Z = 5 *mm* ... 119

Abb. 102: Blechoberfläche und Seitenansicht des Schweißflansches beider Schweißvorgänge am Beispiel 22MnB5 +AS150 t_M = 1,0 *mm*, Z = 5 *mm* ... 120

Abb. 103: Flanschgeometrie und Schweißlinse des zweistufigen (links $A_{E\text{-}B}$ = 74 mm^2) und einstufigen (rechts $A_{E\text{-}B}$ = 50 mm^2) Prozesses beispielhaft für 22MnB5 +AS150 t_M = 1,0 *mm*, Z = 5 *mm* ... 120

Abb. 104: Verformungsanteile nach dem zweistufigen und einstufigen Schweißprozesses beispielhaft für 22MnB5 +AS150 t_M = 1,0 *mm*, Z = 5 *mm* ... 121

Abb. 105: Flanschgeometrie und Schweißlinse des zweistufigen (links) und einstufigen (rechts) Prozesses am Beispiel 22MnB5 +AS150 t_M = 1,5 *mm*, Z = 5 *mm* ... 121

Abb. 106: Blechoberfläche und Seitenansicht des zweistufigen Schweißvorganges am Beispiel 22MnB5 +AS150 t_M = 1,5 *mm* Z = 5 *mm* ... 121

Abb. 107: Verformungsanteile nach dem zweistufigen und einstufigen Schweißprozesses beispielhaft für 22MnB5 +AS150 t_M = 1,5 *mm*, Z = 5 *mm* ... 122

Abb. 108: Wachstumskurven des einstufigen und zweistufigen Schweißvorganges am Beispiel des HDT780C +ZE75/75 in 1,5 *mm* Materialstärke ... 123

Abb. 109: Brucharten des HDT780C +ZE75/75 in 1,5 *mm* Materialstärke beim zweistufigen Schweißprozess für verschiedene Stromstärken ... 123

Abb. 110: Schweißstrom-Zeit-Diagramm des zweistufigen Prozesses am toleranzbehafteten Flansch und des einstufigen am passungsgenauen Flansch beispielhaft für den HDT780C +ZE75/75 in 1,5 *mm* Materialstärke ... 124

Abb. 111: Quasi-statische Scherzugkraft und Schweißpunktdurchmesser nach dem zweistufigen Schweißvorgang am Beispiel des 22MnB5 +AS150 in 1,5 *mm* Materialstärke für verschiedene Zwischenlagenabstände ... 125

Abb. 112: Härteverlauf nach HV1 über den Schweißflansch verschiedener Werkstoffe in 1,5 *mm* Materialstärke ... 125

Tabellenverzeichnis

Tabelle 2-1: Möglichkeiten zur Passungserkennung und -überbrückung 11

Tabelle 2-2: Übersicht über mögliche Stellgrößen *u(t)* bei der Prozessregelung 23

Tabelle 2-3: Versuchsprogramm zur Qualifizierung von adaptiven Schweißsteuerungen nach VDA 26

Tabelle 4-1: Eigenschaften verwendeter Werkstoffe 42

Tabelle 7-1: Einfluss des Oberflächenzustandes auf die Beulzeit für den HX340LAD +Z100 in 1 *mm* Materialstärke 64

Tabelle 7-2: Abgleich des Simulationsmodells mit der realen Warmbeulung für den Interface-Faktor 5 am Beispiel HX340LAD +Z100 nach 1 *mm* Warmbeulweg mit der Stromstärke von 4 *kA* 65

Tabelle 9-1: Prozessgrenzen des Warmbeulens am einseitig eingespannten Flansch für ausgewählte Werkstoffe beispielhaft für t_M = 1,5 *mm*, $F_{E1,2}$ = 1 *kN* (k.K. – kein Kontakt, K – Kontakt, R – Riss) 98

Tabelle 9-2: Blechoberflächen nach dem Warmbeulen des HX340LAD +Z100 t_M = 1,0 *mm*, *Z* = 5 *mm* beispielhaft für ausgewählte Parameter........ 107

Tabelle 9-3: Blechoberflächen nach dem Warmbeulen des HDT780C +ZE75/75 t_M = 1,5 *mm*, *Z* = 5 *mm* beispielhaft für ausgewählte Parameter........ 109

Tabelle 9-4: Blechoberflächen nach dem Warmbeulen beispielhaft für ausgewählte Parameter des 22MnB5 +AS150 t_M = 1,0 *mm*, *Z* = 5 *mm* 110

Tabelle 9-5: Blechoberflächen nach dem Warmbeulen beispielhaft für ausgewählte Parameter des 22MnB5 +AS150 t_M = 1,5 *mm*, *Z* = 5 *mm* 111

Tabelle 9-6: Benötigte Energie zum Ausbilden von einer normgerechten Schweißlinse für verschiedene Wärmeausgleichzeiten 114

Tabelle 9-7: Optimierte Schweißparameter für die Elektrodenkappe Typ F 115